KB151852

BATTERY TECHNOLOGY

From Fundamentals to Thermal Behavior and Management

MARC A. ROSEN
University of Ontario Institute of Technology, Oshawa, ON, Canada

AIDA FARSI
Faculty of Engineering and Applied Science, University of Ontario Institute of Technology, Oshawa, ON, Canada

ACADEMIC PRESS
An imprint of Elsevier

ELSEVIER

배터리 기술 기초부터 열 거동 및 관리까지

Battery Technology
From Fundamentals to Thermal Behavior and Management

발행일	2024년 7월 22일 초판 1쇄
지은이	Marc A. Rosen, Aida Farsi
옮긴이	안 욱, 김현경
펴낸이	김준호
펴낸곳	한티미디어 ❙ **주 소** 경기도 고양시 덕양구 청초로 66, 덕은리버워크 B동 1707호
등 록	제15-571호 2006년 5월 15일
전 화	02)332-7993~4 ❙ **팩 스** 02)332-7995
ISBN	978-89-6421-154-0
정 가	25,000원

마케팅	노호근 김택균
관 리	김지영
디자인	디자인드림

이 책에 대한 의견이나 잘못된 내용에 대한 수정 정보는 한티미디어 홈페이지나 이메일로 알려주십시오. 독자님의 의견을 충분히 반영하도록 늘 노력하겠습니다.
홈페이지 www.hanteemedia.co.kr ❙ **이메일** hantee@hanteemedia.co.kr

BATTERY TECHNOLOGY
From Fundamentals to Thermal Behavior and Management

배터리 기술
기초부터 열 거동 및 관리까지

Marc A. Rosen · Aida Farsi 지음

안 욱 · 김현경 옮김

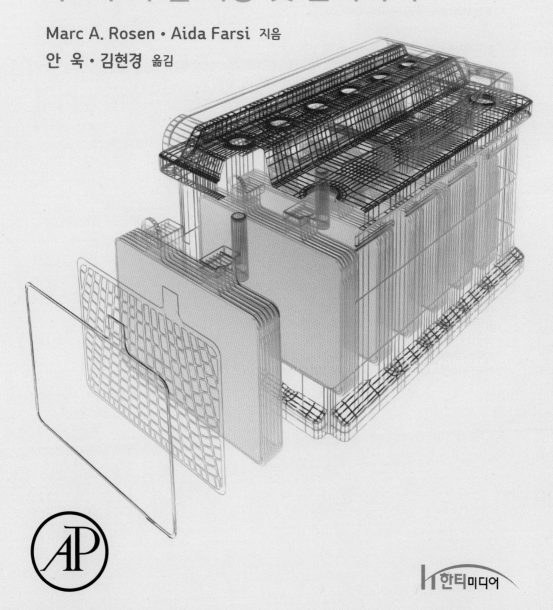

역자 약력

안 욱 교수

[학력]
연세대학교 신소재공학 공학박사(2014.08)
충남대학교 공업화학 공학석사(2007.02)
충남대학교 정밀공업화학 공학사(2005. 02)

[경력]
순천향대학교 에너지공학과 부교수(2017. 09-현재)
순천향대학교 SCH미디어랩스 단과대학 교학부장(2022.01-2023.12)
University of Waterloo, Postdoctoral Fellow(2014.08-2017.08)
한국에너지기술연구원, 연구원(2010.03-2014.08)
일진머티리얼즈, 연구원(2007.06-2009.12)

[활동]
한국 배터리산업협회 자문위원(2018-현재)
전력거래소, 전력수급기본계획 무탄소전원 워킹그룹, 자문위원(2021.11-2024.03)
한국 신재생에너지학회 ESS 분과 편집위원(2021.05-현재)
Frontiers in Chemistry 국제저널 편집위원(2018-현재)

김현경 교수

[학력]
연세대학교 신소재공학 공학박사(2015. 02)
연세대학교 신소재공학 공학석사(2008. 08)
서울과학기술대학교 신소재공학(2006. 02)

[경력]
강원대학교 배터리융합공학과 조교수(2020.03-현재)
강원대학교 문화예술/공과대학 부학장(2024.03-현재)
한국에너지기술연구원, 선임연구원(2018.11-2020.02)
University of Cambridge, Research Associate(2015.09-2018.10)

[활동]
강원특별자치도 탄소중립녹색성장위원회, 위원(2023.10-현재)
한국탄소학회 여성위원회 위원장(2023.01-현재)
한국전기화학회 커패시터분과 총무간사(2024.01-현재)
한국전기화학회 이차전지분과 실무위원(2022.01-현재)

역자 서문

지난 수십 년 동안 에너지와 환경에 대한 관심이 급격히 높아지면서 배터리 기술 시장은 전례 없는 성장을 이루었다. 전기 및 기계 엔지니어, 재료과학자, 화학공학자, 전기화학자 간의 학제 간 소통이 발전하며 소규모 응용 분야에서 대규모 응용 분야로 시장이 크게 확장되었다. 동시에 화석 연료 기반 에너지 시스템의 온실가스 배출 증가와 에너지 안보에 대한 우려는 재생 에너지 기반 전력 생산 시스템의 개발과 스마트시티 구축으로 이어지고 있는 실정이다.

재생 에너지 시스템의 증가에 따라 배터리 시스템을 포함한 에너지저장시스템의 사용이 증가하면서 에너지저장시스템의 전반적인 신뢰성과 유용성이 향상되고 있다. 또한, 불안정한 에너지 가격과 화석 연료 기반 자동차의 탄소 배출량 증가에 대한 우려는 전기자동차(EV)와 관련 연구의 활성화를 촉진하고 있다. 고효율, 저배출, 저소음을 갖춘 전기자동차는 미래 유망 기술로서 사회에 큰 혜택을 제공할 것으로 기대된다.

배터리 기술을 보다 광범위하게 채택하기 위해서는 에너지 저장 비용 및 환경 영향 감소, 에너지 밀도 증가, 전력망 호환성 향상, 고속 충전 개선, 안전한 작동 보장 등의 요구사항이 필요하다. 이를 위해서는 배터리 셀에 대한 깊은 이해와 분석 역량이 필수적이며, 배터리 팩의 최적 설계를 통해 배터리 셀의 노화 메커니즘을 지연시키고, 고르지 않은 전류 분포를 최소화하며, 방전 및 충전 작동을 적절히 제어하고, 베터리 팩의 고장 위험을 방지할 수 있는 능력이 필요하다.

이러한 배경에서 본 서적은 배터리 기술의 기초부터 열 거동 및 관리까지 포괄적으로 다루고 있다. 배터리 시스템의 효율적인 전기에너지 저장을 위한 열 거동과 지속 가능한 접근 방식을 중점적으로 설명하였으며, 배터리 노화 메커니즘 및 열 관리 시스템, 배터리 작동, 분석, 성능, 적용 등 중요한 부분을 포함하고 있다. 또한, 배터리 시스템의 설계, 분석 및 최적화에 중요한 열역학, 전기화학 및 열 개념과 원리를 전반적으로 고려하여 독자들이 배터리 기술을 깊이 있게 이해할 수 있도록 구성되었다.

이 책은 배터리 기술의 최근 개발과 발전을 다루고 있으며, 배터리 팩의 주요 설계 단계를 파악하고 설명한다. 배터리 열 관리 시스템의 최근 발전과 배터리의 열 거동이 수명 주기와 성능에 미치는 영향, 지속 가능한 배터리 기술 개발을 위한 과제 및 향후 방향도 포함되어 있어 소재/소자/시스템 응용 학문 분야인 화학공학/재료공학/전기화학/전기공학/기계공학/자동차공학 등 다 학제의 고학년 학부 교과목과 대학원 전공과목에 활용이 가능할 것으로 기대된다. 더불어, 사례 연구와 예제를 통해 실질적인 적용에 도움을 주고자 하였으며, 배터리 시스템과 그 분석에 대한 종합적인 지식을 제공하여 학생, 연구원 및 엔지니어들이 이 분야의 핵심 개념과 최신 개발 사항을 이해하고 적용할 수 있도록 돕고자 하였다.

이 책을 번역하면서 원서의 깊이와 정확성을 최대한 유지하고자 노력하였으며, 배터리 기술에 대한 체계적인 이해와 실제 적용에 도움이 되기를 바라며, 독자 여러분의 연구와 학습에 유익한 자료가 되기를 기대한다.

감사합니다.

대표 역자 안 욱

저자 서문

지난 수십년 동안 에너지와 환경에 대한 관심이 높아지고 전기 및 기계 엔지니어와 재료과학자, 전기화학자 간의 학제 간 소통이 발전하면서 배터리 기술 시장이 크게 확장되었으며, 이 기간 동안 소규모 응용분야에서 대규모 응용분야로 시장이 크게 확장되었다. 동시에 화석 연료 기반 에너지 시스템의 온실가스 배출량 증가와 에너지 안보에 대한 우려로 인해 재생 에너지 기반 전력 생산 시스템이 개발되고 청정 에너지원으로 안정적인 스마트그리드를 사용하는 스마트시티가 개발되고 있다. 재생 에너지 기반 시스템의 사용 증가는 일반적으로 간헐적이고 변동이 심한 전력 생산의 균형을 맞추기 위해 배터리 시스템을 포함한 에너지저장시스템의 사용 증가로 이어지며, 결과적으로 에너지시스템의 전반적인 신뢰성과 유용성을 향상시키는 계기가되었다. 또한, 불안정한 에너지 가격과 화석 연료 기반 자동차의 탄소 배출량 증가에 대한 우려로 인해 전기 자동차의 활용과 이 분야에 대한 연구가 크게 증가하고 있는 실정이다. 대용량전원장치를 포함한 전기 자동차는 고효율, 저배출, 저소음으로 사회에 큰 혜택을 주는 미래 유망 기술로 꼽히고 있다.

자동차 및 기타 응용분야에서 배터리 기술을 보다 광범위하게 채택하기 위해서는 에너지 저장 비용 및 환경 영향 감소, 비에너지 및 에너지 밀도 증가, 전력망 호환성 향상, 고속 충전 개선, 안전한 작동 보장 등의 사항이 필요하다. 이러한 요구사항을 충족하려면 다양한 유형의 배터리 셀에 대한 깊은 이해와 이를 분석할 수 있는 역량이 필요하다. 또한, 배터리 팩의 설계를 최적화하여 배터리 셀의 노화 메커니즘을 지연시키고, 고르지 않은 전류 분포를 줄이거나 최소화하며, 방전 및 충전 작동을 적절히 제어하고, 배터리 팩의 고장 위험을 방지할 수 있는 능력이 필요하다.

앞서 언급한 요구사항에 따라서, 이 책에서는 배터리 시스템을 통한 효율적인 전기에너지 저장을 위한 열 거동과 지속 가능한 접근 방식에 중점을 두고 배터리 기술을 설명하였다. 배터리 기술의 열 거동과 열 관리에 대한 관심이 비교적 새로운 분야라는 점을 고려할 때, 이 분야에 대한 관심이 높아지는 것은 매우 중요하며, 이는 전기 자동차의 배터리 응용분야에 특히 중요한 부분이다.

『배터리 기술: 기초부터 열 거동 및 관리까지』는 배터리 노화 메커니즘 및 열 관리 시스템을 포함하여 배터리작동, 분석, 성능, 적용 등 중요한 부분을 설명하는 충전식 배터리 기술에 대한 포괄적인 참고자료이다. 무엇보다 전체적인 이해와 공감을 제공하기 위해 배터리 시스템의 설계, 분석 및 최적화에 중요한 열역학, 전기화학 및 열 개념과 원리를 전반적으로 고려하였다. 배터리 열 관리 시스템의 최근 개발과 발전은 물론 배터리 팩의 주요 설계 단계를 파악하고 설명하였다. 마지막으로 배터리의 열 거동이 수명 주기와 성능에 미치는 영향과 관련된 주요 문제와 지속 가능한 배터리 기술 개발을 위한 과제 및 향후 방향에 대해 다루었다. 독자가 배터리 기술을 이해하고 실제 적용하는 데 도움이 되도록 사례 연구와 예제가 책 전반에 걸쳐 포함되었다. 결론적으로 이 책은 배터리 시스템과 그 분석에 대한 체계적이고 종합적인 지식을 담고 있는 독특한 설명과 리소스를 제공하여 학생, 연구원 및 엔지니어가 이 분야의 핵심 개념과 최첨단 개발 사항을 이해하고 적용하는 데 도움을 줄 수 있을 것이다.

여기에 요약된 대로 이 책은 독자가 공부하는 동안 일관된 밑그림을 그릴 수 있도록 구성되어 있다. 1장에서는 충전식 배터리 시스템의 개발과 작동에 대한 이해를 돕기 위해 기본적인 기본 사항을 설명한다. 또한 충전식 배터리 시스템의 일반적인 작동 원리와 다양한 배터리 유형의 특성 및 응용 분야를 다루고 있다. 2장에서는 배터리 기술의 열역학에 대해 다룬다. 여기에는 배터리 시스템의 반응 엔탈피와 반응 깁스 함수의 정의, 일반화된 배터리 시스템에 대한 열역학 제1법칙과 제2법칙을 기반으로 한 Nernst 방정식 도출, 전기화학 반응의 손실을 고려한 배터리 시스템의 일반 에너지 균형 개발, 배터리 내 열 발생률 결정이 포함된다. 3장에서는 배터리 시스템의 과전위로 인한 비가역성, 이온 및 전하 전달 과정뿐만 아니라 전기화학 반응으로 인한 배터리 시스템의 열 발생률, 배터리 시스템의 에너지 효율에 대한 포괄적인 설명을 제공하는 배터리의 전기화학 모델을 제시한다. 4장에서는 배터리 시스템의 열 거동과 발열, 노화 메커니즘, 열 고장 및 열 관리 시스템 간의 연관성을 포함하여 배터리의 열 거동에 대해 설명한다. 또한, 배터리 셀의 열-전기화학 결합 모델을 개발하여 평균 셀 온도와 배터리 셀 내부의 온도 분포를 결정할 수도 있다. 배터리 셀의 주요 성능 저하 메커니즘을 설명하고 열 문제가 배터리의 성능과 수명에 미치는 영향에 대한 도전과 기회에 대해 논의한다. 5장에서는 기존 및 최신 배터리 열 관리 기술을 소개한다. 공기, 액체, 상변화 물질 기반 장치와 같은 기존의 배터리 열 관리 시스템과 증발 풀 비등식(Evaporative Pool Boiling) 배터리 열 관리 시스템과 같은 최근에 개발된 기술에 대한 설명과 비교예시가 제시된다. 6장에서는 배터리 팩의 전기, 기계, 열 설계뿐만 아니라 배터리 관리 시스템 설계 등 배터리 팩 설계의 주요 공정 단계에 대해 설명한다. 또한, 배터리 셀의 수명을 연장하고 배터리 팩을 안전하고 안정적으로 작동시킬 수 있는 배터리 팩의 최적 설계에 대해 설명한다. 7장에서는 다양한 배터리 기반 기술의 통합에 대해 설명하고, 다양한 응용분야를 위한 통합 배터리 기반 시스템에 대한 두 가지 사례 연구에 대한 종합적인 모델링, 분석 및 평가를 제시한다. 사례 연구에서 다루는 시스템의 전반적인 성능에 대해 논의하고 통합 배터리 기반 시스템의 추가 개선을 위한 권장 사항을 제공한다. 마지막으로 8장에서는 배터리 시스템의 일반적인 향후 고려 사항과 함께 배터리 기술의 지속 가능한 개발을 위한 과제와 향후 방향을 다룬다.

이 책을 통해 배터리 기술이 기존 시스템과 재생 및 첨단 기술을 모두 사용하여 에너지시스템 전반의 지속 가능성을 촉진하는 지속 가능한 방식으로 더 광범위하게 적용될 수 있기를 바란다. 열역학, 전기화학 및 열 분석을 지속 가능한 배터리 기술에 적용함으로써 더 깨끗하고 지속 가능하며 효율적인 전기 저장 수단을 만들 수 있을 것으로 여겨진다.

Marc A. Rosen

Aida Farsi

Marc A. Rosen 박사는 캐나다 온타리오주 오샤와에 위치한 온타리오 공과대학교(공식명칭: 온타리오 공과대학교)의 교수로, 공학 및 응용과학 학부의 초대학장을 역임했다. 70여 건의 연구과제를 수행하였고 900여 편의 기술논문을 발표한 Rosen 박사는 지속 가능한 에너지, 에너지저장, 열역학, 환경영향 분야에서 활발한 연구와 교수로서 활동하고 있다. 그의 연구 대부분은 산업계를 위해 수행되었으며, 캐나다 공학협회와 캐나다 기계공학협회의 회장을 역임하였다. 또한, 다양한 저널의 편집장, 오샤와전력 및 유틸리티 공사의 이사 등 다양한 전문직에서 활동했다. Rosen 박사는 핀란드의 이마트라 전력과 시카고 인근의 Argonne 국립연구소, 토론토 인근의 수소시스템연구소, 토론토의 토론토 메트로폴리탄 대학교(구 Ryerson 대학교) 등에서 근무했으며, 기계, 항공 및 산업공학과 학과장을 역임했다. Rosen박사는 수많은 수상실적이 있으며 캐나다공학한림원, 캐나다공학교육원, 캐나다 기계학회, 미국기계학회, 국제에너지재단, 캐나다시니어엔지니어학회 등 여러 학회의 펠로우로 활동하고 있다.

Aida Farsi 박사는 캐나다 오샤와에 위치한 온타리오 공과대학교 공학 및 응용과학부의 박사 후 연구원으로 재직중이다. 현재 수소 생산 및 저장을 위한 환경친화적이로 지속가능한 시스템을 개발하는데 중점을 두고 연구하고 있다. 또한, 열화학적 구리-염소 반응 사이클을 통한 청정 수소 생산 분야에서 박사학위를 취득했으며, CuCl/HCl 전해조 용 전기화학 모델과 전해조에서 산화된 전해질의 효율적인 재활용을 위한 다상 유동 모델을 개발했다. 25편 이상의 기술논문을 발표한 Farsi 박사는 지속 가능한 에너지저장 기술 및 담수생산 시스템 분야에서 활발히 연구하고 있다.

차례

역자 서문 v
저자 서문 vii
저자 소개 xi

CHAPTER **1** 배터리 기술 소개

1.1 서론   2

1.2 배터리 작동 원리   3
   1.2.1 전극 5
   1.2.2 전해질 7
   1.2.3 배터리 용량 10

1.3 배터리 유형   11
   1.3.1 납축전지 11
   1.3.2 니켈 기반 배터리 13
   1.3.3 소듐-베타 배터리 22
   1.3.4 리튬 이온 배터리 24
   1.3.5 금속-공기 배터리 27

1.4 배터리 적용   28

1.5 배터리 유형 비교   29

1.6 마무리   32
   학습질문   32
   참고문헌   33

CHAPTER **2** 배터리 열역학

2.1 서론   39

2.2 배터리의 열역학 및 전위   39

2.3 가역적 셀 전위   41

2.4 배터리의 에너지 균형   49

   2.4.1   상변화 항 52

   2.4.2   반응 항의 엔탈피 52

   2.4.3   혼합 효과 53

2.5 배터리의 발열률   55

2.6 마무리   57

   학습질문   57

   참고문헌   58

CHAPTER 3 배터리의 전기화학 모델링

3.1 서론   62

3.2 배터리의 전체 셀 전위   63

3.3 표면 과전위   65

3.4 농도 과전위   71

   3.4.1   배터리 셀에서의 이동 현상 72

3.5 Ohmic 과전압   76

3.6 배터리 셀 성능   78

3.7 마무리   81

   학습질문   82

   참고문헌   83

CHAPTER 4 배터리의 열적 거동

4.1 서론   87

4.2 배터리에서의 노화 반응기구(Aging mechanism)   87

   4.2.1   사이클에 따른 노화 및 캘린더 수명에 따른 노화 89

   4.2.2   리튬 이온 배터리의 노화 90

4.3 열 폭주   94

4.4 배터리의 발열량 및 온도 변화   96

4.5 배터리의 열 거동 모델   98

4.6 배터리의 열 거동 영향: 도전과제와 목표   103

    4.6.1   배터리 노화 메커니즘에 대한 스트레스 요인의 영향 최소화   104

    4.6.2   고속 충전 방법   105

4.7 마무리   106

    학습질문   106

    참고문헌   108

CHAPTER **5** 배터리 열 관리 시스템

5.1 서론   111

5.2 배터리 열 관리 설계 시스템   112

5.3 배터리 열 관리 범주 시스템   114

5.4 공기 기반 배터리 열 관리 시스템   115

5.5 액체 기반 배터리 열 관리 시스템   121

5.6 상변화 물질(PCM) 기반 배터리 열 관리 시스템   127

5.7 액체-증기 상 변화 기반 배터리 열 관리 시스템   132

    5.7.1   히트 파이프 기반 배터리 열 관리 시스템   132

    5.7.2   증발 풀 비등 기반 배터리 열 관리 시스템   135

5.8 배터리 열 관리의 최근 개발 시스템   137

5.9 마무리   137

    학습질문   144

    참고문헌   146

CHAPTER **6** 배터리 시스템 설계

6.1 서론   152

6.2 배터리 관리 시스템   155

6.3 배터리 팩 전기 설계   160

    6.3.1   배터리 팩 내 셀 구성   160

6.4 배터리 팩의 기계적 설계   164

    6.4.1   응력-변형 이론(Stress-strain theory)   166

    6.4.2   베이스 플레이트 디자인   167

    6.4.3   진동 차단(방진)   170

6.5 배터리 팩의 열 설계   173

6.5.1 예제: 배터리 팩의 열 부하 측정 176

6.5.2 배터리 열 관리 시스템 177

6.5.3 배터리 열 관리 시스템 선택 180

6.6 통합 설계 및 요약   183

6.7 마무리   183

학습질문   185

참고문헌   185

CHAPTER 7 통합 배터리 기반 시스템

7.1 서론   189

7.2 운송 분야의 통합 배터리 기반 시스템   191

7.3 사례 연구   195

7.4 사례 연구 1: 공기 기반 열 관리 시스템 기반 PEM 연료전지-보조 리튬 이온 배터리 통합 전기 자동차   196

7.4.1 리튬 이온 배터리의 전기화학적 모델 200

7.4.2 리튬 이온 배터리의 발열 플럭스(flux) 206

7.4.3 공랭식 배터리 열 관리 장치 207

7.4.4 PEM 연료전지 스택 208

7.4.5 결과 및 토론 215

7.4.6 추가 논의 및 맺음말 221

7.5 사례 연구 2: 하이브리드-전기 항공기 추진 시스템   221

7.5.1 시스템 설명 223

7.5.2 모델링 및 분석 223

7.5.3 결과 및 토론 235

7.5.4 맺음말 및 향후 연구 243

7.6 마무리   243

학습질문   244

참고문헌   246

CHAPTER 8 배터리 및 열 관리에 대한 맺음 및 향후 방향 제시

8.1 서론   249

8.2 책 개요 249

8.3 지속 가능한 배터리 기술을 위한 과제와 향후 방향 250

8.4 배터리 기술에 대한 일반적인 향후 고려 사항 253

8.5 마무리 255

학습질문 256

참고문헌 256

찾아보기 259

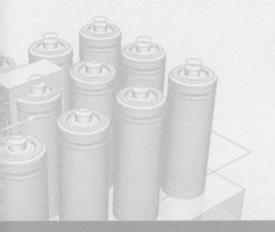

CHAPTER 1

배터리 기술 소개

목표

- 충전식 배터리 시스템의 일반적인 작동 원리를 설명함
- 배터리 시스템 및 그 구성요소와 관련된 고유 어휘 식별함
- 배터리 기술의 기본 개념을 정의하고 설명함
- 다양한 배터리 유형의 특성과 용도를 제공함
- 배터리 및 배터리 시스템의 각 응용분야를 식별함

기호 명명법

Symbols

C_d	battery capacity in discharge(Ah)
E	electrical potential(V)
E°	standard electrical potential(V)
F	Faraday constant(96,485.3329 sA/mol)
I	battery cell current(A)
M	molecular mass(kg/kmol)
$m_{mcutoff}^{initial}$	quantity of electrode active materials at the initial state(kg)
$m_{mcutoff}^{cutoff}$	quantity of electrode active materials at the cutoff state(kg)
n_e	number of electrons
V	voltage(V)

Subscripts

a	anode
c	cathode
d	discharge

Acronyms

HVAC	heating, ventilation and air conditioning
LFP	lithium iron phosphate
LMO	lithium ion manganese oxide

NCA	nickel-cobalt-aluminum oxide
NMC	nickel-manganese-cobalt-oxide
SHE	standard hydrogen electrode

1.1 서론

기후 변화와 에너지 생산 및 저장은 전 세계 많은 사람들이 관심을 갖고 있는 주제이다. 전 세계의 인구와 산업화가 증가함에 따라 전력 수요가 증가함에 따라 전력 생산량도 증가할 가능성이 높다. 이러한 전기 생산량 증가는 이산화탄소 및 기타 온실가스 배출량을 늘리지 않고도 달성할 수 있으며, 화석연료에 대한 의존도를 최대한 낮추면서 전기 생산량을 늘릴 수 있기를 기대하는 것이 일반적이다. 따라서 재생 에너지 기술과 에너지 저장 기술, 특히 전기 에너지를 저장하는 기술의 개발과 발전이 필요하다. 이러한 개발과 발전은 탄소 기반 연료의 영향을 줄이고 심지어 최소화하는 데에도 중요하다.

태양열, 풍력, 지열, 조력 에너지와 같은 재생 가능 에너지 자원을 전력 생산에 사용하는 수많은 시설이 존재하고 있다. 대부분의 재생 에너지는 간헐적이라는 특성과 이러한 자원의 분산된 특성으로 인해 대부분의 전력 생산 시설은 흩어져 있다. 따라서 사용자가 에너지를 저장하고 변환할 수 있는 수단으로 첨단 에너지 저장 기술의 개발이 중요하다.

대부분의 에너지 저장은 수력 발전 펌프 저장을 통해 이루어지고 있다. 2030년까지 배터리 저장 용량은 약 600 GW에 달할 것으로 예상된다(I EA, 2021). 수력 발전 시설은 에너지 저장에 널리 사용되지만, 물 1톤을 1 m 들어 올려 약 3 Wh만 저장할 수 있다(Larcher and Tarascon, 2015). 따라서 에너지 밀도, 성능, 내구성, 안전성, 비용(설비투자, 운영 및 유지보수), 지속 가능성 측면을 고려하여 다른 에너지 저장 기술을 개발하고 평가해야 한다. 여기서 지속 가능성이라는 용어는 배터리 기술의 맥락에서 미래 세대의 필요를 충족하는 데 방해가 되지 않으면서 현 세대의 필요를 충족하는 데 도움이 되는 기술이라는 의미로 사용된다.

미국 환경보호국(EPA, 2019)에 따르면 2019년 미국의 온실가스 배출원은 그림 1.1과 같이 나타낼 수 있다. 2019년 온실가스 배출량 중 29%는 미국은 운송 부문에 기인한 것으로 나타났다(그림 1.1 참조). 기차, 비행기, 선박, 자동차, 트럭을 운행하기 위한 화석 연료 사용은 운송과 관련된 온실가스 배출의 주요 원인이다. 특히 도로 운송은 운송 부문 온실가스 배출의 주요 원인이다. 환경 보호, 특히 기후 변화와 지구 온난화에 대한 정부의 규제로 인해 전기 자동

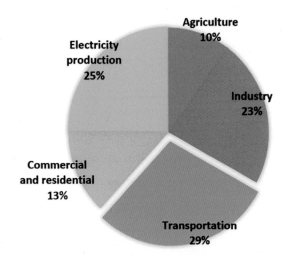

그림 1.1 2019년 미국의 경제 부문별 온실가스 배출량. 백분율은 반올림으로 인해 100% 합산되지 않을 수 있음(EPA, 2019 자료. 온실가스 배출원. 미국 환경보호국).

차와 하이브리드 전기 자동차에 대한 전 세계적인 관심이 높아지고 있다. 이에 따라 일반적으로 전기 에너지 저장 장치로서, 특히 전기 및 하이브리드 전기 자동차를 위한 배터리 설계 및 개발의 중요성이 더욱 커지고 있다. 효율적인 배터리는 잠재적으로 이산화탄소 및 기타 온실가스 배출을 크게 줄일 수 있다.

최근 몇 년 동안 배터리 기술에서 상당한 진전이 이루어졌으며, 배터리 사용량이 크게 증가하고 적용 범위가 확대되었다. 그럼에도 불구하고 배터리 성능 및 비용과 관련하여 더 광범위한 시장 침투를 위해 해결해야 할 과제가 남아 있다. 기존 배터리 설계의 수정과 제조 시 첨단 소재의 사용은 배터리 기술 발전의 핵심 요소이다. 이 장에서는 일반적인 작동 원리에 대한 설명과 함께 배터리 기술에 대한 소개 및 개요를 제시하고 있다. 또한, 다양한 유형의 상업용 배터리의 특성과 사용되는 재료에 내해 설명한다. 다양한 배터리 유형의 응용 분야를 소개하고 특정 에너지 밀도, 수명 및 비용과 같은 특성을 비교한다.

1.2 배터리 작동 원리

배터리는 화학에너지 형태로 에너지를 저장했다가 필요할 때 전기에너지로 변환하는 장치이다. 배터리에서 일어나는 전기화학 반응을 통해 전자가 방출되어 외부 전기 회로를 통해 한 도체(전극)에서 다른 도체(전극)로 흐르면서 작업을 수행하는 데 사용되는 전류를 공급한다. 동시에 하전된 이온은 전극과 접촉하는 전기 전도성 용액(전해질)을 통해 전하를 전달하여 반응물을 전극/전해질 계면으로 가져오게 된다.

전극과 전해질은 다양한 재료로 만들 수 있다. 전해질과 전극의 구성이 달라지면 전기화학 반응과 하전된 이온이 달라진다. 이는 배터리의 작동 전압과 성능뿐만 아니라 에너지를 저장할 수 있는 정도에 영향을 미친다. 배터리는 하나 이상의 전기화학 셀로 구성될 수 있다. 각 전기화학 셀은 전해질로 분리된 두 개의 전극을 포함한다. 방전 시 전자가 흐르는 전극을 음극 또는 음전극이라고 하고, 전자를 받는 전극을 양극 또는 양전극이라고 한다. 일반적으로 음극과 양극은 서로 다른 종류의 화합물 또는 금속으로 만들어진다. 전해질은 하전된 이온이 전극을 향해 이동하도록 하는 매개체이다. 실제로 전해질을 통한 양전하 이온의 흐름은 음전자의 움직임과 균형을 이루어 배터리 셀이 작동하는 동안 전기적으로 중립을 유지한다. 또한 전해질의 기계적 강도를 개선하고 내부 단락의 위험을 줄이기 위해 양극과 음극 사이에 다공성 및 전자 절연 분리막을 사용하는 경우가 많다. 일반적으로 분리막은 이온 전도도가 높고 전자 절연체이다. 또한 집전체는 전자를 효율적으로 전달하고 전극에서 열을 제거하는 데 사용할 수 있다. 알루미늄 또는 구리가 일반적으로 집전체로 사용된다.

전자가 교환되는 반응을 산화-환원 반응 또는 레독스 반응이라고 한다. 전체 반응은 두 개의 반쪽 반응으로 나뉘며, 전기화학 전지에서는 양극에서 반쪽 반응이 일어나고 음극에서 다른 반쪽 반응이 일어난다. 일반적인 산화 환원 반응은 다음과 같이 쓸 수 있다.

$$O + n_e e^- \rightleftharpoons R \tag{1.1}$$

여기서 O는 산화된 종을, R은 환원된 종을 나타낸다. 환원은 전자 얻음(양극에서 발생)을 의미한다. 양극은 환원 반응이 진행된다고 말한다. 산화는 전자의 손실(음극에서 발생)을 말하며, 음극은 산화 반응 진행된다고 말한다. 따라서 음극에서의 반응은 산화이고 양극에서의 반응은 환원이 되는 것이다. 이러한 반응은 전자를 받아들이거나 생성하는 반응의 능력 척도를 나타내는 자체 표준 전위를 갖는다.

그림 1.2는 전기화학 배터리 셀의 기본 작동 메커니즘을 보여준다. 각 셀에는 두 개의 전극과 하나 이상의 전해질이 포함되어 있다. 배터리가 방전되는 동안 음극/전해질 계면에서는 전극과 전해질 사이에서 $R \rightarrow O + n_e e^-$의 전기화학 반응이 전자와 이온을 생성하는 음극과 전해질 사이에서 발생한다.

전극을 연결하는 외부 전기 회로를 통해 양극으로 이동하고, 전자가 전달되

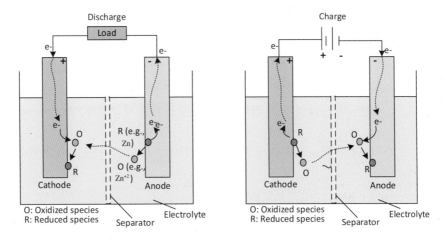

그림 1.2 방전 및 충전 중 일반화된 레독스 배터리 작동.

고, 전해질을 통해 이온이 양극으로 전달됩니다. 음극 반쪽을 통해서 전자와 이온이 생성되는 반응이 음극/전해질 계면에서 발생한다(즉, $O + n_e e^- \rightarrow R$).

1.2.1 전극

표준 반응 전위가 다른 두 전극이 있으면 전기화학 전지를 만들 수 있다. 전자를 흡수하는 능력이 더 높은 전극(양극에서 발생)은 표준 전위가 더 높고(즉, 양전위), 전자를 잃는 경향이 더 높은 전극(음극에서 발생)은 표준 전위가 더 낮다(즉, 음전위).

따라서 음극과 양극에 대한 적절한 재료 선택은 각각 더 음의 표준 반응 전위와 더 양의 표준 반응 전위를 기반으로 하게 된다.

일반적으로 주기율표에서 1족과 2족 금속은 쉽게 A^+ 또는 A^{2+}(A는 1족과 2족 금속의 일반적인 대표값)로 산화된다. 또한 주기율표의 16족과 17족 금속은 B^- 또는 B^{2-}(B는 16족과 17족 금속을 일반적으로 나타낸다)로 쉽게 환원된다. 또한 소재가 가벼울수록 에너지 밀도가 높아져 전극을 제작 시 장점이된다. 리튬(Li), 마그네슘(Mg), 소듐(Na)은 가장 가볍고 쉽게 산화되는 금속이며, 산소(O)와 황(S)은 가장 가볍고 가장 쉽게 환원되는 원소이다. 할로겐은 리튬, 마그네슘, 소듐에 비해 쉽게 산화되지만 음극의 구성요소로서 이러한 원소를 사용하는 것은 실용적이지 않다.

양극의 바람직한 특성은 높은 산화 전위(효율적인 산화제), 높은 비용량(양극 물질 1 g당 전기화학 반응에서 생성되는 총 전기량), 가역성, 그리고 전해질과 접촉 시 안정성이 확보되어야 한다. 음극의 경우 원하는 특성은 낮은 산화 환원 전위(효율적인 환원제), 높은 비용량, 가역성 및 우수한 전도성이 될 것이다. 표 1.1에는 분자량, 원자가, 표준 환원 전위, 중량 측정 용량, 용적 측정 용량 등 다양한 유형의 배터리 셀에 사용되는 여러 음극 및 양극 소재에 대한 몇 가지 중요한 파라미터와 해당 값이 나와 있다.

양극과 음극의 전기 전위 차이는 셀 전위를 제공한다, 즉,

$$E^{\circ}_{cell} = E^{\circ}_{cathode}(\text{reduction potential}) - E^{\circ}_{anode}(\text{oxidation potential}) \quad (1.2)$$

표 1.1 선택된 전극 소재의 특성

Material	Molecular or atomic weight (g)	Standard redox potential at 25°C (V)	Valence	Gravimetric capacity (Ah/g)	Volumetric capacity (Ah/cm³)
Anode					
H_2	2.01	0	2	26.59	–
Li	6.94	−3.01	1	3.86	2.06
Na	23	−2.71	1	1.16	1.14
Mg	24.3	−2.38	2	2.20	3.8
Al	26.9	−1.66	3	2.98	8.1
Ca	40.1	−2.84	2	1.34	2.06
Fe	55.8	−0.44	2	0.96	7.5
Zn	65.4	−0.76	2	0.82	5.8
Cd	112.4	−0.4	2	0.48	4.1
Pb	207.2	−0.13	2	0.26	2.9
LiC_6	72.06	−2.8	1	0.37	0.84
MH	116.2	−0.83	2	0.45	–
Cathode					
O_2	32.0	1.23	4	3.35	–
Cl_2	71.0	1.36	2	0.756	–
SO_2	64.0	–	1	0.419	–
MnO_2	86.9	1.28	1	0.308	1.54
NiOOH	91.7	0.49	1	0.292	2.16
CuCl	99.0	0.14	1	0.270	0.95
FeS_2	119.9	–	4	0.89	4.34
AgO	123.8	0.57	2	0.432	3.20
Br_2	159.8	1.07	2	0.335	–
HgO	216.6	0.10	2	0.247	2.74
Ag_2O	231.7	0.35	2	0.231	1.64
PbO_2	239.2	1.69	2	0.224	2.11
Li_xCoO_2	98	−2.7	0.5	0.137	–
I_2	253.8	0.54	2	0.211	1.04

Data from Lide, D.R. (Ed.), 2004. CRC Handbook of Chemistry and Physics, 85th ed. CRC Press, Boca Raton, FL, USA.

두 전극 소재의 전위 차이가 클수록 셀 전위가 커지고 전압은 높아지게 된다. 전극(양극 또는 음극)의 전위를 측정하는 실용적인 방법은 전극에서 발생하는 반응의 전위를 기준 전극으로 사용하여 각각의 전위를 0으로 지정하는 것이다.

예를 들어, 상온에서 1 몰 농도(M)의 염산 용액에 백금 전극을 삽입했다고 가정해 보겠다. 몰 농도는 용액에 포함된 용질의 농도를 단위 용액 부피당 물질의 양으로 측정한 값이다. 1 M 염산 용액은 물 1 L에 36.46 g의 염산이 용해되어 있음을 나타내고, 1 M 염산 용액에 삽입된 백금 전극에서 1기압의 수소가스(기포)가 발생하게 된다. 이 반응은 환원 반쪽반응이 되고 반응의 기준으로 삼게 되고 아래의 식 (1.3)과 같이 표현할 수 있다.

$$2H^+(aq, 1\ M) + 2e^- \rightleftharpoons H_2(g, 1\ atm) \quad E^\circ = 0 \quad\quad (1.3)$$

이 기준 전극을 표준 수소 전극(SHE)이라고 한다. 백금은 1M 염산(HCl)의 작용에 불활성이기 때문에 염산 용액(HCl(aq))이 사용된다.

백금 전극 표면의 전자는 양성자(즉, H^+)와 반응하여 수소가스(H_2)를 생성한다. 그림 1.3과 같이 구리 전극에서 환원이 일어나고 SHE에서 산화가 일어나는 구리 및 SHE 반쪽전지를 포함한 전기화학 전지를 생각해보라. 즉,

$$\text{Cathode (reduction)}: Cu^{2+}(aq) + 2e^- \rightarrow Cu(s) \quad E^\circ_{cathode} \quad\quad (1.4)$$

$$\text{Anode (oxidation)}: H_2(g) \rightarrow 2H^+(aq) + 2e^- \quad E^\circ_{anode} \quad\quad (1.5)$$

$$\text{Overall}: Cu^{2+}(aq) + H_2(g) \rightarrow 2H^+(aq) + Cu(s) \quad E^\circ_{cell} \quad\quad (1.6)$$

앞서 언급했듯이 표준 셀 전위는 다음과 같이 음극과 양극의 표준 반응 전위 사이의 차이와 같다.

$$E^\circ_{cell} = E^\circ_{cathode} - E^\circ_{anode} \quad\quad (1.3)$$

SHE에서 발생하는 반응의 전위는 0이므로(즉, E°_{anode}), 전압계(셀 전위 표시)에 표시되는 값은 구리 전극에서 일어나는 환원 반응의 표준 전위와 동일하다(즉, $E^\circ_{cell} = E^\circ_{cathode} = +0.337\ V$).

1.2.2 전해질

전해질은 배터리 유형에 따라 액체, 고체, 폴리머 또는 복합체(하이브리드)가 사용될 수 있다. 전해질은 이온 전도도가 높고, 전기 전도성이 없으며, 전극 재

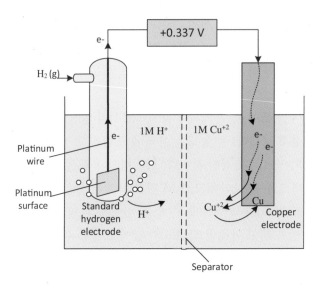

그림 1.3 구리 및 표준 수소 전극을 포함하는 전기화학 전지. 1기압의 수소 가스가 1 M HCl(aq) 용액에서 기포가 발생하고 있다.

료와 비 반응성을 가져야 하며, 작동 온도 범위가 넓어야 한다. 기존의 액체 전해질은 일반적으로 점도가 낮고, 에너지 밀도가 높으며, 충전/방전 속도가 빠르고, 작동 온도(−40℃~60℃)가 상대적으로 낮으며, 가연성이 낮다. 고분자 전해질은 젤 또는 고체 형태일 수 있다. 고체 고분자전해질은 높은 유연성, 높은 에너지 밀도, 다기능의 응용 분야, 우수한 안전성 및 기계적 특성, 물리적/화학적 안정성 등의 장점이 있다. 그러나 고체 고분자 전해질은 일반적으로 실온에서 이온 전도도가 낮다는 단점이 있다(10^{-5}~10^{-1} mS·cm^{-1}). 반면에 젤 형태의 고분자전해질은 상대적으로 높은 이온 전도도(1 mS·cm^{-1}), 높은 유연성, 다기능성, 화학적 안정성을 갖지만 기계적 강도가 낮고 계면 특성이 좋지 않다. 고체 고분자전해질의 주요 장점은 전해질 누출이없고, 높은 안전성(불연성), 비휘발성, 열적 및 기계적 안정성, 제조 용이성, 높은 출력 밀도와 사이클 성능이 좋다는 것이다.

배터리의 전압은 음극과 양극의 결합을 선택해 셀 전위를 높이거나 여러 셀을 연결하거나 쌓아 올리는 방식으로 높일 수 있다. 모듈의 배터리 셀 배열은 병렬 또는 직렬로 배열할 수 있다. 병렬 배열에서는 배터리를 통해 흐르는 총 전자의 수가 증가하기 때문에 배터리 전류가 증가하게 된다. 주어진 회로에 대해 각 배터리에서 초당 정해진 수의 전자를 끌어올 수 있으므로 두 개 이상의 배터리를 병렬로 연결하면 초당 운반할 수 있는 전자 수가 곱해지고 결과적으로 회로의 총 전류가 증가하게 된다. 배터리 셀을 직렬 배열하면 배터리를 통해 전자를 이동시키는 힘이 증가함에 따라 배터리 전압이 증가한다. 예를 들

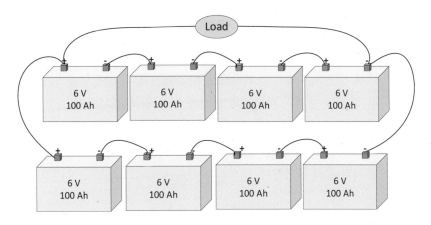

그림 1.4 고전압 및 전류 공급을 위한 배터리 셀의 병렬 직렬 배열. 그림은 각각 4개의 셀이 직렬로 연결된 두 개의 병렬 행을 보여준다.

어, 두 개의 동일한 배터리를 직렬로 연결하면 동일한 전하가 동일한 전압을 통해 두 번 이동하기 때문에 전압이 더해져서 전압이 증가하게 된다. 따라서 전류는 일정하게 유지되는 반면 총 작업량은 두 배(즉, 2 V)로 증가하게 된다. 또한 배터리 셀을 직렬-병렬로 연결하여 배터리 시스템의 전압과 전류를 동시에 높일 수 있다. 직·병렬 배열의 총 전류(I_T)와 총 전압(V_T)은 행연결은 직렬로, 열연결은 병렬로 연결되는 형태로 다음과 같이 결정할 수 있다.

$$I_T = \sum_{n=\text{number of rows}} I_n \tag{1.8}$$

$$V_T = \sum_{m=\text{number of columns}} V_m \tag{1.9}$$

예를 들어 직렬-병렬 배열을 후자의 경우와 같이 생각해보자. 전압 6 V, 전류 100 A의 특성을 가진 8개의 배터리 셀이 각각 4개의 셀을 포함하는 두 줄로 연결된 경우, 이 모듈의 전압과 전류는 다음과 같아질 것이다.

$$I_T = \sum_{n=2} I_n = I_1 + I_2 = 2I_1 = 2 \times 100 \text{ Ah} = 200 \text{ Ah} \tag{1.10}$$

$$V_T = \sum_{m=4} V_m = V_1 + V_2 + V_3 + V_4 = 4(V_1) = 4 \times 6 \text{ V} = 24 \text{ V} \tag{1.11}$$

그림 1.4는 이 예제의 모듈에서 배터리 셀의 연결을 보여준다.

1.2.3 배터리 용량

배터리 용량은 충전모드 중에 축적된 후 개방 회로 유지 중에 저장되고 최종적으로 방전모드에서 가역적으로 사용되는 전기 충전량을 말한다. 배터리 용량은 완전히 충전된 배터리의 한계와 전압 임계값(차단전압, V_{cutoff})에서의 방전 상태 사이의 방전 전류를 적분하여 결정할 수 있다. 배터리 용량은 이 전압에서 해당 시간은 차단 시간(t_{cutoff})이다. 배터리가 방전되면 방전 용량(C_d)은 다음식과 같이 표현한다.

$$C_d = \int_{initial=0}^{t_{cutoff}} I dt = \frac{-n_e F}{M_{electrode}} \left(m_{electrode}^{initial} - m_{electrode}^{cutoff} \right) \tag{1.12}$$

여기서 $M_{electrode}$는 전극 소재의 분자량, I는 셀 전류, n_e는 전자 수, F는 패러데이 상수, $m_{electrode}^{initial}$ 및 $m_{electrode}^{cutoff}$는 초기 상태(완전 충전된 배터리)와 차단 상태에서 각각의 전극활물질의 양을 나타낸다. 배터리 내의 비가역성으로 인해 용량 저하가 없는 이상적인 조건에서는 배터리가 충전 중에 받는 것과 동일한 전하를 방전 중에 방출하므로 양전극 또는 음전극 소재에 대해 방정식 (1.12)로 표현할 수 있다. 예를 들어 납축전지의 경우 C_d는 다음과 같이 표현할 수 있다.

$$C_d = \int_{initial=0}^{t_{cutoff}} I dt = \frac{-2F}{M_{PbO_2}} \left(m_{PbO_2}^{initial} - m_{PbO_2}^{cutoff} \right) = \frac{-2F}{M_{Pb}} \left(m_{Pb}^{initial} - m_{Pb}^{cutoff} \right) \tag{1.13}$$

방전 중에 전극의 활성 물질은 배터리의 전압이 전압 임계값에 가까워질 때까지 전기화학 반응을 통해 방전 생성물로 변환된다. 이 변환의 정도를 'Utilization of electrode material factor'라고 한다.

일부 배터리에서는 셀에서 가역적인 반응이 일어나 배터리를 재충전할 수 있다. 실제로 전극소재를 적절히 선택하면 외부 회로를 통한 전자의 순방향 및 역방향 이동이 모두 가능하다. 방전 중에 음극과 양극에서 일어나는 전기화학 반응은 배터리를 충전하는 동안의 역반응이 진행된다. 이러한 종류의 배터리를 이차전지라고 하며, 수명이 다할 때까지 여러 번 충전 및 방전할 수 있다.

반면에 일차전지 또는 일회용 전지는 방전 시 전자가 음극에서 양극으로만 이동할 수 있는 전지를 말한다. 즉, 음극과 양극의 반응이 역방향으로 일어날 수 없다는 것을 의미한다. 이 유형의 배터리는 에너지를 한 번만 저장하고 전달하게 된다. 일차전지에서는 전극이 고갈되어 전해질로 모든 이온이 방출되거나 생성물이 전극 표면을 완전히 덮어, 더 이상 반응물이 계면에 도달하지 못하여 반응이 더 이상 일어나지 않게 되면 배터리 수명이 종료되게 된다.

이 책은 주로 이차전지에 초점을 맞추고 있다. 책 전체에서 편의를 위해 '배터리'라는 용어는 '충전식 배터리(Rechargeable battery)'로 사용되었다. 이차전지는 충전이 가능하기에, 즉 전해질을 통한 이온의 이동이 양방향으로 진행되기도 하고, 계면반응이라는 것이 존재하기 때문에 첫 번째 방전 과정에 비해 완벽하지 않은 반응들이 사이클이 진행됨에 따라 나타나게 된다. 즉, 충전 및 방전 주기에 따라 배터리의 성능이 저하되고 결국 수명이 다하게 된다.

1.3 배터리 유형

배터리에는 다양한 종류가 있다. 배터리는 전해질, 양극, 음극과 같은 셀 구성 요소에 따라 다른 유형으로 구분된다. 배터리의 유형에 따라 작동 온도 범위, 제조 비용, 비 에너지(배터리 무게당 에너지양), 비전력(부하 용량), 효율성, 수명 주기 및 수명이 다르기도 하다. 배터리 기술개발의 중요한 목표는 이러한 값을 개선하는 것이기도 하다. 아래에서는 상용화된 다양한 유형의 이차전지를 제시하여 설명하려 한다.

1.3.1 납축전지

납축전지는 수계전해질로 황산용액을 사용하고, 음극으로는 납, 양극으로는 이산화납을 사용하여 구성된다. 방전하는 동안 음극과 양극은 전해질에 존재하는 황산을 소비하여 황산납으로 변환되게 한다. 반면에, 충전하는 동안 황산납은 음극에 금속 납 층을, 양극에 산화납 층을 전기화학적으로 증착하여 황산납을 다시 황산으로 전환하는 과정으로 작동된다.

그림 1.5는 납축 배터리의 작동 원리를 보여준다. 방전 시, 전극 사이에 부하가 외부에서 연결될 때 황산(H_2SO_4) 전해질의 분자는 양이온(H^+)과 황산염 음이온(SO_4^{2-})으로 나뉘게 된다. 수소 양이온은 과산화납 전극(양극)에 도달한 다음 이 전극에서 전자를 받게 된다. 그런 다음 수소 이온은 수소 원자가 되어 다시 과산화납과 반응하여 납 산화물과 물을 형성한다. 생성된 납 산화물은 황산과 반응하여 황산납과 물을 형성한다. 일부 황산염 음이온은 납 전극(음극)으로 이동하여 여분의 전자를 전달하고 황산염 라디칼이 된다. 황산염 라디칼은 순수한 납과 반응하여 황산납을 형성하게 된다. 수소 양이온은 양극에서 전자를 받고 황산염 음이온은 음극으로 전자를 내보내므로 양극과 음극 사이의 전자 불균형이 유지되게 된다.

따라서 이 두 전극 사이에는 외부 부하를 통해 전자의흐름(전류)이 발생하

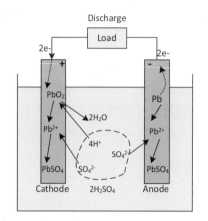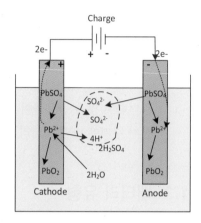

그림 1.5 충전 및 방전 중 납축 배터리 셀의 작동 원리.

여 전자의 불균형을 해소하게 된다.

방전 중 납축전지의 음극과 양극에서 일어나는 산화 환원 반응은 다음과 같이 나타낼 수 있다.

$$\text{Oxidation in anode}: \text{Pb (s)} + \text{SO}_4^{2-}(\text{aq}) \rightarrow \text{PbSO}_4(s) + 2e^-;$$
$$E_a^\circ = -0.356 \, \text{V} \tag{1.14}$$

$$\text{Reduction in cathode}: \text{PbO}_2(s) + 4\text{H}_3\text{O}^+(\text{aq}) + \text{SO}_4^{2-}(\text{aq}) + 2e^-$$
$$\rightarrow \text{PbSO}_4(s) + 6\text{H}_2\text{O}(I); E_c^\circ = 1.685 \, \text{V} \tag{1.15}$$

$$\text{Overall reaction in cell}: \text{Pb (s)} + \text{PbO}_2(s) + 2\text{H}_2\text{SO}_4(\text{aq})$$
$$\rightarrow 2\text{PbSO}_4(s) + 2\text{H}_2\text{O}(I); E_{\text{cell}}^\circ$$
$$= E_c^\circ - E_a^\circ = 2.05 \, \text{V} \tag{1.16}$$

높은 셀 전압에서는 음극의 낮은 전위와 양극의 높은 전위로 인해 여러 가지 이차 반응이 발생할 수 있다. 여기에는 음극에서의 수소발생 반응($4\text{H}^+ + 4e^- \rightarrow 2\text{H}_2$)과 음극에서의 산소발생 반응($2\text{H}_2\text{O} \rightarrow 4\text{H}^+ + 4e^- + \text{O}_2$)이 포함될 수 있으며, 이는 전체적으로 물 분해 반응을 일으키게 된다. 실제로 전해질의 물 분자는 충전 단계에서 산소와 수소 기체로 해리되게 된다. 이러한 반응을 물 전기분해라고 하며 납축전지에서는 의도하지 않게 일어나는 반응이다. 배터리가 이러한 가스를 대기로 배출하도록 설계된 경우, 배출되어 소비되는 물의 양을 맞추기 위하여 makeup water라고 불리는 추가적인 물을 배터리 시스템에 주입하게 된다. 한편으로, 밀폐형 배터리 설계에서는 수소와 산소 가스가 갇혀서 물로 전환되기도 한다. 납축전지의 밀폐형 설계는 배터리 셀에 주기적으로 물이 추가되는 것을 막게 되지만, 충전 또는 과충전 속도가 높은 조건에서는 수소 및 산소 가스의 생성 속도(즉, 가스의 결합 속도)가 물의 생성 속도(즉, 가스의 결합 속도)를 넘어설 수 있다. 이는 납축전지 셀의 폭발 위험을 증가시킬 수 있는 요인이 된다. 또한 배터리의 자체 방전이 발생할 수 있는데, 그중에는 전자가 외부 회로가 아닌 전해질을 통해 내부적으로 음극에서 양극으로 전달되는 것이 포함되기도 한다.

납축전지는 비교적 저렴한 유형의 배터리로 알려져 있다. 그러나 일반적으로 비에너지(무게에 비해 배터리에서 전달할 수 있는 에너지의 양)가 낮고 납이 함유되어 있어 독성이 있다. 실제로 납축전지의 비 에너지는 30~40 Wh/kg이며, 평균 이론값은 약 170 Wh/kg 이다. 납축전지의 이러한 비 에너지 범위는 일반적으로 평균 비에너지가 약 250 Wh/kg인 리튬 이온 배터리에 비해 현저히 낮다.

납축전지의 유효 수명은 일반적으로 수백 사이클에 불과한 것으로 알려져 있다. 전극 표면에서 활성 물질이 흘러내리고 부식되는 것은 납축전지의 수명이 상대적으로 짧은 주요 원인 두 가지 중 하나이다. 고온과 높은 작동 속도로 인해 양극 표면에 황산염이 축적되는 것도 납축전지의 성능 저하의 중요한 다른 원인이다. 납축전지의 수명을 연장하는 방법에는 여러 가지가 있으며 내용은 다음과 같다.

(i) 전자흐름 통로 설계와 전극의 활물질 개선

(ii) 납 양극 대신 탄소 양극을 사용하여 정전기 저장

(iii) 납이 메탄설폰산 전해질에 용해된 납축전지를 사용

이러한 방법(특히 마지막 방법)은 납축전지의 비 에너지를 어느 정도 향상시킬 수 있지만, 여전히 다른 유형의 배터리에 비해 상대적으로 낮은 비 에너지를 가지고 있다.

1.3.2 니켈 기반 배터리

니켈 기반의 배터리에는 니켈-카드뮴(Ni-Cd), 니켈-철(Ni-Fe), 니켈-아연(Ni-Zn), 니켈-수소(Ni-H$_2$) 등 다양한 유형이 있다. 이러한 모든 니켈 기반 배터리에는 수산화니켈 전극이 양극으로 사용된다.

니켈 기반 배터리는 일반적으로 수산화칼륨과 같은 강알칼리 용액이 전해질로 사용되기 때문에 알카라인 이차전지라고도 한다. 니켈 기반의 배터리 간 유형 차이는 음극에 사용되는 소재와 관련이 있다.

니켈 전극(모든 유형의 니켈 기반 배터리의 양극)에 대한 충전 및 방전 반응

은 다음과 같이 표현할 수 있다.

$$\beta NiOOH + H_2O + e^- \underset{\text{charge}}{\overset{\text{discharge}}{\rightleftarrows}} \beta Ni(OH)_2 + OH^- ; E_c^\circ = 0.49 \text{ V} \tag{1.17}$$

여기서 β는 화학량론 계수이며, 다양한 유형의 니켈 기반 배터리는 각각 다른 값을 갖는다.

아래에서는 5가지 유형의 니켈 기반 배터리에 대해(니켈-카드뮴, 니켈-철, 니켈-수소, 니켈-금속 수소, 니켈 아연 배터리) 설명하겠다.

1.3.2.1 니켈-카드뮴 배터리

이러한 유형의 니켈 기반 배터리는 양극으로는 니켈(III)옥시수산화물, 음극으로 카드뮴 플레이트, 알칼리성 전해질(일반적으로 수산화칼륨) 및 분리막으로 구성됩니다. 전해질은 일반적으로 충전-방전 주기 동안 일정한 농도(예: 20~30% KOH 농도)로 유지되어 셀 저항을 최소화하게 된다.

니켈-카드뮴 배터리의 음극과 양극에서 방전 중 산화 환원 반응은 다음과 같이 작성할 수 있다.

$$\text{Oxidation at anode} : Cd + 2OH^- \rightarrow Cd(OH)_2 + 2e^- ; E_a^\circ = -0.81 \text{ V} \tag{1.18}$$

$$\text{Reduction at cathode} : 2NiOOH + 2H_2O + 2e^-$$
$$\rightarrow 2Ni(OH)_2 + 2OH^- ; E_c^\circ = 0.49 \text{ V} \tag{1.19}$$

$$\text{Overall reaction} : 2NiOOH + Cd + 2H_2O$$
$$\rightarrow 2Ni(OH)_2 + Cd(OH)_2 ; E_{cell}^\circ = 1.3 \text{ V} \tag{1.18}$$

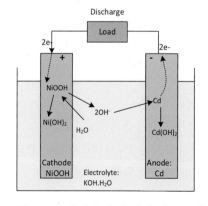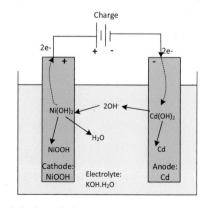

그림 1.6 방전 및 충전 중 니켈-카드뮴 배터리 셀의 작동 원리.

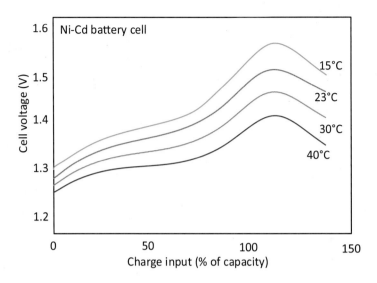

그림 1.7 니켈-카드뮴 전지 배터리의 전압에 대한 작동 온도 및 충전 수준의 영향. (Shukla, A.K., Venugopalan, S., Hariprakash, B., 2001의 데이터. 니켈 기반 충전식 배터리. J. 전원 100(1–2), 125–148.)

Ni-Cd 배터리를 충전하는 동안에는 음극반응, 양극반응 및 전체 반응은 위 반응들의 역방향으로 진행하게 된다.

그림 1.6은 충전 및 방전 중 Ni-Cd 배터리 셀의 작동 원리를 보여준다. 방전 중 양극에서는 니켈옥시수산화물이 물과 결합하여 수산화니켈과 수산화 이온 을 형성한다.

음극에서는 금속 카드뮴이 산화되어 수산화카드뮴과 두 개의 전자를 생성 한다. 이 과정에서 배터리 셀은 에너지를 방출하게 된다. 충전 중에는 이 과정 이 역방향으로 진행되어 양전극에서는 산소가 방출되고 음전극에서는 수소가 형성된다. 따라서 물이 분해되는 동안 손실되는 수소와 산소를 보충하기 위해 낮은 양의 물을 추가해야 한다.

니켈카드뮴 배터리의 공칭 셀 전위는 1.3 V이다. 니켈카드뮴 배터리는 상대 적으로 높은 에너지 밀도(50~75 Wh/kg)와 수명(2,000~2,500회 충/방전 사이 클)으로 인해 다양한 전자장비에 사용된다. 하지만 카드뮴의 독성과 높은 비용 으로 인해 사용이 제한적인 단점이 있다.

Ni-Cd 배터리의 성능은 작동 온도, 충/방전 속도, 셀 유형, 구조 및 제조 공 정에 따라 크게 영향을 받는다. 예를 들어, 그림 1.7은 Ni-Cd 셀 전압에 대한 온도의 영향을 보여준다. 완전히 충전된 셀(즉, 셀 용량 대비 전하 입력 비율 100%)에서 작동 온도가 15°C에서 40°C로 증가함에 따라 Ni-Cd 배터리의 셀 전압이 1.53 V에서 1.37 V로 감소하는 것을 알 수 있다.

1.3.2.2 니켈-철 배터리

이러한 유형의 니켈 기반 배터리에서는 음극으로서 철을, 양극으로서 수산화니켈을 사용한다. 이들은 전해질로 알칼리성 용액(예: 30% KOH 농도)을 사용한다. 니켈-철 배터리의 방전 중 산화 환원 반응은 다음과 같이 나타낼 수 있다.

$$\text{Reduction in cathode} : 2NiOOH + 2H_2O + 2e^-$$
$$\rightarrow 2Ni(OH)_2 + 2OH^- ; E_c^\circ = 0.49 \text{ V} \quad (1.21)$$

$$\text{Overall reaction} : 2NiOOH + Fe + 2H_2O$$
$$\rightarrow 2Ni(OH)_2 + Fe(OH)_2 ; E_{cell}^\circ = 1.37 \text{ V} \quad (1.23)$$

Ni-Fe 배터리 셀의 에너지 밀도는 일반적으로 19~25 Wh/kg이다. 니켈-철 배터리 셀에서는 통풍구를 사용하여 셀에서 생성된 수소 가스를 방출할 수 있다. 니켈-철 배터리의 음극과 양극에 전기가 흐르면 수산화니켈과 환원철이 생성되기 때문에 수소가 생성되고, 이 물질들은 물 분해의 촉매 역할을 하게 된다.

일반적인 Ni-Fe 배터리 셀의 수명은 약 3,000 사이클이며, 30℃ 미만의 작동 온도에서 20년의 수명을 갖고 있다. 하지만 Ni-Fe 배터리의 유효 수명 주기와 수명은 셀 온도 및 충/방전 속도와 같은 작동 조건에 따라 영향을 받게 된다. 예를 들어, 상대적으로 높은 작동 온도(약 40℃)에서 Ni-Fe 셀의 수명주기와 수명은 각각 1,500회와 8년에 불과하다.

Ni-Fe 셀에서는 여러 가지 부식 반응이 발생할 수 있다. 이러한 반응으로 인해 실온에서 셀 공칭 용량의 약 1~2%가 자체 방전될 수 있다.

자가 방전 현상은 일반적으로 더운 날씨(약 40℃)에서 심하게 나타난다. 또한, Ni-Fe 전지의 충전 과정에서도 수소 발생이 일어날 수 있으며, 이는 전지의 전하수용을 감소시킨다. 철 전극에 전기화학적 촉매를 사용하여 자체 방전을 줄이고 수소-산소 재결합 촉매를 적용하여 발생 된 수소와 산소를 재결합하면 Ni-Fe 전지의 성능을 개선할 수 있다. 그럼에도, 이러한 전지는 여전히 다른 유형의 배터리와 경쟁할 수 없으며 상업적 관심을 높이기 위해 추가 개선이 필요하다.

1.3.2.3 니켈-수소 배터리

니켈-수소($Ni-H_2$) 셀에서는 수소 가스 전극이 음극으로 사용되며 가압이 된 상태로 셀에 저장된다. 전해질로는 26%의 수산화칼륨(KOH) 용액이 일반적으로 사용된다.

$Ni-H_2$ 전지의 개발은 배터리와 연료전지 기술 모두에서 영감을 받아 개발

되었다. 구체적으로 수산화니켈 전극은 니켈 기반 배터리 셀에서, 수소 전극은 연료전지 기술에서 가져왔다. 상대적으로 가벼운 수소 전극은 다른 니켈 기반 전지에 비해 전지의 중량당 에너지 밀도(약 75 Wh/kg)를 향상시키지만 체적 에너지 밀도(60~100 Wh/L)는 낮다. 이러한 유형의 니켈 기반 배터리는 항공 우주 분야에서 에너지 변환 및 저장이 필요할 때 자주 사용된다. 니켈-수소 배터리 셀은 과충전을 견딜 수 있다. 전지의 특징은 20,000회 이상의 충/방전 사이클과 높은 에너지 효율(약 85%)로 수명이 길다는 장점을 갖고 있지만, 높은 비용으로 인해 항공우주 분야를 제외한 다른 분야에서는 사용이 제한된다.

Ni-H_2 셀의 음극과 양극에서의 산화 환원 반응은 다음과 같이 나열할 수 있다.

$$\text{Oxidation in anode} : 0.5H_2 + OH^- \rightarrow H_2O + e^- ; E_a^\circ = -0.83 \text{ V} \quad (1.24)$$

$$\text{Reduction in cathode} : 2NiOOH + 2H_2O + 2e^-$$
$$\rightarrow 2Ni(OH)_2 + 2OH^- ; E_c^\circ = 0.49 \text{ V} \quad (1.25)$$

$$\text{Overall reaction} : NiOOH + 0.5H_2 \rightarrow Ni(OH)_2 ; E_{cell}^\circ = 1.32 \text{ V} \quad (1.26)$$

방전 시 양극에서는 압력용기 내부의 수소 전극이 물로 산화되는 반면, 음극에서는 니켈산화물 전극이 수산화니켈로 환원된다. 수산화칼륨 전해질의 농도는 음극(니켈 전극)에서 사용한 물을 양극(수소 전극)에서 재생산하기 때문에 크게 변하지 않는다.

Ni-H_2 배터리 셀에 대한 다양한 설계가 개발되었으며 이러한 설계는 포괄적으로 설명되어 있기도 하다(Shukla et al., 2001). 예를 들어, 그림 1.8은 COMSAT 연구소에서 개발한 일반 압력 용기 Ni-H_2 배터리 셀의 기본 구성을 보여준다(NASA, 1997). 음극(수소전극)과 양극(니켈전극) 양쪽 전극은 전해질(즉, 수산화칼륨 용액)에 의해 적셔지는 시르카(Zircar, 과산화아연과 라디칼 음이온의 조합) 분리막으로 분리되어 있고, 모든 셀 구성 요소는 원통형 압력 용기에 쌓여 있으며, 일반적으로 3.45 bar에서 69 bar 사이에서 작동할 수 있는 밀폐형 인코넬(Inconel, 고용체 강화 니켈 기반 초합금)이 사용된다. 압력 용기는 일반적으로 최대 작동 압력의 3배에 달하는 파열 강도를 갖도록 설계된다(Shukla et al., 2001). 음극인 수소전극은 다공성 가스 확산 테프론 지지 필름이 있는 니켈 스크린 위에 테프론 결합 백금 블랙 촉매 로 구성된다. 니켈 전극(음극)은 수산화니켈 활물질로 코팅된 건식 소결 다공성 니켈 플레이트로 구성된다.

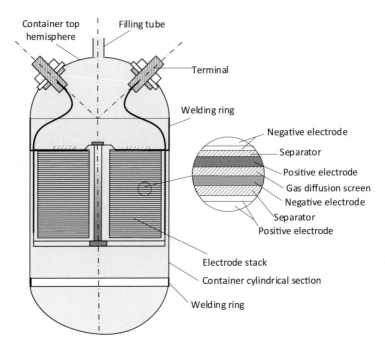

그림 1.8 수직으로 배치된 일반적인 압력 용기 니켈-수소 배터리. (NASA에서 재인용, 1997. 레슨 번호 568. 미국 항공 우주국. 출처: https://llis.nasa.gov/lesson/568 (2022년 5월 25일 액세스됨).

1.3.2.4 니켈 수소 배터리

니켈-금속수소화물(니켈수소전지, Ni-MH) 배터리 셀에서는 음극에 복합 금속합금을 사용하고 양극에는 니켈과 NiOOH를 음극활물질로 사용한다. 음극의 복합 금속합금은 산화되어 양성자를 생성할 수 있는 환원된 수소의 고체 공급원 역할을 한다. 전해질로는 KOH 용액이 사용된다. Ni-MH 시스템은 처음에 니켈 수소 전지에 수소를 저장하기 위해 설계되었다. 이 타입의 배터리 셀은 적당한 비 에너지(70~100 Wh/kg)와 상대적으로 높은 부피 에너지 밀도(170~420 Wh/L)를 가지며 과방전을 견딜 수 있다. 또한 Ni-MH 셀은 수상돌기(dendrite) 형성이 없으며, 일부 독성 물질이 포함된 Ni-Cd, Ni-Fe 및 납축전지와 달리 독성 물질이 사용되지 않는다.

그림 1.9는 니켈-수소 배터리 셀의 작동 원리를 보여준다. 방전 중에 수산화이온은 양극에서 물 분자와 니켈옥시수산화물의 결합으로 생성된다. 생성된 수산화 이온은 KOH 용액을 통해 음극에서 양극으로 이동한다. 양극으로 이동한 수산화 이온은 수소 저장 합금으로부터 수소 이온을 받아 물 분자로 돌아가게 된다.

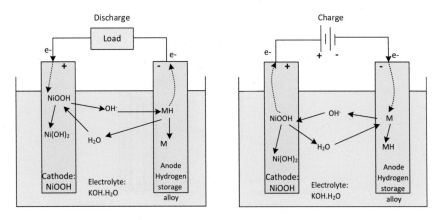

그림 1.9 방전 및 충전 중 니켈-수소 배터리 셀의 작동 원리.

Ni-MH 배터리 셀의 방전 중 산화 환원 반응은 다음과 같이 작성할 수 있다.

Oxidation at anode : $MH + OH^- \rightarrow M + H_2O + e^-$; $E_a^{\circ} = -0.83$ V (1.27)

Reduction at cathode : $NiOOH + H_2O + e^- \rightarrow Ni(OH)_2 + OH^-$; (1.28)
$$E_c^{\circ} = 0.49 \text{ V}$$

Overall reaction : $NiOOH + MH \rightarrow M + Ni(OH)_2$; $E_{cell}^{\circ} = 1.32$ V (1.29)

반대로 Ni-MH 배터리 셀의 충전 과정은 위에 나열된 산화, 환원 및 전체 반응의 역방향으로 반응이 진행된다.

Ni-MH 배터리 셀의 작동 원리는 음극과 양극 사이에서 수소를 흡수, 방출 및 운반하는 능력에 기반한다. 방전 중에 음극의 금속합금에 저장된 수소는 수산화칼륨 전해질로 방출되어 물을 형성하게 된다. 생성된 물은 수소 이온으로 해리되어 양극에 흡수되어 수산화니켈(Ni(OH)$_2$)을 형성한다. 음극에서 양극으로 수소를 운반하는 과정은 흡열 과정이다(즉, 열을 흡수함). 열 흡수는 셀이 과방전될 때까지 계속되어 일어난다. 이 상태에서 2차 반응이 발생하여 Ni-MH 배터리 셀의 온도가 상승하게 되는 원인이 된다. 따라서 흡열 방전 반응으로 인해 Ni-MH 배터리 셀의 경우 상대적으로 낮은 열 방출과 함께 높은 방전 속도가 관찰된다.

음극에 수소가 저장되는 금속합금은 종종 Misch 메탈이다. Misch 메탈은 철과 미량의 황, 탄소, 칼슘, 알루미늄이 포함된 희토류 원소의 합금이다. 일반적으로 세륨 50%, 란타넘 25%, 네오디뮴 15%, 기타 희토류 금속 및 철 10%로 구성되어 있다. 이 합금은 부피 에너지 밀도(배터리용량)가 높다.

우수한 사이클 수명, 높은 충전 용량, 높은 비 에너지와 같은 Ni-MH 배터리

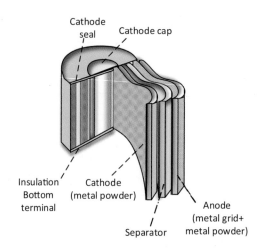

그림 1.10 원통형 니켈-수소 셀의 구성 요소.

셀의 장점으로 인해 Ni-Cd 배터리를 Ni-MH 배터리로 대체하는 경향이 나타나고 있다. 그러나 Ni-MH 셀의 높은 자가 방전율(월 최대 30%)과 상대적으로 낮은 온도(즉, 0°C 이하)에서의 성능을 개선하기 위해서는 추가적인 개선이 필요하다.

그림 1.10은 전해질로 분리된 양극과 음극, 분리막과 케이스를 포함한 원통형 Ni-MH 배터리 셀의 일반적인 구성요소를 보여준다. 전해액, 전극 및 분리막은 밀봉판 역할을 하는 강철 케이스에 감겨 있으며, 단락이나 내부 압력 증가로 인한 파열을 방지하기 위해 안전밸브가 사용되었다.

내부 압력 증가는 양극에서 수소 발생이 일어나는 과방전이 반복적으로 발생하는 동안 일어난다. 니켈 기반 배터리의 전지롤 설계는 전해질과 전극 사이의 표면 접촉면이 넓고 내부 저항이 낮아 상대적으로 높은 전력 전달이 가능하다. 일반적으로 배터리의 전력 수율은 전극의 반응 표면적 증가, 전류 수집 감소, 전해질의 이온 전도도 개선에 따라 증가하게 된다.

니켈수소 배터리 셀의 과충전은 전해질의 수산화물과 반응할 수산화니켈이 남아 있지 않을 때 발생한다. 그 후 산소가 발생하기 시작하여 분리막을 가로질러 확산되어 양극에 도달한다. 거기에서 산소는 저장된 수소와 재결합하여 수산화칼륨 용액(전해질)에 과잉 수분을 생성하게 된다. 음극에서 산소가 발생하는 속도가 재결합하는 속도보다 빠르면 결과적으로 과잉 산소 가스가 Ni-MH 셀의 내부 압력을 증가시키게 된다. Ni-MH 배터리 셀의 과충전을 방지하는 효과적인 방법은 음극을 양극보다 더 높은 용량(즉, 더 많은 활물질)으로 제작하는 것이다. 이 방법을 통해 방출된 산소의 효과적인 재결합을 달성하여 셀 내부의 압력 상승을 늦출 수 있다.

니켈수소 배터리 셀의 용량과 수명은 잦은 과충전으로 인해 감소할 수 있다. 과잉 산소의 존재로 인해 셀 내부의 압력이 증가하면 셀 내부의 온도도 상승하게 되고 이로 인해 분리막 내 전해질이 손실될 수 있다. 이러한 현상을 분리막 건조라고 하며, 음극과 양극 사이에서의 수소의 적절한 이동을 감소시키기도 한다. 과충전이 심한 경우, 즉 과잉 산소가 많은 경우, 양전극 단자에 안전 통풍구를 사용하여 산소 가스를 밖으로 배기 시키기도 한다.

Ni-MH 배터리 셀의 과방전은 양극의 활물질이 완전히 소모되어 수소 가스를 생성할 때 발생한다. 음극의 금속수소화물 활물질은 양극에서 생성된 수소 가스의 일부를 흡수할 수 있다. 음극에 흡수되지 않은 수소는 셀의 내부 압력을 증가시킨다. 그런 다음 음극의 활물질도 완전히 소모되면 음극이 산소 가스를 흡수하기 시작하여 용량이 손실된다. Ni-MH 배터리 셀이 과방전되면 전극 표면이 수소와 산소 가스로 완전히 덮여 저장 용량이 감소하게 되고(산소 가스가 수소 저장 부위를 차지하기 때문에), 여분의 수소가 안전 배출구를 통해 방출되면서 수소 가스의 손실이 발생하게 된다.

1.3.2.5 니켈-아연 배터리

니켈-아연(Ni-Zn) 배터리 셀에서는 금속 아연이 음극으로, 수산화니켈이 양극으로, 수산화칼륨 용액이 전해질로 사용된다. 그림 1.11은 충/방전 중 니켈-아연 배터리 셀의 작동 원리를 보여준다. 방전 중에는 음극에서 금속 아연이 수산화아연(II)으로 산화된다. 음극 반응 동안 두 개의 전자가 생성되며, 이들은 외부 회로를 통해 양극으로 전달된다. 양극에서는 니켈(III)-옥시수산화수소는 수산화니켈(II)로 환원된다. 실제로 양극에서 옥시수산화니켈(III)은 물과 두 개의 전자(양극 반응에서 생성된)와 반응하여 수산화니켈(II) 및 수산화이온을 형성하게 된다.

방전 중 음극과 양극에서의 산화 환원 반응은 Ni Zn 배터리 셀에 대해 다음과 같이 작성될 수 있다.

$$\text{Oxidation in anode}: Zn + 2OH^- \rightarrow Zn(OH)_2 + 2e^-; E_a^\circ = -1.2\ V \quad (1.30)$$

$$\text{Reduction in cathode}: 2NiOOH + 2H_2O + 2e^- \quad (1.31)$$
$$\rightarrow 2Ni(OH)_2 + 2OH^-; E_c^\circ = 0.49\ V$$

$$\text{Overall reaction}: 2NiOOH + Zn + H_2O \rightarrow ZnO + 2Ni(OH)_2;$$
$$E_{cell}^\circ = 1.7\ V \quad (1.32)$$

니켈-아연 셀의 전체 셀 전위는 다른 니켈 기반 셀보다 높은 것으로 관찰된다. 따라서 이러한 유형은 더 높은 셀 전압을 전달할 수 있다. 또한 아연 원소는

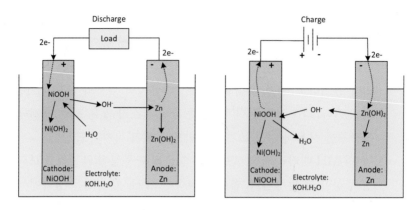

그림 1.11 방전 및 충전 중 니켈-아연 배터리 셀의 작동 원리.

카드뮴 및 금속수소화물보다 상대적으로 풍부하여 Ni-Zn 전지의 비용은 상대적으로 낮다. 전해질에 수산화리튬(LiOH)을 첨가하면 Ni-Zn 배터리 셀의 성능과 수명이 향상되기도 한다. 니켈-아연 배터리는 에너지 밀도(55~85 Wh/kg)와 전력밀도(140~200 W/kg)가 상대적으로 높고, 자체 방전율(하루 0.8% 미만)이 낮다. 일반적으로 음극과 양극을 젖게 유지하기 위해 흡수성이 좋은 위킹(Wicking)소재가 사용되고, 안전 통풍구를 사용하여 니켈-아연 배터리를 충전하는 동안 발생하는 O_2 가스를 방출할 수 있는 구조를 갖고 있다. 일반적으로 Ni-Zn 배터리 셀은 사용 수명 동안 변형 발생을 완화하기 위해 고압으로 유지된다.

충전하는 동안 음극에 아연이 침전되어 수상돌기가 형성되고 전극이 부풀어 오른다. 이는 내부 단락으로 이어질 수 있다. 그림 1.12는 반복적인 충/방전 사이클 동안 Ni-Zn 배터리 셀에서 아연으로 인한 수상돌기의 형성을 보여준다. 미세 다공성 분리막을 사용하여 아연 수상돌기의 형성을 방지할 수 있다. 그럼에도 불구하고 Ni-Zn 배터리 셀의 아연 도금 및 수상돌기와 관련된 장애물을 극복하기 위해서는 추가적인 개선이 필요하다.

1.3.3 소듐-베타 배터리

소듐-베타 배터리 셀에서는 고체 베타 알루미나(β-Al_2O_3) 물질이 전해질로 사용된다. 이 물질은 소듐 이온을 투과할 수 있어 음극과 양극 사이를 이동할 수 있다. 소듐 전극이 음극으로 사용되고, 양극은 액체 유황(이 경우의 배터리 유형은 소듐-황(Na-S)) 또는 고체 금속-염화물일 수 있다. Na-S 배터리 셀에서는 양극에 다공성 흑연을 사용하여 전기 전도성을 향상시킬 수 있다. 고체인 베타 알루미나는 비교적 높은 온도(300°C 이상)에서 이온 전도도가 높은 세라믹 소

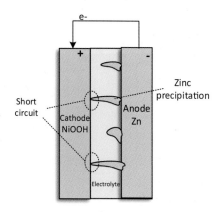

그림 1.12 반복적인 충/방전 사이클 동안 Ni-Zn 배터리 셀에서 아연으로 인한 수상돌기 형성.

재로 알려져 있다. 음극과 양극에 사용되는 소재 모두 녹는점이 300 °C 이하이며, 소듐-베타 배터리 셀이 작동하는 동안 음극과 양극은 모두 용융염 상태에 있게 된다.

이러한 유형의 배터리 셀은 고온에서 효과적으로 작동하므로 주변 온도에 대한 민감도가 낮다는 중요한 이점이 있다. 하지만 상대적으로 높은 작동 온도로 인해 에너지 효율과 수명이 줄어들고 안전에 대한 고려 사항이 더 많아지게 된다.

350 °C의 작동 온도에서 방전 시 소듐-황(Na-S) 배터리 셀의 음극과 양극에서의 산화 환원 반응은 다음과 같이 표현할 수 있다.

$$\text{Oxidation at anode}: 2\text{Na} \rightarrow 2\text{Na}^+ + 2e^- \tag{1.33}$$

$$\text{Reduction at cathode}: x\text{S} + 2\text{Na}^+ + 2e^- \rightarrow \text{Na}_2\text{S}_x \ \ (x = 3 - 5) \tag{1.34}$$

$$\text{Overall reaction}: x\text{S} + 2\text{Na} \rightarrow \text{Na}_2\text{S}_x \ \ (x = 3 - 5);$$
$$E_{\text{cell}}^\circ = 1.78 - 2.08 \ \text{V} \tag{1.35}$$

그림 1.13은 관형 소듐-염화니켈 배터리와 셀 구조를 보여준다. 염화니켈을 양극으로 사용하는 소듐-베타 배터리 셀의 작동 온도 300 °C에서 음극과 양극에서의 산화 환원 반응은 다음과 같이 작성할 수 있다.

$$\text{Oxidation at anode}: 2\text{Na} \rightarrow 2\text{Na}^+ + 2e^- \tag{1.36}$$

$$\text{Reduction at cathode}: \text{NiCl}_2 + 2\text{Na}^+ + 2e^- \rightarrow \text{Ni} + 2\text{NaCl} \tag{1.37}$$

$$\text{Overall reaction}: \text{NiCl}_2 + 2\text{Na} \rightarrow \text{Ni} + 2\text{NaCl}; E_{\text{cell}}^\circ = 2.58 \ \text{V} \tag{1.38}$$

충전 중에는 위의 산화 환원 반응이 역방향으로 발생한다.

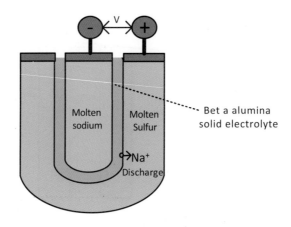

그림 1.13 관형 소듐-염화니켈 배터리 셀.

방전 중에 소듐 음극과 β-Al_2O_3 전해질 사이의 계면에서 금속 소듐의 산화를 통해 소듐 이온이 생성된다. 그런 다음 소듐 이온은 전해질을 가로질러 이동하여 양극에서 $NiCl_2$과 반응한다. 마지막으로, $NiCl_2$은 양극에서 니켈 금속으로 환원된다.

소듐 베타 배터리는 상대적으로 높은 에너지 도(납축 배터리보다 5배 높음), 광범위한 에너지 저장 용량(kWh~MWh 범위), 장수명(최대 5,000회 방전 주기)을 제공한다. 그러나 고온 작동으로 인해 소듐-황 배터리 셀의 부식이 심해지고 셀 내부의 열팽창으로 인한 기계적 스트레스가 발생할 수 있다. 또한 전해질의 취약성으로 인해 전해질 구조에 균열이 발생하고 두 개의 액체 양극이 결합하여 화재 또는 폭발로 이어질 수 있다. 이러한 위험을 완화하기 위해 소듐-황 배터리는 전해질 어는점 이상으로 작동해야 하며, 이는 외부 열원을 제공함으로써 작동이 된다. 이에 비해 염화니켈 기반 양극은 소듐-베타 배터리 셀의 황 기반 양극보다 전압이 높고 작동 온도가 높으며 부식성이 적고 구조가 안전하며, 에너지 밀도가 낮다는 특성이 있다.

1.3.4 리튬 이온 배터리

리튬 이온 배터리에서 리튬 이온(Li^+)은 전해질과 다공성 분리막을 통해 양극과 음극 사이를 이동한다. 리튬 이온 배터리 셀에서는 금속산화물, 올리빈계($LiMPO_4$ 여기서 M = Fe, Mn, Co, Ni), 바나듐산화물 및 리튬망간스피넬($LiMn_2O_4$, $LiNi_{0.5}Mn_{1.5}O_4$)가 양극으로 주로 사용된다. 반면에 음극으로는 다공성 탄소, 리튬 티타늄 산화물 및 실리콘이 주로 사용된다. 에틸렌 카보네이트($C_3H_4O_3$), 디메틸 카보네이트($C_3H_6O_3$), 프로필렌 카보네이트($C_4H_6O_3$)와 같이 용해된 리튬염을 포함하는 유기용매의 혼합물을 리튬이온 배터리의 전해질로 사용할 수 있다.

그림 1.14는 일반적인 리튬이온 배터리의 작동 원리를 보여준다. 리튬이온 배터리 셀이 완전히 방전되면 리튬이온은 양극에 존재하게 된다. 충전하는 동안 리튬 이온은 양극에서 분리되어 전해질을 통해 음극으로 이동하게 된다. 따라서 충전이 끝나면 음극이 리튬이온의 공급원이 되고, 방전 과정에서 리튬이온이 다시 양극으로 이동하기 시작한다. 집전체는 전극의 집적도를 높이기 위하여, 그리고 집전체-전극 간 접착력을 향상시키기 위해 양극과 음극에 사용된다.

표 1.2에는 다양한 리튬금속 배터리 시스템의 특성이 나와 있다. 니켈-코발트-알루미늄 산화물(NCA)-흑연이 다른 유형의 리튬 이온 전지 화학 물질에 비해 비 에너지가 가장 높다는 것을 알 수 있다. 모든 유형의 리튬이온 배터리의 작동 온도는 거의 동일하다(0℃~50℃). 작동 온도가 20℃ 미만이거나 50℃ 이상이면 셀 내부의 열화 메커니즘이 가속화되어 리튬이온 배터리의 성능에 악영향을 미치게 된다.

리튬금속 산화물($Li_{(1-x)}MO_2$)을 양극으로, 흑연(C_6)을 음극으로 사용하는 리튬이온 배터리의 음극과 양극에서 방전 시 일반적인 산화 환원 반응은 다음과 같이 쓸 수 있다.

$$\text{Oxidation at anode} : Li_xC_6 \rightarrow C_6 + xe^- + xLi^+ \tag{1.39}$$

$$\text{Reduction at cathode} : Li_{(1-x)}MO_2 + xe^- + xLi^+ \rightarrow LiMO_2 \tag{1.40}$$

$$\text{Overall reaction} : Li_xC_6 + Li_{(1-x)}MO_2 \rightarrow C_6 + LiMO_2 \tag{1.41}$$

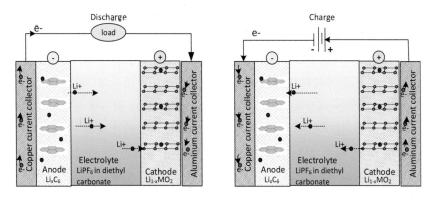

그림 1.14 일반적인 리튬이온 배터리의 작동 원리.

표 1.2 다양한 리튬 금속 배터리 시스템의 특성.

Lithium ion battery chemistry	Cell specific energy (Wh/kg)	Nominal voltage (V)	Cycle life (cycles)	Operation temperature (°C)
NMC-graphite	140–200	3.7	2000+	0–55
NCA-graphite	200–250	3.6	2000+	0–55
LFP-graphite	90–140	3.2	3000+	0–55
LMO-graphite	100–140	3.7	1000–2000	0–55

LFP, 리튬인산철; LMO, 리튬이온 망간산화물; NCA, 니켈-코발트-알루미늄 산화물; NMC, 니켈-망간-코발트 산화물. Data from Ralon, P., Taylor, M., Ilas, A., Diaz-Bone, H., Kairies, K., 2017. Electricity Storage and Renewables: Costs and Markets to 2030. International Renewable Energy Agency, Abu Dhabi, UAE; Ecker, M., Nieto, N., Käbitz, S., Schmalstieg, J., Blanke, H., Warnecke, A., Sauer, D.U., 2014. Calendar and cycle life study of Li (NiMnCo) O2-based 18650 lithium-ion batteries. J. Power Sources 248, 839–851; Zubi, G., Dufo-López, R., Carvalho, M., Pasaoglu, G., 2018. The lithium-ion battery: state of the art and future perspectives. Renew. Sustain. Energy Rev. 89, 292–308.

예를 들어 리튬코발트산화물 배터리 셀의 경우 방전 중 음극과 양극에서의 산화 환원 반응은 다음과 같이 작성할 수 있다.

$$\text{Oxidation at anode}: LiC_6 \rightarrow C_6 + e^- + Li^+ \tag{1.42}$$

$$\text{Reduction at cathode}: CoO_2 + e^- + Li^+ \rightarrow LiCoO_2 \tag{1.43}$$

$$\text{Overall reaction}: LiC_6 + CoO_2 \rightarrow C_6 + LiCoO_2 \tag{1.44}$$

충전 중에는 위의 산화 환원 반응이 역방향으로 일어난다. 방전 중에는 리튬 흑연 음극에서 리튬이 Li에서 Li^+로 산화된다. 또한, 음극에서의 산화 반응은 음극에 남아 있게 되는 충전되지 않은 물질을 생성할 수 있다. 생성된 리튬 이온(Li^+)은 전해질을 통해 양극으로 이동하여 코발트산화물과 결합하여 $Co(IV)$가 $Co(III)$로 환원된다.

리튬 이온 배터리 셀은 자가방전율이 낮고(1.5~2%/월) 에너지 밀도가 높고 (질량 기준 100~265 Wh/kg 및 250~670 Wh/L), 장 수명주기, 낮은 유지보수 비용을 자랑한다. 리튬이온 배터리는 3.6 V 이상의 전압으로 구동될 수 있으며, 이는 니켈수소 및 니켈카드뮴 배터리보다 약 3배 더 높은 수치다. 이러한 장점에도 불구하고 리튬이온 배터리 셀은 고전압 작동 시 과열되는 경향이 있어 열 폭주, 화재 및 파열로 이어질 수 있다. 또한, 리튬이온 배터리는 일반적으로 Ni-Cd 셀과 같은 다른 유형의 배터리보다 비용이 높은 단점이 있다.

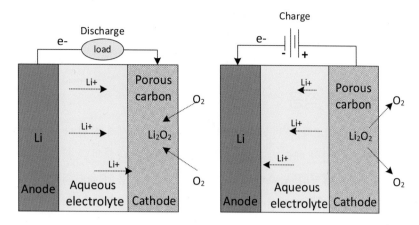

그림 1.15 리튬-공기 배터리 셀의 작동 원리.

1.3.5 금속-공기 배터리

금속-공기 배터리 셀에서는 대기에서 공급되는 산소가 양극으로, 순수 금속 (예: 아연, 리튬)이 음극으로, 수용액(예: 수산화칼륨, 수산화소듐, 수산화리튬과 같은 수성 알칼리성)이 전해질로 사용된다. 다공성 카본플레이트는 일반적으로 공기 양극의 지지체로 사용된다. 음극으로는 철, 아연, 마그네슘, 리튬, 알루미늄 등 다양한 금속을 사용할 수 있다. 하지만 충전식 배터리에는 아연과 리튬 소재만 사용할 수 있다. 방전 중에 산소는 음극의 순수 금속과 반응하여 금속산화물을 형성한다. 충전하는 동안 음극에 생성된 금속산화물은 금속으로 환원된다.

그림 1.15는 리튬-공기 배터리 셀과 그 작동 원리를 보여준다. 방전 중에 리튬이온은 음극 반응에서 생성되어 전해질을 통해 양극으로 이동한다. 리튬이온은 공기 중의 산소와 반응하여 양극에서 과산화리튬(Li_2O_2)을 생성한다.

방전 중 음극과 양극에서의 산화 환원 반응은 다음과 같이 쓸 수 있다.

$$\text{Oxidation in anode} : Li \rightarrow e^- + Li^+ \tag{1.45}$$

$$\text{Reduction in cathode} : 2Li^+ + 2e^- + O_2(g) \rightarrow Li_2O_2(s) \tag{1.46}$$

$$\text{Overall cell reaction} : 2Li + O_2(g) \rightarrow 2Li_2O_2(s) \tag{1.47}$$

금속-공기 배터리 셀은 기존 배터리와 비교하여 에너지 밀도가 가장 높고 에너지 저장 비용이 가장 낮다. 아연-공기 및 리튬-공기 배터리 셀의 특정 에너지 밀도는 각각 3과 11 kWh/kg이다. 높은 에너지 밀도에도 불구하고 금속-공기 배터리의 작동에는 몇 가지 문제가 있다. 여기에는 음극 표면의 금속산화물 절연층 침전으로 인한 용량 손실 및 속도 저하, 전해질 증발 및 대기 노출로 인한 금속과 외부 부품의 반응 등이 있다.

1.4 배터리 적용

상용화된 2차(충전식) 배터리 셀과 그 작동 원리를 앞서 소개했다. 이 챕터에서는 다양한 배터리 유형에 대한 응용분야를 나열하고 설명하려 한다.

납축배터리: 납축배터리는 가장 초기에 사용된 배터리 중 하나이며, 중소규모 저장 애플리케이션에 가장 널리 사용되는 보조(충전식) 전기 저장 기술 중 하나이다. 납축배터리는 우수한 친환경성(즉, 저장된 에너지당 낮은 비용)과 배터리 수명, 용량, 비용 간의 균형으로 인해 배터리 기반 오프그리드 및 백업 시스템에 사용되는 가장 인기 있는 전기 에너지 저장 유형 중 하나이다. 또한, 납축배터리는 태양광 에 좋은 옵션으로 여겨지기도 한다. 이러한 배터리 유형은 태양광 발전 시스템과 같은 태양광 기반 응용분야에 필요한 소용량부터 대용량 저장 요구 사항을 충족할 수 있도록 확장시킬 수 있다. 납축배터리는 여전히 내연 기관을 기반으로 하는 차량에서 일반적으로 사용되는 시동을 위한 전지로 사용 중이다.

니켈 기반 배터리: 일반적으로 니켈 기반 배터리는 백업 전원 애플리케이션 (예: 비상 전원 공급용), 하이브리드 전기 자동차 및 전기 자동차, 항공기 시동 시스템에 자주 사용된다. 니켈-카드뮴 배터리는 높은 방전율과 대용량이 필요할 때 자주 사용된다. 따라서 높은 방전율로 높은 전력을 필요로 하는 가정용 전동 공구, 원격 제어 자동차 등에 주로 사용된다. 많은 태양열 조명이나 산책로 등에는 니켈 카드뮴 배터리가 장착되어 있다. 니켈 카드뮴 배터리는 원자력 발전소, 항공기 항공 전자 시스템, 난방 환기 및 공조(HVAC) 애플리케이션의 비상 백업용으로도 대규모로 사용할 수 있다.

니켈-금속수소 배터리에서 더 높은 배터리 용량과 비슷한 충전 속도를 갖기도 하며, 니켈 카드뮴 배터리와 마찬가지로 니켈수소 배터리는 일반적으로 리모컨과 전동 공구에 사용된다.

니켈-철 배터리는 견고하고 내구성이 뛰어나며 수명이 길고 비용이 저렴하기 때문에 재생 에너지 기반 시스템(예: 태양광 에너지 시스템)에 사용하기에 적합하다. 최근 연구는 수소 및 전력 생산을 위한 배터리와 전기분해의 결합에 초점을 맞추고 있다(Mulder et al., 2017). 앞서 언급했듯이 니켈-철 배터리는 완전히 충전되면 수소를 생산한다. 이렇게 생산된 수소는 전력 생산을 위한 연료전지 분야에 사용될 수 있다.

니켈-수소 배터리는 항공우주 에너지 저장 분야에서 이차전지 애플리케이션의 용량과 에너지 밀도를 높이기 위해 개발되었다. 예를 들어, 머큐리 메신저(NASA, 2004)와 화성 오디세이(Anderson and Coyne, 2002)에는 니켈-수소 배터리가 처음에 사용되었다.

소듐-황 배터리: 소듐-황 배터리는 비 에너지 밀도가 높아 자동차 애플리케이션의 충전식 트랙션 배터리(정지 마찰에 의한 충전)로 매력적이다. 그러나 아직까지 자동차 분야에 상업적으로 사용되지는 않았으며, 이 배터리 기술을 대규모로 안정적으로 적용하기 위해서는 추가적인 연구와 개선이 필요하다. 소듐-황 배터리는 현재 유틸리티 부하 평준화 애플리케이션에 제한적으로 사용되고 있다(Santhanagopalan et al., 2014).

리튬 이온 배터리: 리튬 이온 배터리는 높은 비 에너지, 내구성 및 상대적으로 높은 전력 작동으로 인해 컴퓨터, 노트북, 휴대폰, 디지털 카메라, 장난감 및 전동 공구와 같은 휴대용 전자 장치에 적합하다. 또한, 이 유형의 배터리는 전기 자동차 및 하이브리드 전기 자동차용 파워 팩과 같은 자동차 애플리케이션에도 광범위하게 사용된다. 리튬 이온 배터리의 장수명, 고효율 및 고출력 특성으로 인해 현재 고정식 발전소 및 재생 에너지 기반 시스템(예: 태양열 및 바람)에 사용된다.

리튬 이온 배터리로 수많은 애플리케이션이 만들어지고 있으며, 주요 응용 분야는 다음과 같다.

- 비상 전원 백업
- 전기 자동차 및 하이브리드 전기 자동차
- 가벼운 해양 성능
- 태양광 발전 스토리지
- 원격 위치의 경보 시스템
- 휴대용 전기 상지(노트북, 휴대폰 등)

1.5 배터리 유형 비교

이 챕터에서는 다양한 배터리 유형의 특성을 비교하고 대조하려 한다.

그림 1.16은 다양한 유형의 배터리 셀에 대한 비 에너지 밀도와 체적 에너지 밀도를 비교한 것이다. 리튬 이온 배터리는 납축, 니켈 카드뮴 및 니켈 금속수소화물 배터리에 비해 상대적으로 높은 체적 에너지 밀도와 비 에너지 밀도를 가지고 있음을 알 수 있다. 그림 1.16에서 강조된 것처럼 리튬 이온 배터리는

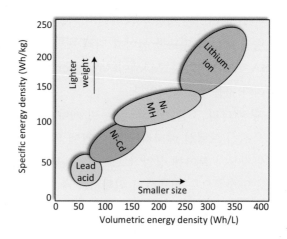

그림 1.16 납축, 니켈 카드뮴, 니켈 금속 수 소화물 및 리튬 이온 배터리 셀의 비 에너지 밀도와 체적 에너지 밀도 간의 관계. (Modified from Tarascon, J.M., Armand, M., 2011. Issues and challenges facing rechargeable lithium batteries. In: Dusastre, V. (Ed.), Materials for Sustainable Energy: A Collection of Peer-Reviewed Research and Review Articles From Nature Publishing Group. World Scientific: Nature Pub. Group, Hackensack, NJ, USA, pp. 171–179.)

주어진 용량에 대해 더 작은 크기와 더 가벼운 무게를 갖는다는 이점이 있다.

운송 부문에서 승용 전기자동차로의 전환이 크게 이루어지고 있다. 운송 부문과 관련된 이산화탄소 배출의 주요 원인 중 하나인 소형트럭과 대형트럭의 전기화를 위해 더 많은 노력이 필요하다(EPA, 2019). 표 1.3은 리튬 이온, 니켈 기반 및 납축 배터리의 수명, 비용, 방전 깊이(완전히 충전된 배터리에서 방전된 용량을 배터리 공칭 용량으로 나눈 값), 용도 및 기타 특성을 비교한다. 리튬 이온 배터리는 적절한 비용, 유지 관리 요구 사항 및 수명을 가지고 있음을 알 수 있다. 또한 니켈 기반 배터리가 가장 비싼 유형이며 리튬 이온, 납축 배터리가 그 뒤를 잇는다.

기존의 배터리 기술 성능개선과 비용 절감, 그리고 설정된 목표에 도달하거나 배터리에 사용되는 음극, 양극 및 전해질에 대한 새로운 화학 물질을 제안하는 것을 목표로 하는 많은 연구가 수행되었다. 예를 들어, 최근의 여러 연구는 리튬 이온 배터리의 성능을 개선하기 위해 새로운 방법을 사용하는 데 중점을 두었다(Zhu et al., 2021; Li et al., 2021; Zhu et al., 2020; Reizabal et al., 2020; Shang et al., 2019; Al-Zareer et al., 2019a,b; Malik et al., 2018; Liu et al., 2018a,b; Brown et al., 2018; Wang et al., 2017). 또한 니켈 기반 배터리 (Tang et al., 2022; Shang- guan et al., 2020; Li et al., 2017, 2019)와 납축 배터리(Lopes and Stamenkovic, (2020); Wu et al., 2020; Thangarasu et al.,

표 1.3 상용화된 이차전지의 특성 및 특징.

Battery type	Lead acid	Nickel-based	Lithium ion
Parameter			
Cost	Cheap	Expensive	Average
Maintenance requirements	High	Low	Moderate
Estimated lifetime (years)	Short	Long	Moderate–long
Depth of discharge	20% for 500 cycles	20% for 2500 cycles	20% for 3000 cycles
Most suitable applications	Emergency lighting, solar power storage and photovoltaic systems, car batteries	Aircraft applications, electric vehicles, power tools, emergency lightening	Electric vehicles, cell phones, laptops, computers
Best charging technique	Constant current–constant voltage	Constant current	Constant current–constant voltage

Data from GREENRHINO, 2021. Beta Batteries, Safety, Storage, Operations, and Maintenance Procedure. http://leadcrystalbatteries.com (Accessed 25 May 2022); Deltech, 2021. Deltech Energy Solution. Available from: https://www.delteconline.co.za/ (Accessed 25 May 2022).

데이터 출처: 그린리노, 2021. 베타 배터리, 안전, 보관, 운영 및 유지보수 절차.

2020)에 대한 성능 개선 방법이 제안되고 논의되는 연구도 수행되었다.

또한 배터리를 위한 다양한 새로운 화학 물질이 제안되었으며 일부는 개발 중이다. 이러한 새로운 화학 물질의 기능, 성능 및 기술적 과제에 대해 많은 관심을 받고 있으며 연구 중에 있다. 새롭게 제안된 배터리 유형으로는 소듐-철, 액체 금속 및 리튬-황 배터리가 있다. 또한 최근 배터리 셀 구조에 대한 신소재의 작동 및 기공률 조사에 대한 연구도 진행되고 있다(Yuan et al., 2021); Özdogru 외, 2021; Yeo 외, 2021; Zhang 외, 2021; Wan 외.., 2021; Ng et al., 2021).

1.6 마무리

이 장에서는 상용화된 (충전식)이차전지를 중심으로 배터리 셀을 소개하고 그 작동 원리와 특성을 설명하였다. 다양한 배터리 유형의 응용 분야와 특성도 제시하고 비교하였다. 배터리 구조에 사용되는 재료의 풍부함은 배터리의 비용과 가용성을 결정하는 기준 중 하나이다. 배터리의 환경 영향을 줄이거나 최소화하고 지속 가능성을 높이기 위해서는 더 많은 노력이 필요하다. 비용 효율적이고 친환경적인 재료 선택 배터리 설계와 환경에 미치는 영향을 최소화하거나 최소화하는 새로운 화학 물질에 적용 가능한 신기술 개발은 모두 배터리 기술 발전에 중요한 요소이다. 이를 위해서는 신규 및 기존 배터리 시스템을 설계할 때 재료의 풍부함과 친환경적인 생산 공정에 대한 분석이 통합되어야 한다.

학습질문

1.1. 배터리 시스템에서 사용되는 다음 용어를 정의하고 그 차이점을 설명하라.
- 전극
- 양극
- 음극
- 전해질
- 분리막
- 집전체

1.2. 산화환원 반응이란 무엇인가? 배터리와 같은 전기화학 시스템에서 산화화원 반응에 대한 일반적인 화학 방정식은 무엇인가?

1.3. 배터리 셀의 양극과 음극에는 일반적으로 어떤 금속 그룹이 사용되는가?

1.4. 배터리 시스템의 전위 출력을 높이려면 어떻게 해야 하는가? 배터리 시스템의 전위와 전류를 동시에 증가시키려면 어떻게 해야 하는가?

1.5. 배터리 용량을 정의하고 용량을 결정하는 방법을 설명하라.

1.6. 아래 목록에서 양극과 음극에서 일어나는 전기화학 반응을 해당 배터리 셀 유형에 연결하라. 오른쪽 열에 있는 배터리 셀 유형 중 하나는 추가 유형이며 나열된 전기화학 반응에는 해당되지 않는다.

Overall electrochemical reaction in battery cell

- $Pb\,(s) + PbO_2\,(s) + 2H_2SO_4\,(aq) \rightarrow 2PbSO_4\,(s) + 2H_2O\,(l)$
- $2NiOOH + Cd + 2H_2O \rightarrow 2Ni(OH)_2 + Cd(OH)_2$
- $2NiOOH + Fe + 2H_2O \rightarrow 2Ni(OH)_2 + Fe(OH)_2$
- $NiOOH + MH \rightarrow M + Ni(OH)_2$
- $NiCl_2 + 2Na \rightarrow Ni + 2NaCl$
- $LiC_6 + CoO_2 \rightarrow C_6 + LiCoO_2$

Battery cell type

- Nickel cadmium
- Sodium nickel chloride
- Lead acid
- Nickel iron
- Lithium cobalt oxide
- Nickel metal hydride
- Nickel zinc

1.7. 납축, 니켈 기반 및 리튬이온 배터리의 일반적인 용도에 대해 설명하라.

1.8. 납축, 니켈카드뮴, 니켈금속수소화물 및 리튬이온 배터리 셀의 비 에너지 밀도와 체적 에너지 밀도를 비교하라.

1.9. 납축, 니켈 기반 및 리튬이온 배터리 셀을 수명과 비용 측면에서 비교하라.

1.10. 기준 전극을 통해 전극(양극/음극)의 전위는 어떻게 측정하는지 예를 들어 설명하라.

참고문헌

Al-Zareer, M., Dincer, I., Rosen, M.A., 2019a. Development and analysis of a new tube based cylindrical battery cooling system with liquid to vapor phase change. Int. J. Refrig. 108, 163–173.

Al-Zareer, M., Dincer, I., Rosen, M.A., 2019b. A novel approach for performance improvement of liquid to vapor based battery cooling systems. Energy Convers. Manage. 187, 191–204.

Anderson, P.M., Coyne, J.W., 2002. A lightweight, high reliability, single battery power system for interplanetary spacecraft. In: Proceedings, IEEE Aerospace Conference. vol. 5, p. 5.

Brown, Z.L., Jurng, S., Nguyen, C.C., Lucht, B.L., 2018. Effect of fluoroethylene carbonate electrolytes on the nanostructure of the solid electrolyte interphase and performance of lithium metal anodes. ACS Appl. Energy Mater. 1 (7), 3057–3062.

EPA, 2019. Sources of Greenhouse Gas Emissions. United States Environmental

Protection Agency. Available from: https://www.epa.gov/ghgemissions/sources-greenhouse-gasemissions. (Accessed 25 May 2022).

IEA, 2021. Energy Storage. International Energy Agency, Paris. Available from: https://www.iea.org/reports/energy-storage. (Accessed 25 May 2022).

Li, W., Zhang, F., Xiang, X., Zhang, X., 2017. High-efficiency Na-storage performance of a nickel-based ferricyanide cathode in high-concentration electrolytes for aqueous sodium-ion batteries. ChemElectroChem 4 (11), 2870–2876.

Li, J., Zhang, H., Wu, C., Cai, X., Wang, M., Li, Q., Chang, Z., Shangguan, E., 2019. Enhancing the high-temperature and high-rate properties of nickel hydroxide electrode for nickel-based secondary batteries by using nanoscale $Ca(OH)_2$ and γ-CoOOH. J. Electrochem. Soc. 166 (10), 1836.

Larcher, D, Tarascon, JM, 2015. Towards greener and more sustainable batteries for electrical energy storage. Nat. Chem. 7 (1), 19–29.

Li, L., Shan, Y., Wang, F., Chen, X., Zhao, Y., Zhou, D., Wang, H., Cui, W., 2021. Improving fast and safe transfer of lithium ions in solid-state lithium batteries by porosity and channel structure of polymer electrolyte. ACS Appl. Mater. Interfaces 13 (41), 48525–48535.

Liu, K., Liu, Y., Lin, D., Pei, A., Cui, Y., 2018a. Materials for lithium-ion battery safety. Sci. Adv. 4 (6), 9820.

Liu, W., Li, X., Xiong, D., Hao, Y., Li, J., Kou, H., Yan, B., Li, D., Lu, S., Koo, A., Adair, K., 2018b. Significantly improving cycling performance of cathodes in lithium ion batteries: the effect of Al_2O_3 and $LiAlO_2$ coatings on $LiNi_{0.6}Co_{0.2}Mn_{0.2}O_2$. Nano Energy 44, 111–120.

Lopes, PP, Stamenkovic, VR, 2020. Past, present, and future of lead–acid batteries. Science 369 (6506), 923–924.

Malik, M., Mathew, M., Dincer, I., Rosen, M.A., McGrory, J., Fowler, M., 2018. Experimental investigation and thermal modelling of a series connected $LiFePO_4$ battery pack. Int. J. Therm. Sci. 132, 466–477.

Mulder, F.M., Weninger, B.M.H., Middelkoop, J., Ooms, F.G.B., Schreuders, H., 2017. Efficient electricity storage with a battolyser, an integrated Ni–Fe battery and electrolyser. Energy Environ. Sci. 10 (3), 756–764.

NASA, 1997. Lesson Number 568. The National Aeronautics and Space Administration. Available from: https://llis.nasa.gov/lesson/568. (Accessed 25 May 2022).

NASA, 2004. Messenger, NASA's Mission to Mercury. The National Aeronautics and Space Administration. Available from: www.nasa.gov/pdf/168019main_MESSENGER_71504_PressKit.pdf. (Accessed 25 May 2022).

Ng, S.F., Lau, M.Y.L., Ong, W.J., 2021. Lithium–sulfur battery cathode design: tailoring metal-based nanostructures for robust polysulfide adsorption and catalytic conversion. Adv. Mater. 33, 2008654.

Özdogru, B., Dykes, H., Gregory, D., Saurel, D., Murugesan, V., Casas-Cabanas, M., Çapraz, Ö. Ö., 2021. Elucidating cycling rate-dependent electrochemical strains in sodium iron phosphate cathodes for Na-ion batteries. J. Power Sources 507, 230297.

Reizabal, A., Gonçalves, R., Fidalgo-Marijuan, A., Costa, C.M., Pérez, L., Vilas, J.L., Lanceros-Mendez, S., 2020. Tailoring silk fibroin separator membranes pore size for improving performance of lithium ion batteries. J. Membr. Sci. 598, 117678.

Santhanagopalan, S., Smith, K., Neubauer, J., Kim, G.H., Keyser, M., Pesaran, A., 2014. Design and Analysis of Large Lithium-Ion Battery Systems. Artech House.

Shang, Z., Qi, H., Liu, X., Ouyang, C., Wang, Y., 2019. Structural optimization of lithiumion battery for improving thermal performance based on a liquid cooling system. Int. J. Heat Mass Transf. 130, 33–41.

Shangguan, E., Zhang, H., Wu, C., Cai, X., Wang, Z., Wang, M., Li, L., Wang, G., Li, Q., Li, J., 2020. CoAl-layered double hydroxide nanosheets-coated spherical nickel hydroxide cathode materials with enhanced high-rate and cycling performance for alkaline nickel-based secondary batteries. Electrochim. Acta 330, 135198.

Shukla, A.K., Venugopalan, S., Hariprakash, B., 2001. Nickel-based rechargeable batteries. J. Power Sources 100 (1–2), 125–148.

Tang, Y., Guo, W., Zou, R., 2022. Nickel-based bimetallic battery-type materials for asymmetric supercapacitors. Coord. Chem. Rev. 451, 214242.

Thangarasu, S., Palanisamy, G., Roh, S.H., Jung, H.Y., 2020. Nanoconfinement and interfacial effect of Pb nanoparticles into nanoporous carbon as a longer-lifespan negative electrode material for hybrid lead–carbon battery. ACS Sustain. Chem. Eng. 8 (23), 8868–8879.

Wan, H., Liu, S., Deng, T., Xu, J., Zhang, J., He, X., Ji, X., Yao, X., Wang, C., 2021. Bifunctional interphase-enabled $Li_{10}GeP_2S_{12}$ electrolytes for lithium–sulfur battery. ACS Energy Lett. 6 (3), 862–868.

Wang, M., Zhang, R., Gong, Y., Su, Y., Xiang, D., Chen, L., Chen, Y., Luo, M., Chu, M., 2017. Improved electrochemical performance of the $LiNi_{0.8}Co_{0.1}Mn_{0.1}O_2$ material with lithium-ion conductor coating for lithium-ion batteries. Solid State Ionics 312, 53–60.

Wu, Z., Liu, Y., Deng, C., Zhao, H., Zhao, R., Chen, H., 2020. The critical role of boric acid as electrolyte additive on the electrochemical performance of lead-acid battery. J. Energy Storage 27, 101076.

Yeo, J.S., Yoo, E., Im, C.N., Cho, J.H., 2021. Enhanced electrochemical properties of lithium-tin liquid metal battery via the introduction of bismuth cathode material. Electrochim. Acta 389, 138697.

Yuan, X., Ma, F., Chen, X., Sun, R., Chen, Y., Fu, L., Zhu, Y., Liu, L., Yu, F., Wang, J., Wu, Y., 2021. Aqueous zinc–sodium hybrid battery based on high crystallinity sodium–iron hexacyanoferrate. Mater. Today Energy 20, 100660.

Zhang, S., Liu, Y., Fan, Q., Zhang, C., Zhou, T., Kalantar-Zadeh, K., Guo, Z., 2021. Liquid metal batteries for future energy storage. Energy Environ. Sci. 14, 4177–4202.

Zhu, S., Hu, C., Xu, Y., Jin, Y., Shui, J., 2020. Performance improvement of lithium-ion battery by pulse current. J. Energy Chem. 46, 208–214.

Zhu, W., Kierzek, K., Wang, S., Li, S., Holze, R., Chen, X., 2021. Improved performance in lithium ion battery of CNT-Fe_3O_4 graphene induced by three-dimensional structured construction. Colloids Surf. A Physicochem. Eng. Asp. 612, 126014.

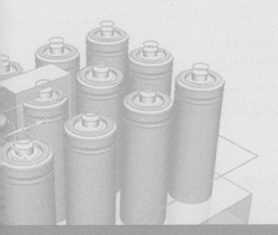

CHAPTER 2

배터리 열역학

목표

- 배터리 시스템에 대한 반응 엔탈피와 반응 깁스 함수를 정의
- 일반화된 배터리 시스템에 대한 열역학 제1법칙과 제2법칙을 기반으로 Nernst 방정식을 도출함
- 전기화학 반응에서 전위 손실(즉, 과전위)을 고려한 배터리 시스템의 일반적인 에너지 균형을 개발함
- 배터리 내 발열량을 확인

기호 명명법

Symbols

A	area(m^2)
$\bar{a}$	mean diameter of ions(nm)
A_{DH}	Debye-Hückel constant($(kg/mol)^{0.5}$)
b	molality(moles of solute per unit mass of solvent)(kmol/kg)
B_{DH}	Debye-Hückel parameter($(kg/mol)^{0.5}$/nm)
B	temperature coefficient in expression for equilibrium potential(V/K)
c	molar concentration(mol/cm^3)
c_p	specific heat capacity at constant pressure(kJ/kgK)
E	energy(kJ); potential(V)
F	Faraday's constant(coulomb/mole); view factor
$\bar{g}$	molal Gibbs free energy(kJ/kmol)
G	Gibbs free energy(kJ)
ΔG	Gibbs free energy change of reaction(kJ)
$\bar{h}_f$	molal enthalpy of formation(kJ/kmol)
h_0	heat transfer coefficient(kW/m^2 K)
$\overline{\Delta h}_{sen}$	molal sensible enthalpy(kJ/kmol)
H	enthalpy(kJ)
ΔH_{rxn}	enthalpy of reaction(kJ)
I	cell current(C/s, A)

I_r	partial current of electrode reaction r(A)
I_e	molar ionic strength of electrolyte(mol/kg)
j	current density(A/m^2)
m	mass(kg)
n_e	number of transferred electrons in electrode reaction
N	mole flow rate(kmol/s)
P	pressure(Pa)
$\dot{Q}$	heat transfer rate(kW)
R	universal gas constant(8.3143 J/mol K)
$\bar{s}$	molal enthalpy(kJ/kmol K)
S	entropy(kJ/K)
$\dot{S}_{gen}$	entropy generation rate(kW/K)
T	temperature($^{\circ}$C, K)
T_a	ambient temperature($^{\circ}$C, K)
t	time(s)
V	cell voltage(V)
$\dot{W}$	work exchange rate(kW)
z	charge number

Greek letters

α	activity
ε	surface emissivity
μ	chemical/electrochemical potential(kJ/kmol)
γ	activity coefficient
$\gamma_{\pm}$	mean molal activity coefficient
ν	stoichiometry coefficient

Subscripts

ave	average
cv	control volume
eq	equilibrium
hr	half reaction
or	overall reaction
P	product
R	reactant
r	reaction
ref	reference
rev	reversible
rxn	reaction
sen	sensible

Superscripts

Θ	property expressing secondary reference state
$^{\circ}$	property expressing standard state

2.1 서론

이 장에서는 배터리 시스템의 열역학적 및 전기화학적 특성을 이해하는 데 중요한 기본 개념에 대해 설명하겠다. 여기에는 형성 엔탈피, 절대 엔탈피, 반응 엔탈피의 정의가 포함된다. 또한 가역적으로 작동하는 일반화된 배터리 시스템에 대한 열역학 제1법칙과 제2법칙을 기반으로 Nernst 방정식과 함께 반응의 Gibbs 함수를 도출한다. 그런 다음 전기화학 반응의 불규칙성으로 인한 과전위를 설명하는 배터리 시스템에 대한 일반적인 에너지 균형이 개발된다. 이 공식은 배터리 내의 열 발생률을 결정하고 결과적으로 배터리 온도를 제어하기 위한 열 관리 시스템을 설계하는 데 유용하다.

2.2 배터리의 열역학 및 전위

전기화학 시스템의 열역학적 평가에서는 절대 몰 엔탈피를 결정해야 한다. 이 열역학적 특성은 온도 T와 압력 P에 따라 달라지며, 절대 몰 엔탈피(즉, 단위 몰 기준 엔탈피)에는 화학 에너지와 현열 에너지가 포함된다. 화학 에너지는 정확히 형성의 몰 엔탈피 $\overline{h}_f$ 로 알려져 있으며, 화학 성분에 따른 물질의 몰 엔탈피를 나타내며, 특정 현열 에너지 $\overline{\Delta h}_{sen}$는 특정 상태를 기준으로 한 종의 엔탈피를 나타낸다. 따라서 절대 몰 엔탈피 $\overline{h}$는 다음과 같이 쓸 수 있다.

$$\overline{h}(T, P) = \overline{h}_f(T_{ref}, P_{ref}) + \overline{\Delta h}_{sen}(T, P) \tag{2.1}$$

형성 엔탈피를 포함하는 용어에서 기준 온도 T_{ref} 및 압력 P_{ref}은 기준 조건에 따라 선택해야 한다. 일반적으로 표준 온도(25°C)와 압력(1기압)은 다양한 물질의 열역학적 파라미터가 표로 정리되는 기준 상태로 선택된다. 따라서 절대 몰 엔탈피는 다음과 같이 쓸 수 있다.

$$\overline{h}(T, P) = \overline{h_f}(T°, P°) + \left(\overline{h}_{sen} - \overline{h}°_{sen}\right) \tag{2.2}$$

여기서 $T°$와 $P°$는 표준 기준 온도와 압력이며, 각각 25°C 및 1 atm과 같다. $\overline{h}°_{sen}$은 기준 상태 25°C 및 1 atm에서의 표준 현실적 몰 엔탈피이다. 형성 몰 엔탈피 $\overline{h}_f$는 일반적으로 열화학 분석 또는 실험적 접근 방식을 통해 결정된다. 자연 상태의 원소에 대한 형성 엔탈피는 항상 0이지만, 둘 이상의 원소로 구성된 물질의 형성 엔탈피는 0이 아닌 값을 갖는다. 예를 들어, 산소 기체(O_2)나 흑연(C) 형태의 고체 탄소의 형성 엔탈피는 항상 0이지만 이산화탄소(CO_2)의 형성 엔탈피는 0이 아니다. 구체적으로 이산화탄소의 형성 엔탈피는 CO_2 몰

당 −393.5 kJ이다. 형성 엔탈피의 음의 부호는 방출되는 열의 양을 나타내고 양의 부호는 화합물의 형성 과정에서 얻은 열의 양을 나타낸다.

정상 상태 조건에서 일의 상호작용이 없고 운동 에너지와 위치 에너지의 변화가 없는 화학 반응 중 계의 에너지 변화는 계의 화학 성분 변화(즉, 형성 엔탈피) 및 상태 변화(즉, 현열 에너지)와 동일하다. 즉,

$$\Delta E_{\text{sys}} = Q = \Delta H_f - \Delta H_{\text{sen}} \tag{2.3}$$

여기서 ΔE_{sys}는 열과 동일한 계의 에너지 변화이다. Q는 화학 반응 중에 흡수되거나 방출됩니다. 제품이 반응물의 입구 상태에서 반응 챔버를 떠날 때 현열 에너지 항인 ΔH_{sen}는 0이 되며, 이 상태에서 화학 반응 중 에너지 변화는 계의 화학적 위치의 변화로 인한 것뿐이다. 이 속성을 반응 엔탈피라고 한다.

반응 엔탈피 ΔH_{rxn}는 완전한 화학 반응 중에 방출되거나 흡수된 총 열 에너지로 정의할 수 있다. 이 용어는 특정 상태의 생성물 엔탈피와 완전한 화학 반응에 대한 동일한 상태의 반응물 엔탈피의 차이를 통해 결정할 수 있다. 다음의 일반적인 화학 반응을 생각해 보자.

$$\underbrace{aA + bB + \cdots}_{\text{Reactants(R)}} \rightarrow \underbrace{xX + \gamma Y + \cdots}_{\text{Products(P)}} \tag{2.4}$$

산화와 환원이 일어나는 전기화학 반응의 경우, 식 (2.4)에서 이온과 전자는 반응물과 생성물로서도 기여한다(즉, Oxidizing agent(s) $+ n_e e^- \rightarrow$ Reducing agent(s)).

모든 화학/전기화학 반응의 반응엔탈피에 대한 일반적인 표현은 다음과 같이 표현할 수 있다.

$$\Delta H_{\text{rxn}} = Q = \sum_P \nu_P \bar{h}_P - \sum_R \nu_R \bar{h}_R \tag{2.5}$$

여기서 ν_P 및 ν_R은 각각 각 생성물 $P(P = x, y, \cdots)$와 반응물 $R(R = a, b, \cdots)$의 화학양론계수로, 해당 몰 수와 반응물 수에 해당하게 된다. 앞서 언급했듯이 개방계의 반응 엔탈피(즉, 제어 부피)를 결정하려면 입구 반응물과 출구 생성물의 압력과 온도가 동일해야 하며, 닫힌계의 경우 초기 상태(반응 시작 전)와 최종 상태(반응 종료 시)의 압력과 온도가 같아야 한다. 반응엔탈피에 대한 음의 부호는 화학 반응 중에 열 에너지가 방출됨을 나타낸다. 이 경우 반응은 발열반응으로 분류되며, 반응엔탈피가 양의 값이면 계에서 열 에너지가 얻어지는 것을 나타낸다. 그런 다음 반응은 흡열반응으로 분류된다.

깁스 자유에너지는 전기화학 시스템에서 또 다른 중요한 열역학적 특성이다. 깁스 자유에너지는 열역학 시스템이 수행하는 가역적 최대 작업을 억제하는 데 활용할 수 있다. 몰 기준 깁스 자유에너지는 다음과 같이 정의할 수 있다.

$$\bar{g} = \bar{h} - T\bar{s} \tag{2.6}$$

여기서 $\bar{h}$, T 및 $\bar{s}$는 각각 몰 엔탈피, 절대온도(K) 및 몰 엔트로피를 나타낸다. 반응엔탈피의 경우 화학 반응의 깁스 자유에너지 변화는 특정 상태에서의 생성물의 깁스 자유에너지와 동일한 상태에서의 반응물의 깁스 자유에너지의 차이로 정의할 수 있다. 즉,

$$\Delta G_{\mathrm{rxn}} = \sum_P \nu_P \bar{g}_P - \sum_R \nu_R \bar{g}_R = \sum_P \nu_P \left(\bar{h}_P - T\bar{s}_P\right) - \sum_R \nu_R \left(\bar{h}_R - T\bar{s}_R\right) \tag{2.7}$$

여기서 화학 양론계수 ν은 각 생성물 P와 반응물 R에 대한 화학 양론계수이다. 화학양론 계수는 제품 및 반응물의 해당 몰 수와 동일하다. 전지의 방전에서 화합물의 화학 에너지 양은 전기적인 일로 직접 변환된다.

2.3 가역적 셀 전위

그림 2.1은 전기화학 반응, 혼합 효과, 상변화 등으로 인해 전기화학 셀의 온도가 시간과 위치에 따라 변하는 일반화된 배터리 시스템을 보여준다. 전지의 방전/충전 동작은 다음과 같이 전체 셀 반응(즉, 한 쌍의 전극 반응)이 일어나는 제어부피(Control volume)에서 배터리의 방전/충전 작동이 발생하게 된다. 배터리 전체의 온도가 균일하고(즉, $T_{\mathrm{cell}} = f(t)$) 운동 에너지와 위치 에너지의 변화가 미미하다고 가정하면, 이러한 배디리의 열역학 제1법칙과 제2법칙은 다음과 같이 쓸 수 있다(Dincer and Rosen, 2021; Rosen and Farsi, 2022).

$$\frac{dE_{\mathrm{cv}}}{dt} = -\dot{Q} - \dot{W} + \sum_R \dot{N}_R \bar{h}_R - \sum_P \acute{N}_P \bar{h}_P \tag{2.8}$$

$$\frac{dS_{\mathrm{cv}}}{dt} = -\frac{\dot{Q}}{T} + \sum_R \dot{N}_R \bar{s}_R - \sum_P \acute{N}_P \bar{s}_P + \dot{S}_{\mathrm{gen}} \tag{2.9}$$

여기서 dE_{cv}/dt는 시간에 따른 배터리의 에너지 변화를 나타내고, $\acute{N}_P$와 $\bar{h}_P$는 각 생성물의 몰 유량과 몰 엔탈피, $\acute{N}_R$과 $\bar{h}_R$는 각 반응물의 몰 유량과 몰 엔탈피이다. 용어 $\dot{Q}$는 열전달률로, 모든 열전달률과 주위환경 및 기타 열저장 등

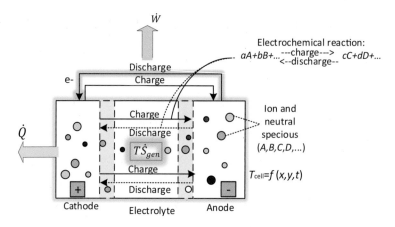

그림 2.1 에너지 상호 작용 및 전기화학 반응이 있는 일반적인 배터리 시스템(계). 셀 온도 T_{cell}는 위치(x, y) 및 시간 t의 함수. 충전 중 전기화학 반응은 방전에서의 역반응이 진행.

(즉, $\dot{Q} = \sum_l \dot{Q}_l$)을 포함한다. $\dot{W}$라는 용어는 일반적인 제어 부피에 대한 작업 교환율을 나타낸다. 일반적으로 제어 부피와 제어 부피 사이의 열 교환 프로세스의 경우, 저장소나 환경에서 제어 부피의 열 손실은 음의 값으로, 열 이득은 양의 값으로 정의된다.

일 교환의 경우, 제어 부피에서 수행된 작업은 음의 값으로 정의되고 제어 부피에 의해 수행된 작업은 양의 값으로 정의된다. 방정식 (2.9)에서 dS_{cv}/dt는 시간에 따른 제어 부피의 엔트로피 변화를 나타내고, T는 열 전달 과정이 일어나는 절대 온도이며, $\bar{s}_P$ 및 $\bar{s}_R$은 제품과 반응물 각각에 대한 몰 엔트로피이며, $\dot{S}_{gen}$은 엔트로피 발생율을 나타낸다.

모델링 및 분석을 돕기 위해 배터리 시스템에 대해 다음과 같은 가정을 할 수 있다.

- 모든 반응물과 생성물은 동일한 온도와 압력에 있다.
- 배터리는 배터리 온도를 특정 값(즉, $dT_{cell}/dt = 0$)으로 유지하는 냉각 시스템과 접촉하고 있다(그림 2.2 참조).
- 배터리는 정상 상태 조건에서 작동(즉, $dE_{cv}/dt = 0$ 및 $dS_{cv}/dt = 0$).

정상 상태 조건에서는 시스템의 에너지 및 엔트로피와 관련된 변화가 없기 때문에 식 (2.8)과 (2.9)의 왼쪽 항은 0이 된다. 따라서 식 (2.8)과 (2.9)는 각각 다음과 같이 다시 쓸 수 있다.

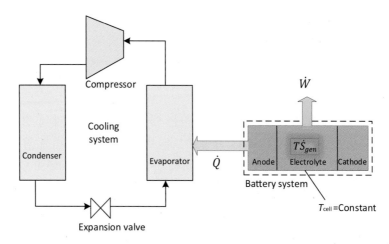

그림 2.2 배터리 시스템의 온도를 일정하게 유지하기 위한 냉각 시스템의 도입.

$$\dot{W} = -\dot{Q} + \sum_R \dot{N}_R \bar{h}_R - \sum_P \acute{N}_P \bar{h}_P \tag{2.10}$$

$$\dot{Q} = T\left(\sum_R \dot{N}_R \bar{s}_R - \sum_P \acute{N}_P \bar{s}_P \right) + T\dot{S}_{gen} \tag{2.11}$$

방정식 (2.10)을 방정식 (2.11)로 바꾸면 다음과 같이 산출된다. $\dot{Q}$로 대체하기

$$\dot{W} = \left(\sum_R \dot{N}_R \bar{h}_R - \sum_P \acute{N}_P \bar{h}_P \right) - T\left(\sum_R \dot{N}_R \bar{s}_R - \sum_P \acute{N}_P \bar{s}_P \right) - T\dot{S}_{gen} \tag{2.12}$$

깁스 자유에너지(즉, $g = h - Ts$)의 정의를 상기하면 방정식 (2.12)는 다음과 같이 깁스 함수의 관점에서 표현할 수 있다.

$$\dot{W} = -\left(\sum_P \dot{N}_P \bar{g}_P - \sum_R \dot{N}_R \bar{g}_R \right) - T\dot{S}_{gen} \tag{2.13}$$

여기서 괄호 안의 항은 화학 반응 중 깁스 자유에너지 변화율을 나타낸다. 실제 계에서 엔트로피 생성률 항(즉, $\dot{S}_{gen}$)은 항상 양의 값을 갖으며, 이는 실제 계가 작동하는 동안 비가역성과 손실로 인해 엔트로피가 항상 증가한다는 것을 의미한다. 이상적 계에서의 엔트로피 발생률은 0이며, 이는 시스템에 비가역성이나 손실이 없음을 의미한다. 이러한 계를 가역적이라고 한다. 가역적 조건에서 작동하는 계의 경우, 생성된 작업 속도는 최대이며 다음과 같이 결정할

수 있다.

$$\dot{W}_{\text{rev}} = \dot{W}_{\text{max}} = -\left(\sum_P \dot{N}_P \bar{g}_P - \sum_R \dot{N}_R \bar{g}_R \right) \qquad (2.14)$$

따라서 가역 조건에서 작동하는 이상적인 배터리 계의 경우 방전 모드에서 생성될 수 있는 최대 작업 속도는 방정식 (2.14)에 의해 결정된다. 또한 식 (2.14)는 배터리에서 발생하는 화학 반응에서 몰당 환원제의 양으로 표현할 수 있다. 환원제(RA)의 몰 유량이 $\dot{N}_{R=\text{RA}}$인 경우, 작업 속도와 환원제 1몰당 생성되는 가역적 작업 속도는 각각 다음과 같이 주어진다.

$$\dot{W}/\dot{N}_{R=\text{RA}} = w = -\frac{1}{\dot{N}_{R=\text{RA}}} \left(\sum_P \dot{N}_P \bar{g}_P - \sum_R \dot{N}_R \bar{g}_R \right) - \frac{1}{\dot{N}_{R=\text{RA}}} T \dot{S}_{\text{gen}}$$
$$(2.15)$$

$$\dot{W}_{\text{rev}}/\dot{N}_{R=\text{RA}} = w_{\text{rev}} = -\frac{1}{\dot{N}_{R=\text{RA}}} \left(\sum_P \dot{N}_P \bar{g}_P - \sum_R \dot{N}_R \bar{g}_R \right) \qquad (2.16)$$

또한, 가역 상태에서의 배터리 셀의 전위는 최대값을 나타내며, 이는 가역 셀 전위 또는 평형 전위라고 한다. 셀의 전위는 전극 사이에 높은 임피던스(저항)가 배치되어 전류가 셀을 통과할 수 없는 경우와 같이 셀에 전류가 흐르지 않을 때 최대값이 된다. 이 전위를 개방 회로 전위(OCV)라고 한다. 배터리 셀의 개방 회로 전위는 실험적으로 측정할 수 있으며 일반적으로 확산의 비가역성으로 인해 가역적 셀 전위보다 낮다. 그러나 개방 회로 셀 전위와 가역적 셀 전위의 차이는 일반적으로 무시할 정도이므로 분석에서는 무시할 수 있는 수준이다.

배터리 셀의 방전 모드에서는 전극 간의 전위차로 인한 기전력이 전극 간 회로에서 전하를 음전극(음극)에서 양전극(양극)으로 이동시킨다. 충전 모드에서는 전하를 양극에서 음극으로 이동시키기 위해 외부 전위 에너지가 셀에 적용되어 충전이 일어난다. 실제 배터리의 경우 방전 모드에서 생성되는 작업은 다음과 같이 셀 전위 E와 전하 C의 함수로 표현한다.

$$W = EC \qquad (2.17)$$

여기서 전하 C는 반응 n_e에서 전달된 전자의 수와 패러데이 상수 F로 쓸 수 있으므로 방정식 (2.17)은 다음과 같이 쓸 수 있다.

$$W = EC = E(n_eF) \tag{2.18}$$

앞서 지적했듯이 배터리 셀의 가역적 작동의 경우 생성된 작업은 최대이고 해당 셀 전위도 최대이며 평형 전위 E_{eq}(또는 가역적 전위)와 같다. 따라서 이 조건에 대한 방정식 (2.18)은 다음과 같이 쓸 수 있다.

$$W_{rev} = -\Delta G = E_{eq}(n_eF) \tag{2.19}$$

따라서 비가역성(즉, 엔트로피 생성)으로 인해 손실되는 전압은 셀의 가역적 전위에서 제할 수 있다.

$$E = E_{eq} - \frac{T\dot{S}_{gen}}{n_eF} \tag{2.20}$$

전기화학 반응이 일어나는 배터리와 같은 다성분/다상 시스템의 경우, 깁스 자유에너지는 다음과 같이 각 상 j에서 각 종 i의 전기화학/화학전위 및 몰 함량과 관련이 있다.

$$G = \sum_j \sum_i \nu_i^j \mu_i^j \tag{2.21}$$

여기서 ν_i^j은 j 상에서 중성 또는 하전된 종 i의 화학 양론계수(몰 양에 해당)이고, μ_i^j는 j 상에서 하전된 종 i의 전기화학 전위(또는 중성 종 i의 화학 전위)이다. 각 상에 모든 이온 종들이 존재하지 않더라도 각 상은 전기적으로 중성이라는 점에 유의해야 한다. 예를 들어, 전해질에서 전기적으로 중성이라는 조건을 만족하려면 음이온과 양이온의 수가 같아야 한다(즉, $\sum_i c_i z_i = 0$, 여기서 c_i 및 z_i 는 각각 종 i의 몰 농도 및 전하의 수). 이러한 제약 조건은 반응종의 농도를 억제하는데 사용될 수 있다. 또한 상 사이의 평형 상태에서는 모든 이온의 전기화학적 전위가 해당 상에 대해 동일하다. 예를 들어, 두 개의 평형 상태가 있는 전기화학 셀에서 이온의 전기화학 전위는 해당 상에 대해 동일하다. 전해질(ϵ)과 고체염(φ)의 평형상태에서의 두 상에서의 이온 i의 전기화학적 전위는 동일하다(즉, $\mu_i^\epsilon = \mu_i^\varphi$). 상 평형을 계산하는 방법 중 하나는 전해질 셀에서 종의 평형 농도를 결정하는 데 필요한 화학양론 및 전하 제약 조건과 함께 깁스 자유에너지를 최소화하는 방법이다.

식 (2.21)에서 사용된 전기화학적 전위는 다음과 같이 2차 기준 상태에서의 전기화학적 전위(μ_i^Θ)와 활성 종 $i(\alpha_i)$와 연관된다.

$$\mu_i = \mu^\Theta_i + RT \ln \alpha_i \tag{2.22}$$

여기서 T는 절대 온도이고 R은 보편 기체 상수이다($R = 8.314\,\mathrm{JK^{-1}\,mol^{-1}}$). 매개변수 α_i는 다음과 같이 용매의 단위 질량당 용질의 몰을 나타내는 종 몰성 b_i와 활성 계수 γ_i를 기반으로 계산할 수 있는 종 i의 활성도를 나타낸다.

$$\alpha_i = b_i \gamma_i \tag{2.23}$$

비이상적(실제) 혼합물이 존재하는 배터리 또는 전기화학 셀에서는 전해질의 다른 모든 이온과 한 종의 이온 강도 및 상호 작용으로 인해 이상적인 조건에서 벗어나는 것을 설명하기 위해 활성 계수를 정의해야 한다. 혼합물의 이상적인 상태의 경우 활성 계수는 단일성으로 정의되며 이 상태를 2차 기준 상태라고 한다. 즉, 무한히 희석된 용액(즉, 모든 하전 이온과 중성 용질의 농도가 0에 가까워지는 상태)은 모든 하전 이온과 중성 용질의 활성이 일치되는 값에 가까워지는 2차 기준 상태로 간주할 수 있다.

또는, 문헌의 많은 보고서에서 표준 상태라는 일반적인 용어를 사용하여 이상적인 용질을 정의하는데, 이는 다른 상들의 표준 상태를 정의할 때 이 용어를 사용하는 것과 매우 유사하다(예: 기체상에서 표준 상태는 표준 압력(1bar)에서 이상 기체 방정식을 따르는 순수한 물질로 정의됨). 표준 상태에서 측정된 열역학적 특성을 표준 열역학적 특성이라고 한다. 기체, 액체 및 고체 혼합물에 대해 서로 다른 표준 상태 또는 보조 기준 상태가 일반적으로 정의될 수 있다. 따라서 문제 해결 방법을 설명하는 데 표준 열역학적 특성 표를 사용하기 전에, 표준 열역학적 특성 표를 작성할 때 어떤 규칙을 사용하는지 이해하는 것이 중요하다. 예를 들어, SUPCRT92 데이터베이스 프로그램(Johnson et al., 1992)은 온도 25℃, 압력 1기압, 용액의 단위 농도 1몰/L의 표준 조건을 기준으로 이온의 표준 열역학적 특성을 준비했으며, Newman과 Thomas-Alyea(2012)는 용액의 이상적인 조건으로 무한 희석 용액(즉, 모든 종의 몰성이 0에 가까워지는 상태)을 정의했다.

배터리 셀의 열역학 모델에서는 깁스 자유에너지, 엔트로피 및 엔탈피와 같은 전기화학 셀의 열역학적 특성에 대한 활동 계수의 영향을 고려해야 한다. 따라서 비이상적 조건에서의 깁스 자유 에너지, 엔탈피 및 엔트로피의 열역학적 특성은 표준 열역학적 특성을 기반으로 다음과 같이 표현할 수 있다.

$$\bar{g}_i = \bar{g}_i^\circ + RT\,\ln(\alpha_i) \tag{2.24}$$

$$\bar{h}_i = \bar{h}_i^\circ - RT^2 \frac{\partial \ln(\alpha_i)}{\partial T} \tag{2.25}$$

$$\bar{s}_i = \frac{1}{T}\left(\bar{h}_i - \bar{g}_i\right) \tag{2.26}$$

여기서 $\bar{g}_i, \bar{h}_i, \bar{s}_i$는 어떤 종 I의 비 몰 깁스자유에너지, 비 몰 엔탈피, 몰 엔트 로피를 나타낸다. 그리고 용어 $\bar{g}_i^\circ, \bar{h}_i^\circ$, 및 $\bar{s}_i^\circ$는 표준 상태에서의 종 i의 몰 깁스 자유 에너지, 엔탈피 및 엔트로피를 나타낸다. 방정식 (2.24)의 $\bar{g}_i^\circ$는 표준 상태 또는 보조 기준 상태에서의 깁스 자유 에너지를 나타내는 방정식 (2.22)의 $\mu_i^\ominus$ 와 동일하다는 것을 알 수 있다.

용액 농도에 따른 활동 계수에 대한 몇 가지 경험적 상관관계가 보고되었 다. 활성 계수에 대해 잘 알려진 모델 중 하나는 Debye-Hückel 이론으로, 이 는 광범위한 농도 범위에서의 여러 전해질에 대한 활성 계수의 경험적 상관관 계에 대한 기초가 된다.

묽은 전해질 용액에 대한 활성 계수는 다음과 같이 표현할 수 있다(Newman and Thomas-Alyea, 2012; Zamfirescu et al., 2017; Farsi et al., 2020).

$$\ln \gamma_i = -\frac{1}{1 + B_{DH}\bar{a}\,I_e^{0.5}}\left(A_{DH}z_i^2\,I_e^{0.5}\right) \tag{2.27}$$

여기서 매개변수 B_{DH}와 A_{DH}는 무한히 희석된 전해질에서의 활성 계수에 대한 Debye-Hückel 모델에서 정의된 상수이다. 이 값은 전해질 용액에 대한 농도-세포 및 융점 발현 실험과 같은 기술을 통해 결정할 수 있다. 용어 z_i와 $\bar{a}$ 는 각각 종 i의 전하수와 이온의 평균 지름이다. 용어 I_e는 전해질의 몰 이온 세 기이며, 이는 종 i의 농도(c_i)(즉, 몰수) 및 종 i의 전하 수(z_i)와 관련이 있다.

$$I_e = \frac{1}{2}\left(\sum_i c_i z_i^2\right) \tag{2.28}$$

또한 Debye와 Hückel은 전하수 z^+의 양이온과 전하수 z^-의 음이온으로 분해되는 단일 용매 전해질 A(즉, $i = A$)의 평균 활성 계수에 대한 다음 방정식 을 제시했다(Newman and Thomas-Alyea, 2012).

$$\ln \gamma_A = \ln \gamma_\pm = -\frac{1}{1 + Ba\,I_e^{0.5}}\left(A_{DH}z^+z^-\,I_e^{0.5}\right) \tag{2.29}$$

여기서 $\ln \gamma_\pm$는 단일 전해질 용액에 대해 측정하고 표로 작성할 수 있는 몰 단위의 평균 활성 계수이다.

고농도 전해질 용액의 경우에는, Debye-Hückel 이론에서 무시되는 효과를 설명하기 위해 Debye-Hückel 방정식에 추가 항이 추가된다(Newman and

Thomas-Alyea, 2012). 즉,

$$\ln \gamma_\pm = -\frac{1}{1 + Ba\, I_e^{0.5}} \left(A_{DH} z^+ z^- I_e^{0.5}\right) + B_2 b + B_3 b^{\frac{3}{2}} + B_4 b^2 + \dots$$
$$+ B_n b^{\frac{n}{2}} + \dots \tag{2.30}$$

여기에서, b는 종 A에 대한 몰농도를 나타낸다. 또한, $B_{k=2,3,\cdots}$ 의 값은 식 (2.30)을 활성 계수 데이터에 맞춰 경험적으로 추정할 수 있다.

배터리 시스템의 전극에서는 여러 가지 전기화학 반응이 동시에 일어나는 것으로 알려져 있다. 종 i는 항상 다음과 같이, 셀 작동 중 상태 m 상에서 특정 2차 신호를 발생시키는것과, 기준 상태와 전해질 내 해당 종의 침전은 별도로 설명된다고 가정하자. 또한 상 j에 대한 총합은 종 i(즉, 합산)가 상 j를 결정하기 때문에 중복됨된. 그런 다음 식 (2.22) 및 (2.24)의 깁스 자유 에너지 관계를 식 (2.19)에 대입하면 전극의 가역적 작동 하에서 반쪽반응의 에너지 변화에 대한 다음 식을 구할 수 있다.

$$W_{\mathrm{rev,hr}} = -\Delta G_{\mathrm{hr}} = -\Delta G_{\mathrm{hr}}^{\Theta} + RT \ln \left(\frac{\prod \left(b_i^{\nu_i} \gamma_i^{\nu_i}\right)_R}{\prod \left(b_i^{\nu_i} \gamma_i^{\nu_i}\right)_P}\right) \tag{2.31}$$

여기서 $\Delta G_{\mathrm{hr}}^{\Theta}$는 양극 또는 음극에서 반응물($R$)이 생성물($P$)로 변환되는 반쪽반응(hr)에 대한 표준 깁스 자유 에너지 변화량이다.

양극과 음극에서의 전체 셀의 전체 반응 또는 반쪽반응을 포함한 전체반응에 대한 에너지 변화는 각 반쪽반응에 대한 깁스 자유 에너지의 변화로 주어진다.

$$W_{\mathrm{rev,or}} = -\Delta G_{\mathrm{ov}} = \Delta G_{\mathrm{anode}} - \Delta G_{\mathrm{cathode}}$$

방정식 (2.19)를 상기하면, $W_{\mathrm{rev}} = E_{\mathrm{eq}}(n_e F)$에서 전극 및 전체 셀 평형 전위 (또는 개방 회로 전위)는 다음과 같이 각각 구할 수 있다.

$$E_{\mathrm{eq,hr}} = -\frac{\Delta G_{\mathrm{hr}}^{\Theta}}{(n_e F)} + \frac{RT}{(n_e F)} \ln \left(\frac{\prod \left(b_i^{\nu_i} \gamma_i^{\nu_i}\right)_R}{\prod \left(b_i^{\nu_i} \gamma_i^{\nu_i}\right)_P}\right)$$

$$= -E_{\mathrm{eq,hr}}^{\circ} + \frac{RT}{(n_e F)} \ln \left(\frac{\prod \left(b_i^{\nu_i} \gamma_i^{\nu_i}\right)_R}{\prod \left(b_i^{\nu_i} \gamma_i^{\nu_i}\right)_P}\right) \tag{2.32}$$

$$E_{\mathrm{eq,or}} = \frac{\Delta G_{\mathrm{anode}}^{\Theta}}{(n_e F)} - \frac{\Delta G_{\mathrm{cathode}}^{\Theta}}{(n_e F)} + \left(\frac{RT}{(n_e F)} \ln \left(\frac{\prod \left(b_i^{\nu_i} \gamma_i^{\nu_i}\right)_R}{\prod \left(b_i^{\nu_i} \gamma_i^{\nu_i}\right)_P}\right)\right)_{\mathrm{cathode}}$$

$$- \left(\frac{RT}{(n_e F)} \ln \left(\frac{\prod \left(b_i^{\nu_i} \gamma_i^{\nu_i}\right)_R}{\prod \left(b_i^{\nu_i} \gamma_i^{\nu_i}\right)_P}\right)\right)_{\mathrm{anode}}$$

$$= E^{\circ}_{\text{eq,anode}} - E^{\circ}_{\text{eq,cathode}} + \left(\frac{RT}{(n_e F)} \ln \left(\frac{\prod \left(b_i^{\nu_i} \gamma_i^{\nu_i}\right)_R}{\prod \left(b_i^{\nu_i} \gamma_i^{\nu_i}\right)_P} \right) \right)_{\text{cathode}}$$

$$- \left(\frac{RT}{(n_e F)} \ln \left(\frac{\prod \left(b_i^{\nu_i} \gamma_i^{\nu_i}\right)_R}{\prod \left(b_i^{\nu_i} \gamma_i^{\nu_i}\right)_P} \right) \right)_{\text{anode}} \qquad (2.33)$$

여기서 $E_{\text{eq,hr}}$는 전극 평형 전위(즉, 양극 또는 음극 반반응에 대한 평형 전위)이고 $E_{\text{eq,or}}$는 전체 셀 평형 전위(다음을 포함한 전체 반응에 대한 평형 전위)이다. $E^{\circ}_{\text{eq,anode}}$ 및 $E^{\circ}_{\text{eq,cathode}}$라는 용어는 각각 음극과 양극의 표준 전위이다. 식 (2.32)와 (2.33)은 Nernst 방정식으로 알려져 있으며, 반응 전위(전체 반응 또는 반쪽반응)가 표준 전극 전위로 변하는 종의 활성이나, 온도 및 반응에서 상호 작용하는 종의 활성과 연관되어 있다. 표 2.1은 여러 유형의 배터리에서 발생하는 반쪽반응에 대한 표준 전위를 미리 제시한다.

2.4 배터리의 에너지 균형

이 장에서는 방정식 (2.8) 및 (2.9)에 표현된 바와 같이 셀 온도가 일정하지만 시간에 따라 변하는 배터리 시스템에 대해 열역학 일반 제1법칙을 적용하려 한다. 이 조건은 배터리가 비정상 상태(과도) 조건에서 작동한다는 것을 의미한다. 배터리의 에너지 밸런스는 배터리 시스템 관리 및 설계에 중요한 매개 변수인 셀 내 발열량과 셀 온도를 예측하는 데 사용할 수 있다.

에너지가 교환되고 생성되는 일반적인 배터리 방식을 보여주는 그림 2.1과 2.2를 기억하라. 이 경우 배터리 온도를 특정 값으로 유지하기 위한 냉각 시스템이 없다. 따라서 배터리 내에서 생성된 에너지로 인해 배터리 셀 온도가 상승하게 된다. 즉, 시간이 지남에 따라 배터리 내부 에너지가 증가하고 셀이 주변으로 열을 손실하게 된디(그림 2.3 참조). 그림 2.3을 기준으로 이 배터리 시스템의 에너지 균형은 다음과 같이 작성할 수 있다.

$$-\dot{Q}_{\text{loss}} - \dot{W} = \frac{dE}{dt} \qquad (2.34)$$

여기서 $\dot{Q}_{\text{loss}}$은 대류와 복사를 통한 열 손실율이다(배터리가 열을 잃는 두 가지 열전달 모드), $\dot{W}$는 방전 중에 생성되거나 충전 중에 소비되는 전기적 일의 속도이다. 후자의 속도는 셀 전류와 셀 전위(IV)의 곱과 같다. dE/dt는 시간에 따른 배터리 셀의 에너지 변화량이다. 대류 및 복사열 전달에 대한 배터리 셀 표면의 에너지 손실률은 다음과 같다.

표 2.1 여러 유형의 배터리에서 발생하는 반쪽 반응에 대한 표준 전위.

Battery type	Negative electrode half reaction and its standard potential	Positive electrode half reaction and its standard potential
Lead acid	$Pb(s) + SO_4^{2-}(aq) \rightarrow PbSO_4(s) + 2e^-$ $E^\circ_{anode} = -0.36$ V	$PbO_2(s) + SO_4^{2-}(aq) + 4H^+ + 2e^- \rightarrow PbSO_4(s) + 2H_2O(l)$ $E^\circ_{cathode} = 1.69$ V
Alkaline	$Zn(s) + 2OH^-(aq) \rightarrow ZnO(s) + H_2O(l) + 2e^-$ $E^\circ_{anode} = -1.28$ V	$2MnO_2(s) + H_2O(l) + 2e^- \rightarrow Mn_2O_3(s) + 2OH^-(aq)$ $E^\circ_{cathode} = 0.15$ V
Nickel-zinc	$Zn + 4OH^- \rightarrow ZnOH_4^- + 2e^-$ $E^\circ_{anode} = -1.2$ V	$2NiO(OH) + 2H_2O + 2e^- \rightarrow 2Ni(OH)_2 + 2OH^-$ $E^\circ_{cathode} = 0.5$ V
Lithium-cobalt oxide	$Li^+(aq) + C_6(s) + e^- \rightarrow LiC_6$ $E^\circ_{anode} = -3.0$ V	$CoO_2(s) + Li^+(aq) + e^- \rightarrow LiCoO_2$ $E^\circ_{cathode} = 1.0$ V

Data adapted from Libertexts, 2020. Electrochemistry. Available from: https://chem.libretexts.org/Bookshelves/Analytical_Chemistry/Supplemental_Modules_(Analytical_Chemistry)/Electrochemistry (Accessed 25 May 2022); Bard, A., 2017. Standard Potentials in Aqueous Solution. Routledge, New York.

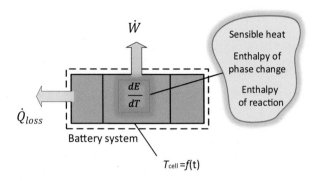

그림 2.3 냉각 시스템(또는 열 관리 시스템)이 없는 경우의 배터리 시스템 작동. 배터리 작동 중 내부 에너지의 변화로 인해 배터리의 온도는 시간이 지남에 따라 상승한다.

$$\dot{Q}_{\text{loss}} = h_0 A (T - T_a) + \varepsilon F A (T^4 - T_a^4) \tag{2.35}$$

여기서 A는 배터리 표면적, h_0는 열전달 계수, T는 배터리 온도 및 T_a는 주변 온도를 나타낸다. 또한 ε는 표면 방사율, F는 배터리 표면과 주변 환경 사이의 뷰 팩터이다.

전기화학 반응 중 시간에 대한 배터리 셀의 에너지 변화율(dE/dt)은 상태의 변화와 화학 성분의 변화로 인해 발생한다. 즉, 배터리 셀의 현열 에너지, 잠열 에너지 및 화학적 에너지는 배터리가 작동하는 동안 변화한다. 따라서 시간에 따른 배터리의 에너지 변화는 다음과 같이 쓸 수 있다.

$$\frac{dE}{dt} = \frac{dE_{\text{senible}}}{dt} + \frac{dE_{\text{latent}}}{dt} + \frac{dE_{\text{chemical}}}{dt} \tag{2.36}$$

셀 전체의 온도가 균일하다는 가정을 상기하고 작동 중 배터리의 열 용량이 무시할 수 있을 정도로 변화한다고 가정하면 배터리의 현저한 에너지 변화율은 다음과 같이 쓸 수 있다.

$$\frac{dE_{\text{senible}}}{dt} = mc_p \frac{dT}{dt} \tag{2.37}$$

여기서 m은 배터리 셀의 질량이고 c_p는 일정한 압력에서 비열 용량으로, 배터리 작동 중에 거의 일정하다. 또한 dT/dt는 시간에 따른 배터리 셀 온도의 변화이다.

2.4.1 상변화 항

배터리의 잠열 변화율인 dE_{latent}/dt는 상변화 과정의 평균 엔탈피 변화율다. 예를 들어, LiCl-KCl 용액에서 LiCl 종은 일반적으로 용융전해질 상에 존재하지만 상변화로 인해 LiCl의 부분적인 침전이 있을 수 있다. 또 다른 예로는 저온 작동으로 인해 액체 배터리에서 물이 얼음으로 결정화되는 것이다. Bernardi 등(1985)은 상변화로 인한 평균 엔탈피 변화율에 대해 다음과 같은 식을 제시하였다.

$$\frac{dE_{latent}}{dt} = \frac{dH_{phase\ change}}{dt} = -\sum_{j \neq m} \sum_i \left[\frac{dN_{i,j}}{dt} \left(\Delta h_{i,j \to m}^{\circ} - RT^2 \frac{d \ln \left(\frac{\gamma_{i,m}^{ave}}{\gamma_{i,j}^{ave}} \right)}{dt} \right) \right]$$

(2.38)

여기서 $\Delta \bar{h}_{i,j \to m}^{\circ}$는 m 상에 해당하는 2차 기준 상태에서 종 i의 몰 엔탈피이다. $dH_{phase\ change}/dt$라는 용어는 모든 종의 평균 조성을 기준으로 계산된다. m 상 유형이 배터리 작동 중에 존재하는 유일한 위상인 경우 위상 변화로 인한 엔탈피 변화는 0(즉, $dH_{phase\ change}/dt = 0$)이라는 것을 주의하라.

2.4.2 반응 항의 엔탈피

시간에 따른 배터리 시스템의 화학 에너지 변화인 $dE_{chemical}/dt$는 배터리 셀의 전기화학 반응으로 인한 엔탈피 변화율과 동일하다. 엔탈피에 대한 방정식 (2.5)를 상기하면 다음과 같다. 전극 반응으로 인한 엔탈피 변화율은 반응물($\dot{N}_R$) 및 생성물($\dot{N}_P$)의 몰 유량을 기준으로 다음과 같이 표현할 수 있다.

$$\frac{dH_r}{dt} = \sum_P \dot{N}_P \bar{h}_P - \sum_R \dot{N}_R \bar{h}_R$$

(2.39)

여기서 dH_r/dt는 모든 종의 평균 구성을 기준으로 계산된다. 깁스-헬름홀츠 방정식은 다음과 같이 엔탈피와 깁스 자유에너지 및 온도를 연관시키는 데 사용할 수 있다.

$$\left(\frac{\partial \left(\frac{\bar{g}}{T} \right)}{\partial T} \right)_P = -\frac{\bar{h}}{T^2}$$

(2.40)

또한, 종 i의 몰 유량($\dot{N}_i$)은 종의 몰 이동 속도와 전류 I를 연관시키는 패러데이의 법칙에 따라 표현할 수 있다. 전극 반응은 셀 작동 중에 종 i가 항상 상

m에 있고 전해질에서 해당 종의 침전이 별도로 설명되도록 하였다. 따라서 상 m에서 생성 또는 소비되고, 전극 반응에서 다른 상으로 침전되는 종 i의 몰 비율은 다음과 같이 표현할 수 있다.

$$\dot{N}_i = \left(\frac{dN_i}{dt}\right)_{j=m} = \left(\frac{\nu_i I}{n_e F}\right)_{j=m} + \left(\frac{dN_i}{dt}\right)_{j \neq m} \tag{2.41}$$

여기서 ν_i는 종 i의 화학양론 계수이고, n_e는 전달된 전자의 수이며, F는 패러데이 상수($F = 96{,}487$ C/mole)이다. 아래첨자 j는 상을 나타낸다. 식 (2.41)에서, 두 번째 항은 상의 변화과정 결과로 종 i의 침전결과를 나타낸다. 이 항은 상변화 항으로 추후에 따로 설명할 것이다. 다시 돌아와서, 상 m에서 생산되거나 소비되는 종 i의 몰 비율은 $\dot{N}_i = \nu_i I / n_e F$가 된다.

식 (2.40)과 (2.41)을 식 (2.39)에 대입하고 반응에서의 깁스 자유에너지의 변화가 평형 전위와 관련되어 있는 식 (2.19)(즉, $-\Delta G = E_{\text{eq}}(n_e F)$)를 상기하면, 반응의 엔탈피와 관련된 에너지 변화율에 대한 최종 형태는 다음과 같이 쓸 수 있다.

$$\frac{dH_r}{dt} = I_r T^2 \frac{d\frac{E_{\text{eq},r}}{T}}{dT} \tag{2.42}$$

여기서 $E_{\text{eq},r}$는 평균 조성에서 전극 반응 r에 대한 평형 전위(또는 이론적 개방 회로 전위)이다. $E_{\text{eq},r}$는 방정식 (2.32)에 제시된 Nernst 방정식을 통해 결정할 수 있다. 전극 반응 r의 부분 전류량 I_r은 음극 반응의 경우 음의 값이고 양극 반응의 경우 양의 값이다. 배터리 셀에서는 여러 전극 반응이 동시에 일어난다는 것을 상기해 보자. 셀의 모든 전극 반응과 관련된 총 에너지 변화율은 각 반응과 관련된 dH_r/dt의 합으로 표현할 수 있다.

$$\frac{dE_{\text{chemical}}}{dt} = \frac{dH_{\text{rxn}}}{dt} = \sum_r I_r T^2 \frac{d\frac{E_{\text{eq},r}}{T}}{dT} \tag{2.43}$$

여기서 부분 전류를 곱한 항을 반응 r의 엔탈피 전압이라고 한다.

2.4.3 혼합 효과

$\Delta\dot{H}_{\text{rxn}}$ 및 $\Delta\dot{H}_{\text{phase change}}$는 모든 종의 평균 조성을 기준으로 정의되므로 조성의 변화 및 혼합 효과를 무시하는 것과 관련된 오차가 있다. 이러한 효과를 고려하기 위해 혼합 엔탈피 항도 식 (2.36)에 추가되었다. 식 (2.37), (2.38), (2.43)을

식 (2.36)에 대입하고 식 (2.36)에서 혼합 효과를 고려하면 식 (2.36)은 아래와 같이 된다.

$$\frac{dE}{dt} = mc_p \frac{dT}{dt} + \frac{dH_{\text{phase change}}}{dt} + \frac{dH_{\text{rxn}}}{dt} + \frac{dH_{\text{mixing}}}{dt} \tag{2.44}$$

dH_{mixing}/dt라는 용어는 혼합 과정으로 인한 엔탈피 변화율을 나타내며, 혼합에 따른 엔탈피의 변화로 표현된다. 혼합 엔탈피에는 이완 또는 생성 집중 프로파일이 포함된다(Bernardi et al., 1985). 상변화 효과가 없는 경우 이 용어는 배터리 작동 중 전류의 중단으로 인한 열 발생률을 나타낸다. 이완 효과는 배터리에서 방전 전류가 중단된 후에 발생한다. 방전 전류가 중단되면 처음에는 전압이 급상승한 후 수 시간에 걸쳐 서서히 상승한다. 전류가 흐르는 동안 형성되는 농도도 구배(즉, 농도 프로파일 생성)로 인해 이완 중에 열이 발생한다. 이 열 발생은 혼합 열과 관련이 있다. 배터리가 이완되는 동안 농도 구배는 시간이 지남에 따라 점차 감소하여 균일한 위치 농도 프로파일이 되는 경향이 있다. Bernardi(1985) 등은 dH_{mixing}/dt에 대해 다음과 같은 식을 도출했다.

$$\frac{dH_{\text{mixing}}}{dt} = -\sum_j \frac{d}{dt}\left[\int_{v_j} \sum_i c_{i,j} R T^2 \frac{\partial \ln\left(\frac{\gamma_{i,j}}{\gamma_{i,j}^{\text{ave}}}\right)}{\partial T} dv_j\right] \tag{2.45}$$

여기서 dv_j는 상 j의 미분 부피 요소이고 $c_{i,j}$는 상 j에서 종 i의 농도이다. 식 (2.45)에서 혼합의 엔탈피 변화율은 조성의 공간적 변화의 함수이며, $dH_{\text{phase chnage}}/dt$ 및 dH_{rxn}/dt와 같은 다른 용어는 평균 조성에 따라 달라진다는 것을 알 수 있다. dH_{mixing}/dt의 분석적 계산은 농도 프로파일에 대한 복잡한 적분이 필요하기 때문에 어렵다. 그러나 혼합 엔탈피를 무시하고 단순화하면 배터리 온도가 과소평가되거나 과대평가될 수 있다. 예를 들어, 적절하게 절연된 납축전지의 온도는 일반적으로 방전 전류가 중단된 후 증가하는 반면, 고온 배터리의 경우 전류가 차단된 후 온도가 감소한다. 또한 농도 프로파일이 생성되는 배터리 작동(전류 통과) 중에는 혼합 효과를 고려하지 않으면 일반적으로 온도가 과소 평가된다. 혼합 엔탈피를 무시할 수 있는 조건의 경우 혼합 효과 무시와 관련된 오차를 최소화하기 위해 평균 조성 조건을 현명하게 고려해야 한다.

2.5 배터리의 발열률

배터리 셀 작동에서 혼합 및 상변화 효과를 무시할 수 있고 대류 열전달이 열손실률에 유일하게 기여하는 경우, 식 (2.34)의 균형은 다음과 같이 표현할 수 있다.

$$mC_p\frac{dT}{dt} + \sum_{r=1,2,\ldots} I_r T^2 \frac{d\frac{E_{eq,r}}{T}}{dT} = -h_0 A(T - T_a) - IV \qquad (2.46)$$

반응 엔탈피 속도에 대한 용어는 다음과 같은 합으로 작성할 수 있다. $-\sum_{r=1,2,\ldots} I_r E_{eq},r$ and $\sum_{r=1,2,\ldots} I_r T dE_{eq,r}/dT$. 따라서, 식 (2.46)은 다음과 같이 다시 쓸 수 있다.

$$h_0 A(T - T_a) + mc_p\frac{dT}{dt} = \left(\sum_{r=1,2,\ldots} I_r E_{eq,r} - IV \right) - \sum_{r=1,2,\ldots} I_r T \frac{dE_{eq,r}}{dT}$$

$$(2.47)$$

여기서 오른쪽은 배터리 시스템 내의 열 발생률을 나타내며, 이는 시스템 내의 축열 변화율($mc_p dT/dt$)과 시스템 외부로의 열 전달률($h_0 A(T - T_a)$)을 합한 값이다. 가역 일률은 IE_{eq}이며, 오른쪽 괄호 안의 항은 실제 전위와 가역 전위의 차이로 볼 수 있다. 이것은 전기화학 반응의 비가역성으로 인해 셀에 과전위를 제공한다. 이 용어를 편광 열률(또는 비가역 열률)이라고 하며, 여기에는 ohmic 열(또는 joule 열), 전하 및 질량 전달 과전위가 포함된다. 배터리 셀이 가역적으로 작동하는 경우 이 항은 0이다(즉, $\sum_{r=1,2,\ldots} I_r E_{eq,r} - IV = 0$). 옴 열은 내부 저항을 통한 전류 전달로 인해 발생한다.

용어 $\sum_{r=1,2,\ldots} I_r T(dE_{eq},r/dT)$, 이는 다음과 같은 엔탈피로 구체화된다. 반응은 엔트로피 또는 가역적 열률로 알려져 있다. 이 용어는 셀의 가역적 엔트로피 변화로 인해 열이 발생한다는 것을 나타낸다. 실제로 이 용어는 배터리 셀의 가역적 등온 작동에 따른 열 발생률을 나타낸다. 이 용어는 전기화학 반응과 관련된 엔트로피 변화에 비례하기 때문에 엔트로피 열이라고 한다.

$$\sum_{r=1,2,\ldots} I_r T\left(dE_{eq,r}/dT\right) = T \sum_{r=1,2,\ldots} I_r dE_{eq,r}/dT = T \sum_{r=1,2,\ldots} \frac{1}{n_{e,r}F} dS_r \quad (2.48)$$

따라서 배터리 셀의 열 발생원은 가역적 및 비가역적 공정으로 구성되며, 가역적 열(엔트로피 열)과 비가역적 열(편광 열)은 오믹 손실, 전하 이동 및 질량 전달 비가역성에 의해 결정된다. 혼합 및 상변화 효과도 고려하는 조건의 경우, 식 (2.47)과 같이 배터리 내 에너지 생성 비율은 다음과 같이 쓸 수 있다.

$$\dot{Q}_{gen} = \left(\sum_{r=1, 2, \ldots} I_r E_{eq,r} - IV \right) - \sum_{r=1,2,\ldots} I_r T \frac{dE_{eq,r}}{dT} + \frac{dH_{mixing}}{dt} + \frac{dH_{phase\ change}}{dt}$$

(2.49)

배터리가 방전되는 동안 전극의 활성 물질은 배터리의 전압이 전압 임계값에 가까워질 때까지 전기화학 반응을 통해 방전 생성물로 전환된다. 이 변환의 정도를 전극 재료의 사용률이라고 한다. 또한 사용률은 방전 중 특정 시간이 경과한 후 초기 충전량(즉, 방전 프로세스 시작 시)에 대해 사용된 충전량의 비율을 나타낸다.

표 2.2는 일반적으로 인용되는 출처를 기준으로 충전식 리튬-알루미늄/황화철(LiAl-FeS) 배터리의 전극에 대한 활성 물질 수준의 여러 활용률에서 에너지 균형 방정식(식 2.49)의 항의 기여 정도를 보여준다. 이 배터리의 양극에서는 다음과 같은 전기화학 반응이 동시에 일어난다.

$$Reaction\ 1\ (r=1) : 2FeS + 2Li + 2e^- \rightarrow Li_2FeS_2 + Fe \qquad (2.50)$$

$$Reaction\ 2\ (r=2) : Li_2FeS_2 + 2Li^+ + 2e^- \rightarrow 2Li_2S^- + Fe \qquad (2.51)$$

배터리 셀은 적절하게 단열되어 셀 온도와 열 손실률이 크게 변하지 않는다(즉, 등온 작동). 혼합 효과의 엔탈피가 반응 엔탈피보다 훨씬 작다는 것을 알 수 있다. 또한 편광 열률은 이용률이 높을수록 증가하는 반면 엔트로피 열률은 일정하게 유지된다.

배터리의 등온 작동을 위해 배터리 내부에서 생성된 모든 열은 배터리 외부(예: 열 관리 시스템)로 전달된다. 배터리의 등온 모델은 다양한 온도에서의 배

표 2.2 열 발생률 기여도(W/m^2)에는 LiAl-FeS 배터리의 양극에 대한 가역 및 비가역 열 발생률이 포함되어 있음.

Energy rate contribution	Utilization percentage (%)			
	0	10	20	30
Polarization heat rate	33	45	50	55
Entropic heat rate	7	7	7	7
Enthalpy of reaction and electrical work rate (i.e., summation of first and second rows)	40	52	57	62
Mixing heat rate	0	0.05	0.5	0
Heat loss rate	−37	−37	−37	−37

Data from Bernardi, D., Pawlikowski, E., Newman, J., 1985. A general energy balance for battery systems. J. Electrochem. Soc. 132(1), 5–12.

터리 작동과 온도가 배터리 성능에 미치는 영향을 이해하는 데 유용한 정보를 제공한다. 이러한 모델을 사용하면 배터리가 효율적으로 작동하는 온도 범위를 파악할 수 있다. 작동 온도 범위에서 배터리 온도를 유지하기 위해 열 관리 시스템은 배터리의 온도를 시간적, 공간적으로 제어하도록 설계되었다. 배터리 열 관리 시스템은 5장에서 자세히 설명하겠다.

최근 몇 년 동안 배터리 시스템 및 배터리 열 관리 시스템과 관련된 많은 분야가 연구, 평가 및 발전의 대상이 되었다. 여기에는 배터리를 위한 새로운 열 관리 시스템 기술(Al-Zareer 외, 2018, 2019a; Malik 외, 2016; Koohi-Fayegh and Rosen, 2020), 리튬 이온 배터리를 위한 전기화학 모델링 및 열 성능 관리 시스템(Al-Zareer 외, 2017, 2019b, 2020; Malik 외, 2018)이 포함된다. 에너지 활용도를 높이고 에너지 소비를 줄이기 위해 다양한 분야, 특히 운송 분야의 배터리 시스템 응용분야와 배터리 열 관리 시스템을 개발하기 위한 추가 연구, 그리고 탄소 및 오염 물질 배출 측면에서 환경에 미치는 영향 등의 연구가 여전히 필요하다.

2.6 마무리

이 장에서는 배터리 셀의 열역학 모델 개발에 대해 설명하였다. 먼저 배터리 열역학을 이해하는 데 도움이 되는 열역학적 기본 사항을 설명한다. 열역학 제1법칙과 제2법칙을 일반화된 배터리 셀에 적용할 수 있다. 이를 통해 셀 전위는 깁스 자유에너지와 관련이 있음을 알 수 있다. 배터리의 가역적 작동은 평형 전위와 Nernst 방정식을 유도하기 위해 가정되었다. 그런 다음 배터리의 실제(비가역적) 작동을 고려하고 배터리 내 발열률과 다음과 같은 이유로 인한 과전위를 고려하였으며, 전기화학 반응의 비가역성을 파악할 수 있었다. 배터리의 열역학 모델을 사용하면 배터리의 효율적인 작동을 위한 온도 범위를 결정할 수 있다. 따라서 배터리 온도를 적정 범위로 유지하기 위한 배터리 열 관리 시스템의 설계가 중요하다는 것을 명확히 알 수 있다.

학습질문

2.1. 반응 엔탈피와 반응 깁스 자유에너지라는 용어를 정의하라.

2.2. 가역일이란 무언인가? 가역일은 배터리의 가역전위와 어떤 연관이 있는가?

2.3. 배터리에 대한 일과 가역일은 어떤 차이점이 있는가?

2.4. 반응의 가역적 전위는 표준전위, 온도 및 반응에서 상호 작용하는 종의 활성과 어떤 연관이 있는가?

2.5. 배터리 셀의 열 발생률에 대한 일반적인 방정식은 무엇인가?

2.6. 배터리 시스템에서 가역 발열률이란 무엇인가? 배터리 시스템에서 비가역 발열률과 어떻게 다른가?

2.7. 셀 온도가 30°C로 일정하게 유지되도록 적절하게 단열된 배터리의 셀을 예로 들어보자. 이 배터리는 방전 중에 100 kW의 전력을 생산할 수 있으며, 이 때 배터리의 130 kJ/s의 열이 발생한다. 배터리 셀 작동에서 혼합 및 상변화 효과를 무시할 수 있고 대류 열전달이 열 손실률의 유일한 원인인 경우 배터리에서 열 손실률을 결정할 수 있는지 설명하라.

2.8. 질량이 100 g이고 표면적이 100 cm인 리튬코발트산화물 배터리 셀을 예로 들어 방전 중 음극과 양극에서의 산화 환원 반응은 다음과 같이 쓸 수 있다.

$$\text{Oxidation at anode}: LiC_6 \rightarrow C_6 + e^- + Li^+$$

$$\text{Reduction at cathode}: CoO_2 + e^- + Li^+ \rightarrow LiCoO_2$$

$$\text{Overall reaction}: LiC_6 + CoO_2 \rightarrow C_6 + LiCoO_2$$

리튬코발트 배터리의 작동 시 혼합 및 상변화 효과를 무시할 수 있다. 또한 리튬코발트배터리의 20°C의 온도에서 공기(냉각수)에 노출된다고 하자. 평형 전위는 다음과 같이 온도 함수로 표현할 수 있다.

$$E_{eq} = -\frac{1}{84}T^2 + \frac{1}{24}T - 5.25 \quad \left(\text{for } E_{eq} \text{ in V and } T \text{ in K}\right)$$

배터리 시스템의 정상상태 작동조건과 배터리 표면과 공기 사이의 자연 대류 열전달 계수 20 W/m² K 를 가정하고, 배터리의 전류가 12 A 일 때 방전 중 배터리 전압을 구하라.

2.9. 위 질문 2.8의 배터리 온도가 20°C와 30°C 사이일 때 배터리 온도에 따른 리튬이온 배터리의 전압이 어떻게 변하는지 설명하라.

참고문헌

Al-Zareer, M., Dincer, I., Rosen, M.A., 2017. Electrochemical modeling and performance evaluation of a new ammonia-based battery thermal management system for electric and hybrid electric vehicles. Electrochim. Acta 247, 171–182.

Al-Zareer, M., Dincer, I., Rosen, M.A., 2018. A review of novel thermal management systems for batteries. Int. J. Energy Res. 42 (10), 3182–3205.

Al-Zareer, M., Dincer, I., Rosen, M.A., 2019a. Comparative assessment of new liquid-tovapor type battery cooling systems energy. Energy 188, 116010.

Al-Zareer, M., Dincer, I., Rosen, M.A., 2019b. A novel approach for performance improvement of liquid to vapor based battery cooling systems. Energy Convers. Manage. 187, 191–204.

Al-Zareer, M., Dincer, I., Rosen, M.A., 2020. A thermal performance management system for lithium-ion battery packs. Appl. Therm. Eng. 165, 114378.

Bernardi, D., Pawlikowski, E., Newman, J., 1985. A general energy balance for battery systems. J. Electrochem. Soc. 132 (1), 5–12.

Dincer, I., Rosen, M.A., 2021. Thermal Energy Storage: Systems and Applications, third ed. Wiley, London.

Farsi, A., Zamfirescu, C., Dincer, I., Naterer, G.F., 2020. Electrochemical transport in CuCl/ HCl (aq) electrolyzer cells and stack of the Cu–Cl cycle. J. Electrochem. Soc. 167 (4), 044515.

Johnson, J.W., Oelkers, E.H., Helgeson, H.C., 1992. SUPCRT92: a software package for calculating the standard molal thermodynamic properties of minerals, gases, aqueous species, and reactions from 1 to 5000 bar and 0 to 1000°C. Comput. Geosci. 18 (7), 899–947.

Koohi-Fayegh, S., Rosen, M.A., 2020. A review of energy storage types, applications and recent developments. J. Energy Storage 27, 101047.

Malik, M., Dincer, I., Rosen, M.A., 2016. Review on use of phase change materials in battery thermal management for electric and hybrid electric vehicles. Int. J. Energy Res. 40 (8), 1011–1031.

Malik, M., Dincer, I., Rosen, M.A., Mathew, M., Fowler, M., 2018. Thermal and electrical performance evaluations of series connected Li-ion batteries in a pack with liquid cooling. Appl. Therm. Eng. 129, 472–481.

Newman, J., Thomas-Alyea, K.E., 2012. Electrochemical Systems, third ed. John Wiley & Sons, New Jersey.

Rosen, M., Farsi, A., 2022. Sustainable Energy Technologies for Seawater Desalination. Elsevier, Academic Press, United Kingdom.

Zamfirescu, C., Naterer, G.F., Rosen, M.A., 2017. Chemical exergy of electrochemical cell anolytes of cupric/cuprous chlorides. Int. J. Hydrog. Energy 42 (16), 10911–10924.

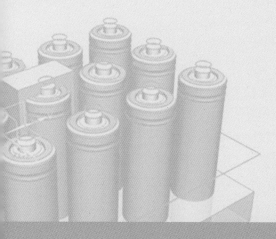

CHAPTER **3**

배터리의 전기화학 모델링

목표

- 일반화된 배터리 시스템을 위한 전기화학 모델 개발
- 배터리 시스템의 과전위로 인한 비가역성에 대해 논의함
- 전기화학 반응, 이온 및 전하 전달 과정으로 인한 배터리 시스템의 발열량 측정
- 배터리 시스템의 에너지 효율 및 기타 성능 측정값을 정의하여 배터리의 성능에 대해 토론함

기호 명명법
Symbols

B	exponential factor
c	concentration(mol/cm^3)
D	diffusion coefficient(cm^2/s)
E	cell potential(V)
F	Faraday constant(coulomb/mol)
g	specific Gibbs free energy(J/mol)
Δg_a	specific Gibbs function of activation(J/mol)
H	height of battery(cm)
i	current density(A/cm^2)
i_0	exchange current density(A/cm^2)
I	total current(A)
j	molar flux density(mol/cm^2 s)
k_c	reaction rate constant
n_e	number of transferred electrons in electrode reaction
r	radial position(cm)
R	universal gas constant(8.3143 J/moleK)
T	temperature(°C, K)
t	time(s)
tr	transference number
u_i	mobility of species i(cm^2 mol/J s)

| v | velocity of fluid(cm/s) |
| z | charge number |

Greek letters

α	transfer coefficient of reaction
β	symmetry factor
η_{energy}	energy efficiency
η_c	concentration overpotential(V)
η_{ov}	total overpotential(V)
η_{ohm}	ohmic overpotential(V)
η_s	surface overpotential(V)
Φ	potential(V)
κ	ionic conductivity(Siemens per meter(S/m))
γ	activity coefficient
σ	electronic conductivity(S/cm)

Subscripts

a	anode
c	cathode
conc	concentration
eq	equilibrium
j	phase indicator
ocp	open circuit potential

3.1 서론

이 장에서는 배터리의 전기화학적 모델링에 대해 설명한다. 여기에는 배터리 시스템의 전기화학 모델도 포함되어 있다. 배터리 전기화학 모델에는 전극 전기화학 반응, 전해질을 통한 이온 전달, 확산 및 전하 전달이 포함된다.

전기화학 연구에서는 전달, 열역학, 동역학이 서로 연관되어 있다. 배터리 셀의 전기화학 모델을 사용하면 셀 내의 과전위를 결정할 수 있으며, 이를 통해 셀의 열 발생량을 계산할 수 있다. 즉, 충/방전 중 전기화학 반응에서 발생하는 열 발생률과 줄(Joule) 가열(전류 흐름에 대한 내부 저항으로 인한 열 발생)은 전기화학 모델을 통해 결정할 수 있다. 그런 다음 이러한 열 발생률을 에너지 균형(2장에서 제시)에 사용하여 배터리 온도를 측정한다. 배터리의 온도는 열 및 질량 전달 모델을 통해서도 결정할 수 있으며, 그 결과는 전기화학 모델로 전송되어 전기화학 계산을 업데이트한다.

따라서 배터리 내의 열 발생률과 배터리 온도는 전기화학 모델과 열 및 질량 전달 모델을 연결하는 두 가지 매개 변수이다. 다음 장에서는 전체 셀 전위를 제시하려 한다. 그런 다음 전해질을 통한 전기화학 반응, 전하 및 이온 전달 현상, 배터리 셀의 과전위 현상에 대해 설명하려 한다.

3.2 배터리의 전체 셀 전위

전기화학적 분석을 통해 전기화학 셀과 같은 배터리의 전위 손실을 파악할 수 있다(Farsi et al., 2020). 다양한 유형의 과전위 및 손실을 식별하면 발생 원인과 위치를 파악하고 특정 배터리에 대해 이러한 비가역성을 극복할 수 있는 방법을 파악하는 데 도움이 된다. 배터리 시스템에서 과전위에는 주로 표면 과전위, 옴 과전위 및 농도 과전위가 포함된다. 표면 과전위는 전기화학 반응에 대한 저항으로 인한 것이고, 옴 과전위는 전자 및 이온 전류에 대한 저항으로 인한 것이며, 농도 과전위는 전해질에 농도 구배가 존재하기 때문이다.

평형 전위(또는 가역 전위)는 배터리의 가역 작동 시 도달할 수 있는 최대 셀 전위이다. 배터리의 실제 셀 전위는 전류의 흐름에 의해 유도되는 과전위로 인해 평형 전위보다 낮다. 배터리 셀의 전위는 또한 셀에 전류가 흐르지 않을 때 최대값이다. 이 전위를 개방 회로 전위라고 하며 평형 전위와 거의 같다.

배터리 셀의 과전위는 배터리의 실제 작동에서 되돌릴 수 없는 전위이다. 따라서 실제 전위(E)에서 평형 전위(E_{eq})를 빼면 과전위(η_{ov})를 다음과 같이 평가할 수 있다.

$$\eta_{ov} = E - E_{eq} \tag{3.1}$$

여기서 η_{ov}는 셀의 총 과전위이다. 총 과전위를 표면 과전위, 옴 과전위 및 농도 과전위를 포함한 구성 요소로 나누려면 일반적인 크기의 배터리 셀을 보여주는 그림 3.1을 고려해야 한다. 셀은 음극과 양극(작동 전극)으로 구성된다. 각 전극에는 두 개의 기준 전극이 있으며, 기준 전극은 작동 선극(point 1과 2) 근처와 균일한 농도가 있는 벌크 영역(point 3)에 배치된다. 기준 전극은 해당 작업 전극과 동일한 재질로 만들어진다. 예를 들어 양극은 흑연 탄소로 만들어지며, 그에 상응하는 기준 전극(벌크 영역 근처 및 벌크 영역에 배치)도 흑연 탄소로 구성된다.

기준 전극에서는 전류가 흐르지 않으며 전류가 흐르는 전해질의 전위만 감지한다. 양극과 음극 사이의 전위차(즉, 실제 셀 전위, E)를 계산하려면 양극에서 음극으로 이동하여 그 사이에 있는 각 작동/기준 전극 사이의 전위차를 고려하면 된다. 그러면 양극과 음극 사이의 전위차는 일반적으로 다음과 같이 쓸 수 있다.

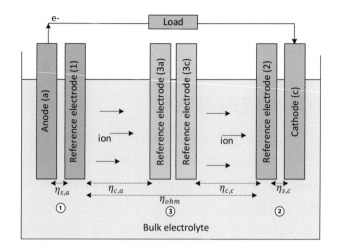

그림 3.1 배터리 셀에서의 작동 전극, 기준 전극 및 과전위 영역.

$$E = \Phi_a - \Phi_c = (\Phi_a - \Phi_1) + (\Phi_1 - \Phi_2) - (\Phi_c - \Phi_2) \tag{3.2}$$

여기서 $(\Phi_1 - \Phi_2)$은 다음과 같이 더 나눌 수 있다.

$$(\Phi_1 - \Phi_2) = (\Phi_1 - \Phi_{3,a}) + (\Phi_{3,a} - \Phi_{3,c}) + (\Phi_{3,c} - \Phi_2) + \eta_{ohm} \tag{3.3}$$

여기서 Φ_a 및 Φ_c은 각각 음극 및 양극 전위이고, Φ_1 및 $\Phi_{3,a}$은 각각 음극(point 1) 및 벌크(point 3)에 가깝게 배치된 음극의 기준 전극과 관련된 전위이다; Φ_2 및 $\Phi_{3,c}$은 각각 양극(point 2) 및 벌크(point 3)에 가깝게 배치된 양극용 기준 전극과 관련된 전위이며, η_{ohm}은 전해질을 통한 전류의 통과로 인한 오믹 과전위이다.

앞서 언급했듯이 표면 저항은 전기화학 반응에 대한 저항과 관련이 있다. 실제로 구동력(활성화 에너지)은 다음과 같다. 전기화학 반응이 일어나도록 유도하는 데 필요하다. 이 구동력을 표면 과전위라고 한다. 이 표면 과전위를 측정하려면 기준 전극을 작동 전극 근처에 배치해야 한다. 기준 전극에는 전류가 없고 작동 전극에는 전위가 전류 흐름을 유도하기 때문에 이 작동 전극과 기준 전극 사이의 전위차로 표면 과전위를 측정한다. 따라서 식 (3.2)의 오른쪽에 있는 첫 번째 항과 세 번째 항은 각각 양극($\eta_{s,a}$)과 음극($\eta_{s,c}$)에서의 표면 과전위를 나타낸다,

$$(\Phi_a - \Phi_1) = \eta_{s,a} \tag{3.4}$$

$$(\Phi_c - \Phi_2) = \eta_{s,c} \tag{3.5}$$

표면 과전위는 다음 장에서 자세히 설명한다.

앞서 언급했듯이 농도 과전위는 전해질의 농도 구배로 인해 발생한다. 전해질 내의 농도 변화는 전류를 중단한 후 확산 및 대류로 인해 농도 분포 변화가 시작되기 전에 측정해야 한다. 벌크 영역에 배치된 기준 전극은 농도가 균일하게 분포되고 전류가 흐르지 않는 조건을 평가한다. 따라서 이러한 기준 전극과 작동 전극 근처에 배치된 다른 기준 전극 사이의 전위차는 농도 차이로 인한 과전위를 나타낸다. 따라서 식 (3.3)에서 첫 번째 및 세 번째 항은 각각 음극 ($\eta_{c,a}$)과 양극($\eta_{c,c}$)의 농도 과전위, 즉 농도 차이에 해당한다.

$$(\boldsymbol{\Phi}_1 - \boldsymbol{\Phi}_{3,a}) = \eta_{c,a} \tag{3.6}$$

$$(\boldsymbol{\Phi}_{3,c} - \boldsymbol{\Phi}_2) = \eta_{c,c} \tag{3.7}$$

농도 과전위는 3.4절에서 설명하는 셀에서의 전달 현상을 통해 정의된다.

평형 전위는 비가역성을 유발하는 전류와 농도 구배가 없는 평형 조건에서의 전위로 정의된다. 두 기준 전극은 균일한 농도가 존재하는 벌크 유체에 배치되므로 이 두 기준 전극 사이의 차이는 가역 전위와 같다. 결론적으로, 식 (3.3)의 오른쪽에 있는 두 번째 항은 셀 평형 전위(또는 개방 회로 전위)와 동일하다,

$$(\boldsymbol{\Phi}_{3,a} - \boldsymbol{\Phi}_{3,c}) = E_{eq} \tag{3.8}$$

다음 장에서는 전기화학 반응 및 이온 및 전하 전달 과정과 관련된 배터리 시스템의 비가역성에 대해 자세히 설명한다.

3.3 표면 과전위

앞서 언급했듯이 표면 과전위는 전기화학 반응에 대한 저항이다. 즉, 이 비가역성은 전기화학 반응에서 속도 결정 단계의 활성화 에너지와 관련이 있다. 속도 결정 단계는 전기화학 반응에서 가장 느린 단계이며 일반적으로 전기화학 반응의 속도를 제어한다. 전극 표면에서 여러 번의 무작위 열 충돌로 인해 산화 및 환원 반응이 전진 및 후진 방향으로 일어나게 된다. 그러나 단순화를 위해 다음과 같이 가장 느린 전기화학 반응을 수반하는 한 가지 기본 단계가 배터리 셀의 반응 속도를 제어한다고 가정한다.

$$O + n_e e^- \rightleftharpoons R \tag{3.9}$$

여기서 O는 산화 종을, R은 환원 종을 나타낸다. 순방향 반응은 생성물의

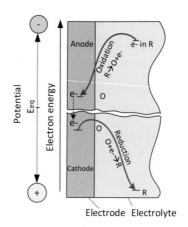

그림 3.2 전극/전해질 계면에서의 산화 및 환원 반응에서 전자의 상대 에너지.

형성에 해당하고 역방향 반응은 반응물의 형성에 해당한다. 음극에서의 반응은 산화이고 양극에서의 반응은 환원이다. 그림 3.2는 산화 및 환원 반응에서 전자의 상대적 에너지를 보여준다. 산화가 진행되는 동안 전자는 상대적으로 높은 에너지의 반응물에서 다음과 같이 이동한다.

전극. 환원 중에 전자는 전극에서 반응물의 상대적으로 낮은 에너지로 이동한다. 즉, 양극에 음전위를 가하면 전자의 에너지가 증가하여 전자 근처의 종을 환원시킨다. 또한 음극에 양전위를 가하면 전자의 에너지가 감소하여 반응물에서 전극으로 전자가 이동하게 된다.

반쪽반응의 속도는 순방향 반응에서 R 종의 생성 속도 또는 역방향에서 R 의 소비 속도를 기준으로 표현할 수 있다. 반응 속도는 전극의 전류 밀도로 정의할 수 있다. 따라서 순방향 반응 속도와 역방향 반응 속도의 차이는 음극 및 양극 반응으로 인한 순전류 밀도에 해당한다.

그림 3.3은 음극 근처의 일반적인 제어 부피를 보여준다. 순방향 반응을 위해 전극과 전해질 사이의 계면 단위 면적에 질량 균형을 적용하면 벌크 전해질에서 전극으로의 O 종의 전달 속도가 순방향 반응에서 O의 소비 속도와 같다는 것을 나타낸다. 따라서 음극 반응으로 인한 전류 밀도(i_c)는 다음과 같이 쓸 수 있다.

$$\frac{i_c}{n_e F} = K_c c_O = TB_c \exp\left(\frac{-\Delta g_c}{RT}\right) c_O \tag{3.10}$$

여기서 B_c는 음극 반응의 지수 인자, T는 절대 반응 온도, R은 보편 기체 상수, Δg_c는 양극 반응 중 특정 깁스 함수의 변화, c_O는 양극 반응에 대한(O) 반응물 농도이다. 방정식 (3.10)은 일차 화학 반응에 대한 식과 유사하다는 점을

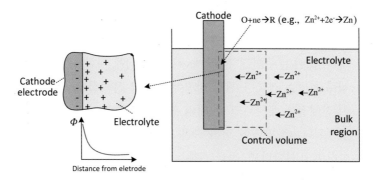

그림 3.3 전해질에 배치된 양극에 인접한 전위 프로파일 및 제어 부피.

유의하자.

순방향 반응과 역방향 반응 모두 반응이 시작되고 진행되기 위해 넘어야 하는 에너지 장벽이 존재한다. 이는 전이 상태 이론으로 설명할 수 있으며, 반응의 완료 정도에 대한 위치 에너지를 그래프로 나타낸 것으로 설명할 수 있다 (그림 3.4 참조). 순방향 반응의 경우, 반응물은 에너지 장벽에 해당하는 곡선의 피크를 통과해야 한다. 이 에너지 장벽(또는 작용 에너지)은 반응물의 깁스 함수와 곡선 피크에 위치한 활성화된 복합체의 차이와 같다. 마찬가지로 역반응의 경우 생성물의 깁스 함수와 활성화된 착물의 차이는 극복해야 하는 에너지 장벽에 해당한다.

양극 반응 중 특정 깁스 함수의 변화는 다음과 같이 표현할 수 있다.

$$\Delta g_c = \Delta g_{a,c} + \beta n_e F \Delta \Phi \tag{3.11}$$

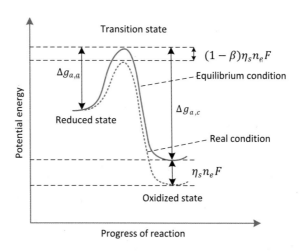

그림 3.4 기본 전하 전달 과정에 대한 에너지 전위 곡선($O + n_e e^- \rightleftharpoons R$). 실선은 실제 조건에서 적용된 전위($\Delta \Phi$)와 관련이 있고 점선은 평형 전위($\Delta \Phi_{eq}$)에 해당.

여기서 $\Delta_{ga,c}$는 음극 반응에 대한 활성화의 특정 깁스 함수이고, n_e는 전달된 전자의 수이며, F는 패러데이 상수이다. $\Delta\Phi$는 전극과 전해질 사이의 전위차이며, 이는 주어진 전극(예: 기준 전극)에 대한 전위로 근사화할 수 있다. 실제로 전위는 전극-전해질 계면에서 벌크 전해질로 이동하면서 감소한다. 전극이 전해질에 배치되면 두 개의 평행한 전하층이 전극과 전해질의 측면 경계에 생성된다. 이 평행한 전하 층을 전기 이중층이라고 한다(그림 3.3 참조). 단순화하여 표현한다면, 전극/전해질 계면을 커패시터로 간주할 수 있다.

방정식 (3.11)의 매개변수 β는 대칭 계수이며, 일반적으로 0과 일률 사이에서 변화하지만 일반적으로 0.5의 값을 갖는다. 음극 및 양극 반응에 대한 전이 계수(각각 α_a 및 α_c)는 대칭 인자 β의 관점에서 다룰 수 있는 또 다른 운동 변수이다.

$$\alpha_a = 1 - \beta \tag{3.12}$$

$$\alpha_c = \beta \tag{3.13}$$

개념적으로 대칭 인자는 반응 방향을 다른 방향보다 선호하는 전위차에 의해 형성된 전기장이 어떻게 작용하는지에 대해서 나타낸다. 식 (3.11)에서 $\beta n_e F \Delta\Phi$는 전기장을 극복하기 위해 O 종에 의해 수행되는 작업을 나타낸다. 이 반응에 대한 전기장($O + n_e e^- \rightarrow R$)은 양극으로 향하는 O의 움직임의 반대 방향으로 움직인다. 따라서 식 (3.11)을 식 (3.10)에 대입하면 다음과 같은 식이 나온다.

$$\frac{i_c}{n_e F} = TB_c \exp\left(-\frac{\Delta g_{a,c}}{RT}\right) \exp\left(-\frac{\beta n_e F \Delta\Phi}{RT}\right) c_O = k_c \exp\left(-\frac{\beta n_e F \Delta\Phi}{RT}\right)$$

$$\tag{3.14}$$

여기서 k_c는 양극반응의 율속 상수를 나타내며, 이는 아레니우스 방정식에 의해 해석될 수 있다(즉, $k_c = TB_c \exp(-\Delta_{ga,c}/RT)$). 마찬가지로 음극에서 산화가 발생하는 역방향 반응의 경우 음극 반응으로 인한 전류 밀도는 R 종의 소비 속도와 같다. 따라서 음극 반응(i_a)에서 발생하는 전류 밀도는 다음과 같이 표현할 수 있다.

$$\frac{i_a}{n_e F} = K_a c_R = TB_a \exp\left(\frac{-\Delta g_a}{RT}\right) c_R \tag{3.15}$$

여기서 Δg_a는 음극반응 중 특정 깁스 함수의 변화, B_a는 음극반응의 지수 계수, c_R은 음극반응에 대한 반응물(R)의 농도를 나타낸다. Δg_a는 다음과 같이 표현할 수 있다.

$$\Delta g_a = \Delta g_{a,a} - (1 - \beta)n_e F \Delta \Phi \tag{3.16}$$

여기서 $\Delta g_{a,a}$는 음극반응에 대한 특정 활성화 깁스 함수로 정의할 수 있다. 오른쪽의 두 번째 항 앞에 음의 부호가 있는 것은 전기장이 반응물 R 종의 이동을 음극에서 전해질쪽으로 시키는 것을 의미한다. 이는 Δg_a의 값을 감소시키는 것을 의미하며, 식 (3.15)를 식 (3.16)에 대입하면 다음과 같은 식이 나온다.

$$\frac{i_a}{n_e F} = T B_a \exp\left(-\frac{\Delta g_{a,a}}{RT}\right) \exp\left(-\frac{(1-\beta)n_e F \Delta \Phi}{RT}\right)c_O$$
$$= k_a \exp\left(-\frac{(1-\beta)n_e F \Delta \Phi}{RT}\right) \tag{3.17}$$

여기서 k_a는 음극반응의 율속 상수를 나타내며, 이는 아레니우스 방정식에 의해 대략적으로 표현할 수 있다(즉, $k_a = T B_a \exp(-\Delta g_{a,a}/RT)$).

가역 반응 조건의 경우, 동일한 수의 이온과 전자가 전해질과 전극을 통과하므로 동일한 수의 반응물이 생성물로 변환되거나 그 반대의 경우도 마찬가지가 된다. 이는 또한 음극 및 양극 반응과 관련된 전류 밀도가 동일하다는 것을 의미한다[즉, 순 전류 밀도가 0인 조건(개방 회로 조건)]. 가역적 조건에서 전극과 전해질 계면 사이의 전위차는 평형(또는 가역적) 전위 $\Delta \Phi_{eq}$로 나타낸다. 이 조건에 해당하는 전류 밀도는 교환 전류 밀도 i_0로 알려져 있으며 다음과 같이 쓸 수 있다.

$$i_0 = i_a = i_c \tag{3.18}$$

식 (3.14), (3.17), (3.18)을 사용하면 평형 전위를 다음과 같이 구할 수 있다.

$$k_a \left(\exp\left(\frac{(1-\beta)}{RT} n_e F \Delta \Phi_{eq}\right) \right)c_R = k_c \left(\exp\left(\frac{(-\beta)}{RT} n_e F \Delta \Phi_{eq}\right) \right)c_O \tag{3.19}$$

위의 방정식을 다시 정리하면 다음과 같다.

$$\Delta \Phi_{eq} = E_{eq} = \frac{RT}{n_e F} \ln\left(\frac{k_c c_O}{k_a c_R}\right) \tag{3.20}$$

식 (3.20)을 식 (3.14), (3.17), (3.18)에 대입하면 다음과 같이 교환 전류 밀도를 구할 수 있다.

$$i_0 = nF k_a^\beta k_c^{1-\beta} c_R^\beta c_o^{1-\beta} \tag{3.21}$$

교환 전류 밀도 i_0는 온도, 반응물 및 생성물 농도, 전극-전해질 계면의 특성에 따라 달라진다. 일반적으로 교환 전류 밀도는 10^{-7} mA/cm^{2}에서 1 mA/cm^2 사이이다.

과전위가 존재하는 셀의 실제 작동에서 음극 반응과 양극 반응의 속도는 동일하지 않으므로 순 전류 흐름이 발생한다($i \neq 0$). 따라서 음극반응과 양극반응으로 인한 순 전류 밀도는 다음과 같이 쓸 수 있다.

$$\frac{i}{n_e F} = \frac{1}{n_e F}(i_a - i_c)$$
$$= \left(k_a\left(\exp\left(\frac{(1-\beta)}{RT}n_e F\Delta\Phi\right)\right)c_R\right)$$
$$-\left(k_c\left(\exp\left(\frac{(-\beta)}{RT}n_e F\Delta\Phi\right)\right)c_O\right) \tag{3.22}$$

비평형 상태의 경우, 과전위는 산화 속도를 증가시키고 산화 상태 에너지 레벨을 감소시켜 환원 속도를 감소시킨다(그림 3.4 참조). 실제로 양극 방향의 활성화 에너지가 증가하게 된다. 전극과 전해질 사이의 전위차는 평형 전위차 $\Delta\Phi_{eq}$와 과전위 η_s로 다음과 같이 쓸 수 있다.

$$\Delta\Phi = \Delta\Phi_{eq} + \eta_s \tag{3.23}$$

전지의 실제 작동 조건에서 어떤 일이 일어나는지 이해하려면 Zn → Zn^{2+} + 2e$^-$의 산화 반응이 일어나고 전류가 전지를 통과하는 음극을 생각해 보라. 이러한 상황에서 전극 부근의 전위 강하가 $\Delta\Phi_{eq}$에서 비가역성으로 인해 전류 밀도가 증가함에 따라 더 양의 값이 된다. 마찬가지로 양극에서는 연속적인 전류가 흐르면서 Zn^{2+} + 2e → Zn의 지속적인 환원 반응은 전극 근처의 전위 강하가 $\Delta\Phi_{eq}$에서 더 많은 음의 값($\Delta\Phi$)을 가지며 비가역성을 갖는다. 또한 전류 밀도가 증가함에 따라 더 음의 값이 된다. 따라서 전류가 셀을 통과할 때 실제 전위 강하의 절대값은 과전위로 인해 항상 절대 평형 전위보다 크게 된다 (즉, $|\Delta\Phi| > |\Delta\Phi_{eq}|$). 또한 표면 과전위는 음극 반응에는 양수이고 양극 반응에는 음수라는 결론을 내릴 수 있다.

그림 3.4에서는 비가역 전위 $\Delta\Phi$를 적용하면 산화 상태 에너지 레벨이 음극 방향의 경우 $\Delta g_{a,a}$에서 Δg_a로, 양극 방향의 경우 $\Delta g_{a,c}$에서 Δg로 어떻게 변화하는지 보여준다. 실제로 음극 방향의 활성화 에너지는 $\beta\eta_s n_e F$만큼 증가하고 양극 방향의 활성화 에너지는 $(1-\beta)\eta_s n_e F$ 만큼 감소한다.

과전위는 음극반응의 진행을 돕고 양극반응을 억제한다는 다음 사항에 주목하면 이를 더 잘 이해할 수 있다.

평형 전위와 표면 과전위 측면에서 식 (3.22)를 작성할 수 있다(즉, $\Delta\Phi = \Delta\Phi_{eq} + \eta_s$). 이렇게 하면 다음과 같은 결과가 나온다.

$$\frac{i}{n_e F} = k_a \left(\exp \left(\frac{1-\beta}{RT} n_e F \left(\Delta\Phi_{eq} + \eta_s \right) \right) \right) c_R \\ - k_c \left(\exp \left(\frac{-\beta}{RT} n_e F \left(\Delta\Phi_{eq} + \eta_s \right) \right) \right) c_O \tag{3.24}$$

평형 전위 식 (3.20)을 위의 방정식에 대입하면 다음과 같은 결과가 나온다.

$$\frac{i}{n_e F} = k_a \left[\exp \left(\frac{1-\beta}{RT} n_e F \eta_s + \alpha_a \ln \left(\frac{k_c c_O}{k_a c_R} \right) \right) \right] c_R \\ - k_c \left[\exp \left(\frac{-\beta}{RT} n_e F \eta_s - \alpha_c \ln \left(\frac{k_c c_O}{k_a c_R} \right) \right) \right] c_O \tag{3.25}$$

식 (3.25)를 교환 전류 밀도 식(식 3.21)으로 수정하면 순 전류 밀도에 대한 다음 식이 산출된다.

$$i = i_0 \left(\exp \left(\frac{1-\beta\eta_s n_e F}{RT} \right) - \exp \left(\frac{-\beta\eta_s n_e F}{RT} \right) \right) \tag{3.26}$$

이 방정식은 전류 밀도와 과전위 사이의 관계를 제공하며 Butler-Volmer 방정식이라고도 한다. 이 방정식의 교환 전류 밀도 i_0는 화학동역학에서의 반응 속도 상수와 유사하다. i_0를 결정하는 한 가지 방법은 특정 유형의 반응물, 생성물, 전극 및 전해질에 대한 실험 데이터를 기반으로 얻을 수 있는 η_s에 대한 $\ln(i)$의 그래프를 사용하는 것이다.

3.4 농도 과전위

배터리의 충전 또는 방전 작동 중에는 질량, 운동량 및 전하의 이동과 열 및 일의 이동이 동시에 발생하게 된다. 이러한 각 메커니즘의 속도는 배터리 성능에 큰 영향을 미친다. 이러한 전달 과정을 설명하는 데 사용되는 수학적 공식은 이러한 모든 현상을 동시에 고려할 때 복잡해진다. 이 장에서는 배터리 셀 내의 전달 과정과 그에 따른 농도 분극에 대해 간략하게 설명하겠다.

이전 장에서는 표면 과전위에 대한 식을 도출하기 위해 전류 밀도에 따라 종의 농도가 변하지 않는다고 가정했다. 그러나 실제 배터리 작동 시 전해질의 여러 부분에 농도 구배가 존재하게 된다. 이러한 농도 구배는 배터리에서 상대적으로 많은 양의 전류가 추출될 때 벌크 전해질의 농도에 비해 전극 근처의 종의 농도가 낮기 때문에 발생하는 경우가 많다. 이러한 농도 차이는 반응물 또는 생성물 종의 질량 전달 제한과 관련이 있으며, 배터리 작동 시 전위 손실을 유발할 수 있다. 따라서 배터리에서 추출할 수 있는 전류에 대한 상한선이 있어야 한다. 이러한 배터리 셀에서 추출할 수 있는 최대 전류를 제한 전류 밀도라고 한다. 제한 전류 밀도는 전해질 유형, 전극 및 상호 작용하는 종의 확산도에 따라 달라지게 된다. 전해질에서 농도 구배의 다른 가능한 원인은 낮은 확산도와 전기화학 반응 속도를 감소시키는 종의 낮은 이동성이다. 이는 반응 및 생성물 종들이 반응 부위에 도달하기 어렵거나 반응 부위에서 멀어지는 농도 편광 현상의 주된 이유이다. 다음에서는 다양한 유형의 이동에 대해 설명한 다음, 이 현상으로 인한 농도 분극에 대해 설명하겠다.

3.4.1 배터리 셀에서의 이동 현상

도체에 전위차를 가하여 전자 이동의 원동력을 만드는 것과 마찬가지로, 이온이 포함된 용액에 전기장을 가하면 이온의 흐름에 원동력이 생기게 된다. 이러한 이온의 흐름 또는 이온 전류는 이온 용액에서 하전된 모든것 흐름의 합으로 설명할 수 있다. 즉,

$$i = \sum_i F z_i j_i \qquad (3.27)$$

여기서 i는 이온 용액의 전류 밀도, F는 패러데이 상수, z_i는 종 i의 전하, j_i는 종 i의 몰 흐름 밀도를 나타낸다. 전해질에서 이온의 이동은 이동, 확산 및 대류의 형태가 될 수 있다. 이동은 부과된 전기장에 의한 전해질 내 이온의 이동을

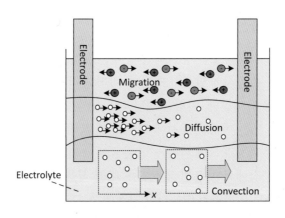

그림 3.5 이동, 확산 및 대류에 의한 배터리 셀의 물질 이동.

의미하며, 확산은 농도 구배에 의한 이온의 이동(종은 고농도 영역에서 저농도 영역으로 확산)을 의미하며 대류는 벌크 유체의 움직임(그림 3.5 참조)을 나타낸다.

순 이온 흐름은 이 세 가지 유형의 움직임을 합한 것이다.

이동으로 인한 이온 i의 몰 흐름 밀도를 이동 흐름 밀도라고 하며 다음과 같이 표현할 수 있다.

$$j_{i,Migration} = -Fz_i u_i c_i \nabla \Phi \tag{3.28}$$

여기서 u_i는 이온 i의 속도, c_i는 종 i의 농도, $\nabla \Phi$는 전위의 기울기이다. 따라서 이동에 의한 전류 밀도는 다음과 같이 쓸 수 있다.

$$i_{Migration} = -\left(F^2 \sum_i z_i^2 u_i c_i \right) \nabla \Phi \tag{3.29}$$

여기서 괄호 안의 양은 이온 전도도 κ로 표현되며 하전된 종의 이동성을 나타낼 수 있으며, $\kappa = F^2 \sum_i z_i^2 u_i c_i$로 표현한다. 앞에서 언급했듯이, 이온의 흐름은 전해질에 이온 전류를 생성한다. 이는 각 이온은 용액 내 전류의 일부분을 운반하여 이온전류에 기여한다는 것을 의미한다. 전류의 일부를 전달하여 이온전류에 기여하는데 이를 전이 수(tr)라고 한다. 이온 i의 전이 수는 다음과 같이 표현할 수 있다.

$$tr_i = \frac{Fz_i j_i}{i} = \frac{Fz_i j_i}{\sum_i Fz_i j_i} \tag{3.30}$$

이온의 이동 수의 차이는 이온의 전기적 이동성의 차이에서 비롯된다. 이온의 전기적 이동도는 전기장에 반응하여 용액에서 빠르게 이동하는 능력을 반영한다. 이동에 따른 이온의 흐름은 선이 수에 비례한다.

용액/전해질에 있는 모든 이온에 대한 전이 수의 합은 항상 일치한다. 이동과 관련된 몰 흐름은 전이 수 측면에서 다음과 같이 쓸 수 있다.

$$j_{i,Migration} = \frac{tr_i}{Fz_i} i \tag{3.31}$$

전하를 띠는 어떤종이 전극을 향해 이동하면 전해질 전체에 농도 구배가 생성된다. 실제로 이온의 전이 수치가 1보다 작다는 것은 전해질에 다른 이온으로부터의 흐름이 일부 존재한다는 것을 의미한다. 이러한 흐름은 확산 현상의 원동력인 농도 구배를 생성하게 된다. 확산으로 인한 이온 i의 몰 흐름 밀도는 종 i의 확산 계수(D_i)와 종 i로 인한 농도 구배(∇c_i)로 다음과 같이 나타낼 수 있다.

$$j_{i,Diffusion} = -D_i \nabla c_i \tag{3.32}$$

따라서 확산으로 인한 전류 밀도는 다음과 같이 쓸 수 있다.

$$i_{Diffusion} = -\sum_i Fz_i D_i \nabla c_i \tag{3.33}$$

전이율(Trasnference number)은 농도 구배가 없을 때 이온의 이동을 통해 전달되는 전류의 일부로 정의된다는 점에 유의해야 한다. 즉, 전해질을 가로질러 이동하는 이온의 통과가 농도 구배가 형성되기 전에 중단되면 이온의 전달은 확산이 아닌 이동(부과된 전기장으로 인한 이동)에 의한 것일 뿐이다. 따라서 전이율이 높을수록 농도 구배가 낮아진다. 높은 전이율은 충전 또는 방전 중에 전극 표면 부근에 이온이 축적(농도 편광)되는 것을 완화한다는 점에 주목할 필요가 있다.

앞서 언급했듯이, 벌크 용질의 이동을 대류라고 한다. 대류로 인한 이온 i의 몰 흐름 밀도는 벌크 유체의 속도(v)와 이온 i의 농도(as)를 기준으로 구할 수 있다.

$$j_{i,Convection} = c_i v \tag{3.34}$$

따라서 대류와 관련된 전류 밀도는 다음과 같이 쓸 수 있다.

$$i_{Convection} = -\sum_i Fz_i c_i v \tag{3.35}$$

용액은 전기적으로 중성이므로 모든 음이온과 양이온 농도의 합은 0이다 (즉, $\sum_i c_i z_i = 0$). 따라서 중성 용액에서의 대류 이동 과정은 이온 전류를 생성하지 않는다. 그러나 벌크 용액의 이동은 용액의 혼합을 초래하고 결과적으로 용액의 농도 분포에 영향을 미친다. 예를 들어, 힘 또는 자유 대류를 통한 벌크 용액의 이동은 반응하는 이온을 전극 표면으로 효과적으로 유도할 수 있다.

전해질의 총 전류 밀도는 이동, 확산 및 대류로 인한 전류 밀도를 합한 값이다. 즉,

$$i = -\left(F^2 \sum_i z_i^2 u_i c_i\right) \nabla \Phi - \sum_i Fz_i D_i \nabla c_i - \sum_i Fz_i c_i v \tag{3.36}$$

전해질의 이동 현상은 전기 전도도(κ), 이온의 확산 계수 및 이온의 전이율

과 같은 세 가지 이동 특성으로 특정 지을 수 있다. 또한 이온의 확산 계수와 전이율은 농도의 세기를 결정하고 전기전도도는 내부(옴) 저항을 결정하게 된다. 주변 온도에서 용액의 확산 계수는 일반적으로 10^{-5} cm^2/s 정도이다

전해질이 전기적으로 중성이고 농도 구배가 존재하지 않는 경우 식 (3.36)의 마지막 두 항은 0이 되고 식은 다음과 같이 이온 전도도를 기반으로 하는 옴의 법칙으로 축소될 수 있다.

$$i = -\left(F^2 \sum_i z_i^2 u_i c_i \right) \nabla \Phi = -\kappa \nabla \Phi \tag{3.37}$$

전기적으로 중성인 전해질 내에 농도 구배가 있는 경우 전위의 구배는 다음에 해당하게 된다.

$$\nabla \Phi = -\frac{i}{\kappa} - \frac{F}{\kappa} \sum_i z_i D_i \nabla c_i \tag{3.38}$$

이 식은 전류 밀도가 없는 경우에도 농도 차로 인한 확산 차로 인해서 전해질에 전위차가 있음을 나타낸다(즉, $F/\kappa \sum z_i D_i \nabla c_i$). 농도 구배가 존재하는 용액에서 두 점 사이의 전위차는 농도 차이에 기인한다. 농도 구배로 인한 이 전위차를 농도 과전위라고 지칭한다. 농도 과전위는 벌크 전해질과 전극 표면의 반응물과 생성물 사이에 농도 차이가 있을 때 전기화학 셀에서 발생하게 된다. 그림 3.1에서 농도 과전위는 작동 전극 근처에 위치한 두 기준 전극과 벌크 영역에 위치한 두 기준 전극 사이의 전위 차이와 동일한 것으로 보인다. 식 (3.38)을 확산 전위의 형태로 수정하고 전극 표면에서 벌크 영역까지 합하여 농도 과전위를 구할 수 있다. 즉,

$$\eta_c = E_{conc} + \int_0^{bulk} \left(\frac{1}{\kappa} - \frac{1}{\kappa_{bulk}} \right) i_x dx \tag{3.39}$$

여기서 η_c는 농도 과전위이고 x는 벌크 전해질로부터의 거리이다. 이 식의 오른쪽에 있는 첫 번째 및 두 번째 항은 농도에 따른 전도도의 변화와 관련된 확산 전위 및 과전위를 설명한다. 용어 E_{conc}는 균일하지 않은 농도의 용액(배터리의 전해질)에 걸친 전위차를 나타낸다. 이 전위차는 확산 전달만 허용하기 위해 다공성 매질로 분리된 용액의 두 지점 사이의 농도 차이의 유일한 효과를 설명한다(그림 3.6 참조). 실제로 E_{conc}는 인접한 용액의 농도만 다른 두 전극 사이의 전류 흐름을 방지하기 위해 적용되는 전위에 해당한다.

E_{conc}는 다음식으로 나타낼 수 있다.

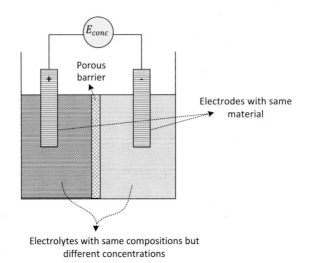

그림 3.6 전위차가 동일한 조성을 가진 두 전해질 사이의 농도 차이로 인한 농도전지.

$$E_{conc} = \frac{RT}{F} \sum_i \ln \frac{(c_i{}^{\nu_i}\gamma_i{}^{\nu_i})_{bulk}}{(c_i{}^{\nu_i}\gamma_i{}^{\nu_i})_0} + \frac{RT}{F} \int_0^{bulk} \sum_i \frac{tr_j}{z_j} \frac{\partial \ln c_j\gamma_{j,n}}{\partial x} dx \quad (3.40)$$

여기서 γ_i는 종 i의 활성화 계수이고, j는 상 지표이다. 이 방정식의 첫 번째 항은 농도에 따라 달라지는 Nernst 방정식(식 2.32)의 농도 종속 항에 해당하며, 이를 사용하여 평형 전위를 결정하는데 사용 할 수 있다. 식 (3.40)을 Nernst 방정식과 비교하면 평형 전위는 평형 상태의 생성물과 반응물의 농도에 따라 달라지는 반면, 식 (3.40)은 불균일 용액의 농도 차이로 인해 발생하는 확산 전위를 추가로 설명한다는 것을 알 수 있다. 실제로 식 (3.40)의 항은 상 j와 접합 영역(상 사이의 경계)에서 농도 구배로 인한 확산 전이차로 인한 비가역성을 보여준다.

3.5 Ohmic 과전압

방정식 (3.3)의 마지막 항(즉, η_{ohm})은 전류 흐름에 대한 저항으로 인해 발생하는 과전위를 나타낸다. 전기 저항은 배터리 셀을 통한 전자 전류 및 이온 전류의 통과로 인해 발생하게 된다. 전자 전류는 음극에서 방출되는 전자가 셀의 구성 요소와 외부 회로 사이의 인터페이스를 통해 통과하는 것과 관련이 있다. 이 전자 전류의 통과는 전압의 손실로 이어지며 손실 크기는 셀에서 추출되거나 셀에 삽입되는 전자 전류의 정도와 관련이 있다. 반면에 이온 전류는 전해질을 통한 이온 및 중성 종의 통과와 관련이 있다. 전해질의 흐름에 대한 전해질의 저항은 배터리 셀의 전압에 또 다른 손실을 초래한다. 적절하게 설계된 배터리 셀의 경우 옴 손실의 주요 원인은 종종 전해질의 이온 저항으로부터 나온다.

전자 전류의 통과와 관련된 옴 손실은 다음과 같이 쓸 수 있다.

$$\eta_{ohm,e} = -\frac{I}{\sigma} \tag{3.41}$$

여기서 $\eta_{ohm,e}$는 전자 전류와 관련된 옴 과전위, I는 셀에서 끌어온 총 전류, σ는 전극의 전자전도도 이다.

전기장의 영향을 받는 균일한 전해질에서 이온의 흐름이 다음과 같이 주어진 방정식 (3.29)를 떠올려 보자.

$$i = -\kappa \nabla \Phi \tag{3.42}$$

여기서 κ는 이온 전도도이다. 이 식은 배터리 셀의 이온 저항을 평가하는 데 사용할 수 있다. 이온 저항은 배터리 셀의 기하학적 구조에 따라 달라진다. 예를 들어, 전류가 반경 방향으로만 흐르는 원통형 배터리의 경우(그림 3.7 참조) 식 (3.42)를 다음과 같이 작성할 수 있다.

$$i(r) = -\kappa \frac{d\Phi}{dr} \tag{3.43}$$

이 원통형 배터리에서 추출(또는 삽입)되는 전류 밀도 i와 총 전류 I 사이의 관계는 배터리 높이(H)를 기준으로 다음과 같이 표현할 수 있다.

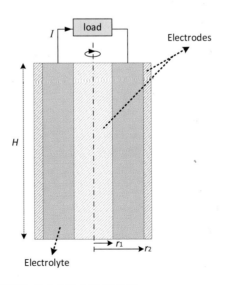

그림 3.7 직립형 원통형 배터리의 수직 단면도.

$$i(r) = \frac{I}{2\pi rH} \tag{3.44}$$

식 (3.44)를 식 (3.43)에 대입하면 이온 전류의 통과로 인한 배터리 셀의 총 전위 손실이 산출된다. 즉,

$$\Phi(r_2) - \Phi(r_1) = \eta_{ohm,i} = -\frac{I}{2\pi rH\kappa} \ln \frac{r_2}{r_1} \tag{3.45}$$

여기서 $\eta_{ohm,i}$는 이온 흐름 저항과 관련된 옴 과전위이다. 이 식에서 옴 과전위는 전해질의 일정한 이온 전도도(κ)에 대해 평가된다. 그러나 농도에 따른 이온 전도도 변화의 영향은 농도 과전위 식(식 3.39)에서 설명되었다. 식 (3.45)에서 볼 수 있듯이 셀 형상 외에도 이온 전도도가 옴 과전위에 영향을 미친다. 실제로 이온 전도도가 높을수록 이온 저항이 낮아지게 된다. 따라서 적절한 전해질을 선택하는 것은 이온을 효과적으로 전달하여 배터리 셀의 전위 손실을 낮추기 때문에 중요하다.

3.6 배터리 셀 성능

이 장에서는 배터리 셀의 전기화학적 모델에 대해 설명한다. 그림 3.8은 전극과 주변 전도성 전해질을 포함한 배터리 하프셀의 전위 및 반응물 농도 프로파일을 간략하게 보여준다. 또한 하프셀에서 표면, 농도 및 옴 과전위(η_s, η_c, η_{ohm})가 발생하는 영역이 그림 3.8에 나와 있다.

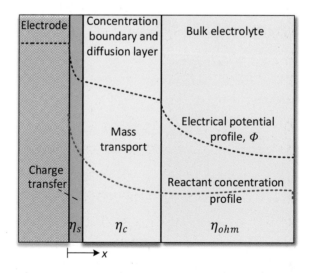

그림 3.8 전극과 주변 전도성 전해질을 포함한 배터리 하프셀의 전위 및 반응물 농도 프로파일과 과전위 영역.

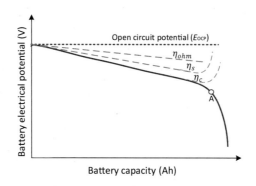

그림 3.9 방전 중 배터리 셀의 일반적인 전위-용량 관계.

배터리 셀의 성능은 다양한 성능 지표를 정의하여 평가할 수 있다. 일반적으로 사용되는 성능 지표 중 하나는 에너지 효율로, 실제 조건에서 방전 중 전달되거나 충전 중에 필요한 배터리 네트워크와 이상적인 조건에서 동일한 양을 비교하는 것이다. 앞서 과전위로 인한 비가역성이 없는 평형 조건에서 셀 전위를 평형(또는 가역) 전위(E_{eq})라고 하며, 이는 개방 회로 전위(E_{ocp})에 해당한다고 지적한 바 있다. 실제로 개방 회로 전위는 해당 상황에서 전기화학적 상호작용이 이상적인(가역적인) 조건에 얼마나 근접해 있는지를 보여준다.

그림 3.9는 방전 중 배터리 셀의 일반적인 전위-용량(방전 중에 배터리가 전달할 수 있는 충전량) 곡선을 보여준다. 이 그래프는 방전 중에 사용되는 충전량에 대한 배터리 전위(전압)의 의존성을 보여준다. 방전이 시작될 때(그림 3.9의 맨 왼쪽) 배터리의 전기 전위는 최대 값이며, 이는 개방 회로 전위와 같다. 특정 지점(예: 지점 A)에서 배터리 셀 전압은 주로 교환 전류 밀도의 큰 감소로 인해 급격히 떨어지기 시작하여 표면 과전위가 크게 증가하게 된다. 따라서 A 지점 근처에서는 농도 분극이 크게 증가하게 된다. 배터리 셀 전압이 감소하는 속도는 배터리 전극 및 전해질 구성에 사용되는 재료의 유형에 따라 다르다. 그림 3.9에서 옴, 표면 및 농도 과전위가 배터리의 전위를 개방 회로 전위에서 실제 전위로 감소시키는 것을 볼 수 있다.

옴 과전위는 방전 시 전류에 따라 선형적으로 증가한다.

결과적으로 배터리가 역방향으로 작동하는 이상적인 조건에서는 셀 전위가 개방 회로 전위와 동일하다. 따라서 배터리의 일 출력은 방전 중에 최대가 되고 일 입력은 충전 중에 최소가 된다. 방전 중 실제 배터리의 에너지 효율(η_{energy})은 배터리로의 전체 출력과 가역적 일의 비율로 정의할 수 있다. 즉,

$$\eta_{energy,discharge} = \frac{\int IEdt}{\int IE_{ocp}dt} = \frac{\int \left(IE_{ocp} - \eta_s - \eta_c - \eta_{ohm}\right)dt}{\int IE_{ocp}dt} \tag{3.46}$$

마찬가지로 충전 모드에서 배터리의 에너지 효율은 배터리에 입력된 일의 양과 실제 배터리에 입력된 일의 양에 대한 가역적 비율로 표현할 수 있다.

$$\eta_{energy,charge} = \frac{\int IE_{ocp}dt}{\int IEdt} = \frac{\int IE_{ocp}dt}{\int \left(IE_{ocp} - \eta_s - \eta_c - \eta_{ohm}\right)dt} \tag{3.47}$$

배터리의 전기화학적 연구는 셀의 두께(전해질 및 전극 두께 포함)를 통해 1차원에서 합리적인 정확도로 수행할 수 있는데, 이는 이 두께가 셀의 다른 두 차원보다 훨씬 작기 때문이다. 그림 3.10은 배터리의 각 셀이 양극과 음극, 그리고 그 사이에 분리 물질의 세 가지 층으로 구성된 각형 배터리 시스템을 보여준다. 단일 셀의 층 두께는 수십 마이크로미터 수준인 반면, 셀의 폭과 높이는 수십 센티미터 수준이다. 따라서 셀의 두께에 걸쳐 1차원 전기화학 모델을 사용하면 3차원 모델을 사용할 때보다 오차가 적게 된다.

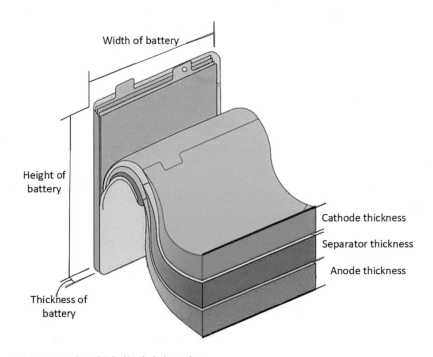

그림 3.10 프리즘형(각형) 배터리 모식도.

최근 몇 년 동안 다양한 유형의 배터리 시스템에 대한 전기화학적 분석에 대한 수많은 연구가 진행되었다. 이러한 연구를 통해 열 발생 측면에서 전지의 열 거동과 배터리의 전기적 성능에 대한 온도 영향을 파악할 수 있다. 예를 들어, 리튬 이온 배터리의 열 거동은 Galatro et al. (2020)에서 포괄적으로 논의하고 있다. 또한 Dees et al. (2002)은 리튬 폴리머 배터리의 전기화학적 모델링을 수행했다. Li et al. (2019)은 불균일한 농도 분포 효과를 고려한 리튬 이온 배터리에 대해 유사한 연구를 수행했다. 또한 Al-Zareer et al. (2017, 2019, 2020)은 리튬 이온 배터리의 열 성능 관리 시스템에 대한 전기화학적 분석 및 평가를 수행했다. 원통형 리튬 이온 배터리의 열전도율은 전기화학 모델을 사용하여 배터리 작동 전위와 발열량을 결정하기 위해 Al-Zareer et al. (2021)에 의해 논의되었다. Yin et al. (2019)은 리튬 이온 배터리의 전기화학적 모델을 기반으로 부반응도 고려한 새로운 충전 방법을 제안했다. Mei et al. (2019)은 설계 매개변수가 배터리 성능에 미치는 영향을 연구했다. 또한 전기화학적-열적 결합 모델을 기반으로 최적화를 수행했다. Wu et al. (2018)은 리튬 이온 배터리의 설계에 인공 신경망 접근법을 적용했다. 그 외에도 재생 에너지 기반 배터리 시스템에 대한 많은 성능 평가도 보고되었다(Taslimi et al., 2021; Cai et al., 2020; Rosen and Farsi, 2022; Dehghan Abnavi et al., 2019; Zhang et al., 2018).

3.7 마무리

이 장에서는 배터리 셀의 전기화학적 모델을 제시하고 설명하였다. 전기화학 모델을 사용하면 전하 및 질량 전달 과정뿐만 아니라 전기화학 반응의 비가역성으로 인한 과전위의 원인을 결정할 수 있다. 표면 과전위는 전기화학 반응 중 전위 손실의 개념을 설명하면서 자세히 선명히었다. 또한 농도 과전위에 대해 설명하여 전위 손실에서 확산의 영향을 명확히 하였다. 옴 손실은 각각 전자와 이온의 흐름에 대한 전자 저항과 이온 저항으로 설명된다. 배터리의 과전위가 셀 전위를 어떻게 감소시키는지 보여주었다. 마지막으로 배터리 시스템의 성능은 가역적 조건에서의 성능에 얼마나 근접하는지에 따라 정의되었다. 배터리에 대한 전기화학적 연구는 배터리에 적합한 재료를 설계하고 개발하는 데 통찰력을 제공할 수 있다.

학습질문

3.1. 배터리 셀의 전위, 평형 전위, 과전위의 차이점은 무엇인가?

3.2. 배터리 셀의 표면 과전위를 정의하라. 이 과전위가 존재하는 주된 이유를 나열하고 설명하라.

3.3. 배터리 셀의 농도 과전위를 정의하라. 이 과전위가 존재하는 주된 이유를 나열하고 설명하라.

3.4. 배터리 셀의 옴 과전위를 정의히리. 이 과전위가 존재하는 주된 이유를 나열하고 설명하라.

3.5. 배터리 셀에서 세 가지 물질 이동 방법은 무엇인가 설명하라.

3.6. 양극 또는 음극에서 벌크 전해질로 이동할 때 배터리 셀에서 반응물 농도와 전위는 어떻게 변하는가?

3.7. 배터리 셀의 에너지 효율을 설명하라. 에너지 효율은 배터리 셀의 비가역성과 어떤 관련이 있는가?

3.8. 배터리 셀에서 일어나는 산화 및 환원 반응에서 전자의 어떻게 변화하는지 설명하라. 양극에 양의 전위를 가하면 전자의 에너지가 증가하거나 감소하는가? 왜 그런지 설명하라.

3.9. 배터리 셀의 활성화 에너지는 무엇인가? Butler-Volmer 방정식과 어떤 관련이 있는가?

3.10. 방전 중 리튬 이온 배터리에 대해 그림 3.11에 표시된 전위-용량 곡선을 고려하라. 방전 시간은 1시간이다. 설계 지점 B에서 아래의 사항에 맞는 값을 예측하라.

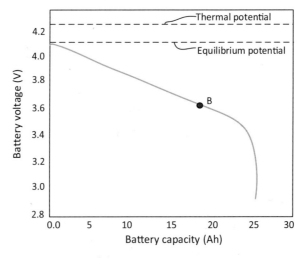

그림 3.11 리튬 이온 배터리의 방전 시 전위-용량 곡선.

- 리튬 이온 배터리가 제공하는 실제 전력량
- 리튬 이온 배터리가 제공할 수 있는 이상적인 전력(즉, 배터리 셀에 과전위가 없는 상태)
- 방전 중 리튬 이온 배터리의 에너지 효율

3.11. 질문 3.10에서 리튬 이온 배터리에서 전기화학 반응에 의해 방출되는 전체 에너지를 어떻게든 전기 에너지로 변환할 수 있다면 4.3 V의 출력 전위에 도달할 수 있다. 이 전위를 열 전위라고 하며 그림 3.11에 나와 있다. 학습질문 3.10에 제공된 데이터를 기반으로 지점 B(그림 3.11에 표시됨)에서 방전 중 리튬 이온 배터리의 열 발생률을 계산하라.

참고문헌

Al-Zareer, M., Dincer, I., Rosen, M.A., 2017. Electrochemical modeling and performance evaluation of a new ammonia-based battery thermal management system for electric and hybrid electric vehicles. Electrochim. Acta 247, 171–182.

Al-Zareer, M., Dincer, I., Rosen, M.A., 2019. A novel approach for performance improvement of liquid to vapor based battery cooling systems. Energy Convers. Manag. 187, 191–204.

Al-Zareer, M., Dincer, I., Rosen, M.A., 2020. A thermal performance management system for lithium-ion battery packs. Appl. Therm. Eng. 165, 114378.

Al-Zareer, M., Michalak, A., Da Silva, C., Amon, C.H., 2021. Predicting specific heat capacity and directional thermal conductivities of cylindrical lithium-ion batteries: a combined experimental and simulation framework. Appl. Therm. Eng. 182, 116075.

Cai, W., Li, X., Maleki, A., Pourfayaz, F., Rosen, M.A., Alhuyi Nazarie, M., Bui, D.T., 2020. Optimal sizing and location based on economic parameters for an off-grid application of a hybrid system with photovoltaic, battery and diesel technology. Energy 201, 117480.

Dees, D.W., Battaglia, V.S., Belanger, A., 2002. Electrochemical modeling of lithium polymer batteries. J. Power Sources 110 (2), 310–320.

Dehghan Abnavi, M., Mohammadshafie, N., Rosen, M.A., Dabbaghian, A., Fazelpour, F., 2019. Techno-economic feasibility analysis of stand-alone hybrid wind/photovoltaic/diesel/battery system for the electrification of remote rural areas: case study Persian Gulf coast-Iran. Environ. Prog. Sustain. Energy 38 (5), 13172.

Farsi, A., Zamfirescu, C., Dincer, I., Naterer, G.F., 2020. Electrochemical transport in CuCl/HCl (aq) electrolyzer cells and stack of the Cu-Cl cycle. J. Electrochem. Soc. 167 (4), 044515.

Galatro, D., Al-Zareer, M., Da Silva, C., Romero, D., Amon, C., 2020. Thermal behavior of lithium-ion batteries: aging, heat generation, thermal management and failure. Front. Heat Mass Transfer 14, 17.

Li, J., Wang, D., Pecht, M., 2019. An electrochemical model for high C-rate conditions in lithium-ion batteries. J. Power Sources 436, 226885.

Mei, W., Chen, H., Sun, J., Wang, Q., 2019. The effect of electrode design parameters on battery performance and optimization of electrode thickness based on the electrochemicalthermal coupling model. Sustain. Energy Fuels 3 (1), 148–165.

Rosen, M., Farsi, A., 2022. Sustainable Energy Technologies for Seawater Desalination. Elsevier, Academic Press, United Kingdom.

Taslimi, M., Ahmadi, P., Ashjaee, M., Rosen, M.A., 2021. Design and mixed integer linear programming optimization of a solar/battery based conex for remote areas and various climate zones. Sustain. Energy Technol. Assess. 45, 101104.

Wu, B., Han, S., Shin, K.G., Lu, W., 2018. Application of artificial neural networks in design of lithium-ion batteries. J. Power Sources 395, 128–136.

Yin, Y., Hu, Y., Choe, S.Y., Cho, H., Joe, W.T., 2019. New fast charging method of lithium-ion batteries based on a reduced order electrochemical model considering side reaction. J. Power Sources 423, 367–379.

Zhang, W., Maleki, A., Rosen, M.A., Liu, J., 2018. Optimization with a simulated annealing algorithm of a hybrid system for renewable energy including battery and hydrogen storage. Energy 163, 191–207.

CHAPTER **4**

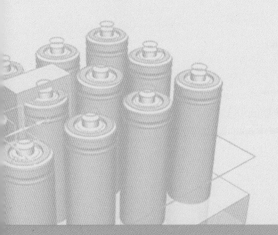

배터리의 열적 거동

목표

- 배터리 시스템의 열 거동을 설명
- 배터리 시스템의 열 거동과 열발생, 노화반응기구, 열고장 및 열 관리 시스템 간의 연관성을 설명
- 배터리 셀의 열–전기화학 결합 모델 개발
- 열–전기화학 결합 모델을 사용하여 배터리 셀 내부의 평균 셀 온도와 온도분포를 결정
- 열 문제가 배터리의 성능과 수명에 미치는 영향에 대한 도전과제와 목표에 대해 설명하고 토론
- 양극과 음극의 주요 분해 메커니즘을 설명하고 토론함
- 다양한 배터리 셀 화학에 대한 온도, 방전/충전 속도 및 충전 상태가 노화에 미치는 영향을 설명하고 토론

기호 명명법

a	surface area per unit volume of porous electrode(m^2/m^3)
C_p	specific heat at constant pressure(J/kgK)
DOD	depth of discharge(%)
E	cell potential(V)
E_{act}	activation energy(J/mol)
E_{eq}	equilibrium potential(V)
E_H	enthalpy potential(V)
$\overline{H}$	species partial molar enthalpy(J/mol)
h_{conv}	convective heat transfer coefficient(W/cm^2 K)
i	current density(A/m^2)
i_n	interfacial current density(A/m^2)
I	cell current(A)
J	molar flux of species(mol/cm^2 s)

k	thermal conductivity(J/cm sK)
P	pressure(Pa)
$\dot{Q}$	heat rate(W)
$\dot{q}$	heat flux(W/cm^2)
R	universal gas constant(8.3143 J/molK)
R_j	homogeneous production rate of species j(mol/cm^3 s)
S	entropy(kJ/K)
SOC	state of charge(%)
T	temperature(K, °C)
T_a	ambient temperature(K, °C)
t	time(s)
v	velocity(m/s)
V_{cell}	cell volume(m^3)
dv	differential volume element of battery system(m^3)
x	direction indicator

Greek letters

v	volume(m^3)
η	overpotential(V)
Φ	electrical potential(V)
ρ	density(kg/m^3)
τ	stress(N/cm^2)
ϕ	general temperature-dependent property
δ	cell thickness(μm)

Subscripts

a	anode
c	cathode
gen	generation
j	phase index
l	reaction number index
s	source
ref	reference
1	solid phase
2	electrolyte phase

Acronyms

LCO	lithium cobalt oxide
LFP	lithium iron phosphate
LMO	lithium manganese oxide
LTO	lithium titanate oxide
NCA	nickel cobalt aluminum oxide
NMC	nickel manganese cobalt
SEI	solid electrolyte interface

4.1 서론

배터리 셀 내부의 열 발생은 전기화학 반응에 대한 저항과 셀 내 종의 이동으로 인해 발생한다. 열 발생은 2장과 3장에 자세히 설명된 대로 배터리 시스템의 열역학 및 전기화학 실험을 통해 분석할 수 있다. 이렇게 생성된 열은 여러 재료와 인터페이스를 통해 전도에 의해 배터리 외부 표면으로 전달되며, 여기서 외부 냉각 유체와의 대류가 발생하여 배터리에서 열을 방출한다. 따라서 배터리의 작동 및 보관 온도는 배터리 시스템의 수명, 성능, 안전성, 궁극적으로 비용에 중요한 역할을 하게 된다. 배터리의 열 거동은 배터리 시스템을 위한 열 관리 시스템의 적용을 필요로 한다. 이 장에서는 배터리 시스템의 주요 열 문제를 살펴봄으로써 배터리 시스템의 열 거동과 발열, 노화 메커니즘, 열 고장 및 열 관리 시스템과의 연관성에 대해 설명한다. 또한 평균 셀 온도와 셀 내부의 온도 분포를 결정할 수 있는 열-전기화학 결합 모델도 제시한다. 또한 열 문제가 배터리의 성능과 수명에 미치는 영향과 관련하여 도전 과제와 기회에 대해 논의하겠다.

4.2 배터리에서의 노화 반응기구(Aging mechanism)

배터리 시스템에서의 노화는 일반적으로 전해질, 전극 및 분리막의 화학적 및 물리적 상호 작용으로 인해 발생하는 성능 저하를 의미한다. 배터리 시스템의 노화는 전력 및 용량 전달 감소(전력 및 용량 감소라고 함)와 내부 저항 증가를 통해 나타난다. 보다 구체적으로, 배터리 시스템의 노화는 이온 교환 프로세스가 전체 용량을 제공하지 못하게 하여 배터리 성능을 저하시킴에 따라 나타나게 된다. 이러한 성능 감소는 일반적으로 시간 경과에 따른 용량 변화와 배터리 상태에 따라 결정된다.

배터리 상태는 배디리 수닝이 시작될 때의 용량과 비교하여 현재 배터리 용량을 나타내는 지표이다. 이 지표는 배터리의 수명을 예측하는 데 사용할 수 있다. 예를 들어, 전기 자동차에 사용되는 리튬 이온 배터리의 수명은 수명 초기 공칭 용량의 약 80%이다. 배터리의 상태는 물리적 특성 자체가 아니라 내부 저항, 용량 및 전력 감소, 충전-방전 주기 수와 같은 여러 매개변수와 관련이 있다. 배터리를 반복적으로 사용하면서 저장할 수 있는 충전량이 감소하기 시작하면 용량 감소 또는 용량 손실이 발생하게 된다. 마찬가지로, 배터리 내부 저항의 증가로 인해 정격 전압에서 전달할 수 있는 충전량이 사용함에 따라 감소할 때 배터리에서 전력 감소가 발생한다. 다양한 접근 방식은 배터리 시스템의 상태와 노화 상태를 추정할 수 있는 것으로 보고되었다. 여기에는 다음이 같은 사항들로 표현 할 수 있다.

- 등가 회로 모델(Birkl et al., 2017; Eddahech et al., (2015)). 이러한 모델에서는 배터리가 등가 회로 모델로 감소되는걸 확인할 수 있다.
- 전기화학 모델(Doyle and Newman, 1995; Newman and Tiedemann, 1975; Afshar, (2017); Dalverny et al., 2011; Wagemaker et al., 2011). 이러한 모델에서는 배터리에서 발생하는 현상을 각각 모델링하였다.
- 스트레스 인자와 용량감소 간 상관관계(Galatro 외., 2020b; Rohr 외., 2017; Wu 외., 2019). 이러한 방법에서는 가속 노화 테스트를 통해 임피던스 저항의 증가를 확인할 수 있다.

그림 4.1은 다양한 작동 온도에서 시간에 따른 리튬 이온 배터리의 용량 감소 프로파일과 상대적인 내부 저항을 보여준다. 배터리의 내부 저항은 초기 조건에서의 상대적 값과 관련하여 측정된다(Keil, 2017). 0.3년의 특정 수명(약 100일), 작동 온도가 −10°C에서 50°C로 증가함에 따라 용량 감소율이 2%에서 7%로 증가하는 것을 확인할 수 있다. 또한, 배터리의 내부 저항은 시간이 지남에 따라 상승하며, 이 효과는 배터리 온도가 높아질수록 더욱 두드러지게 된다. 따라서 온도가 배터리의 노화 메커니즘에 상당한 영향을 미친다는 것은 분명한 사실로 알려져 있다. 대부분의 배터리의 작동 온도는 일반적으로 20°C에서 40°C 사이가 권장되는데, 일반적으로 이 작동온도 범위에서 배터리 성능이 향상되고 수명이 길어지기 때문이다. 배터리 열 관리 시스템을 사용하면 이러한 바람직한 온도 범위를 유지하여 관리를 해줄 수 있다.

배터리의 열 거동은 본질적인 열 안정성, 표면 셀 온도의 이질성 및 불균일

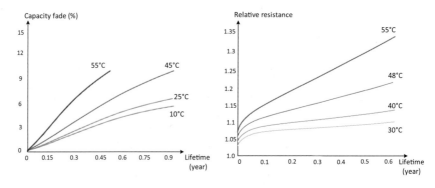

그림 4.1 리튬 이온 배터리의 용량 감소에 따른 변화(Schimpe et al., 2018) 및 여러 작동 온도에 대한 상대적 내부 저항(Keil, 2017).

성과 같은 본질적인 특징과 충전 상태, 전류 부하 및 작동 온도와 같은 외적 요인에 따라 달라진다. 외적 요인은 시간이 지남에 따라 배터리 시스템의 성능 저하를 초래하는 배터리 시스템의 열화 과정을 증가시키기 때문에 외적 스트레스 요인이라고 한다. 충전 상태(SOC, State of Charge)는 배터리에 저장할 수 있는 최대 충전량 대비 주어진 시간에 사용 가능한 용량의 비율을 나타낸다. 따라서 SOC 값이 100%이면 배터리가 완전히 충전된 상태이고 0%이면 배터리가 완전히 방전된 상태를 의미한다. 배터리의 SOC는 활성 전극 재료의 특성에 따라 측정할 수 있다. 예를 들어 리튬 이온 배터리의 경우, 순환 가능한 모든 리튬 이온이 음극으로 전달되면 충전 상태는 100%이고, 충전 상태가 0%이면 모든 리튬 이온이 다시 양극으로 전달되었다는 것을 의미한다. 또한 전극 구조의 질에 따라 사이클이 가능한 이온을 생성할 수 있는 활성 물질의 비율이 결정된다.

4.2.1 사이클에 따른 노화 및 캘린더 수명에 따른 노화

노화는 사이클링 모드와 캘린더 모드를 통해 발생할 수 있다. 캘린더 모드에서의 노화는 배터리가 보관 중이거나 휴지 상태일 때 용량이 비가역적으로 손실되는 것을 말한다. 휴면 상태에서는 배터리가 외부 영향 없이 주변 온도에 노출되어 노화 속도가 빨라질 수 있다. 캘린더 노화는 온도 및 충전 상태와 같은 보관 조건에 따라 강화되거나 약화될 수 있다. 예를 들어, 리튬 이온 배터리의 경우 상대적으로 높은 온도(40℃ 이상)와 상대적으로 낮은 온도(10℃ 미만)에서는 활성 이온이 손실되고 결과적으로 이온 상호 작용과 확산이 감소하여 배터리 용량이 감소하게 된다. 배터리의 캘린더 노화에 대한 또 다른 스트레스 요인으로 SOC는 또 다른 영향을 미칠 수 있다. 동일한 온도에서 동일한 유형의 배터리이지만 SOC 수준이 다른 경우 열화가 다른 속도로 발생하게 된다(Barré et al., 2013). SOC 수준이 높을수록(특히 70% 이상) 열화 속도가 빨라지는데, 이러한 결과는 높은 SOC 수준에서 발생하게 되는 부반응이 주원인이 된다(Palacín, 2018).

사이클링 모드에서의 노화는 충전 및 방전 주기 동안 비가역적인 손실을 의미한다. 온도와 SOC의 증가로 인해 악화되는 캘린더 노화와 마찬가지로 사이클링 노화도 이 두 가지 스트레스 요인에 의해 더욱 두드러지게 나타나게 된다. 또한 방전/충전 속도(C-rate)와 SOC의 변화도 충전/방전 중 노화 메커니즘에 영향을 줄 수 있는 다른 중요한 요소이다. 배터리의 열적 거동이 방전/충전 속도가 높고 SOC의 변화가 클 때 사이클링 노화가 증가하게 된다

(Santhanagopalan et al., 2014). 배터리 수명 동안의 충전/방전 전압은 노화 과정에 영향을 미치는 또 다른 요인이 된다. 충전 전압이 높으면 배터리의 열화 속도가 증가하게 된다(Kotz et al., 2010).

이미 언급된 캘린더 및 사이클링 노화에 대한 스트레스 요인 외에도 전기화학 셀의 화합물 거동도 중요한 영향을 미칠 수 있다. 예를 들어 캘린더 노화 측면에서 니켈망간코발트(NMC), 리튬코발트산화물(LCO) 및 리튬망간산화물(LMO) 배터리는 니켈코발트알루미늄산화물(NCA) 및 리튬인산철(LFP) 배터리보다 고온 작동에서 노화에 더 민감하다(Galatro et al., 2020a, b). 또한 사이클링 노화에서 LFP 및 NMC 배터리는 NCA 배터리에 비해 높은 C-rate(고속 충전)에서 노화에 더 민감하다(Galatro et al., 2020a, b). 사이클링 및 캘린더 모드에서의 노화 및 이러한 노화 메커니즘의 속도에 대한 다양한 원인에 대한 수많은 연구가 진행되었다. 표 4.1에는 다양한 셀 화학 및 작동 조건에 대한 사이클링 및 캘린더 모드 중 노화에 대한 최근의 여러 연구가 요약되어 있다.

4.2.2 리튬 이온 배터리의 노화

배터리, 특히 리튬 이온 전지의 노화 메커니즘에 대한 많은 연구가 진행되었다. 예를 들어, Birkl et al. (2017)은 리튬 이온 배터리의 노화 메커니즘의 원인과 결과에 대해 보고하였다. 그림 4.2는 리튬 이온 배터리의 열화 메커니즘에 대한 원인과 결과 분석을 보여준다.

리튬 이온 배터리에서는 고체-전해질 인터페이스(SEI, Solid Electrolyte Interphase)가 형성될 수 있다. 이 과정은 다음과 같이 설명할 수 있다. 첫 번째 충전 프로세스가 시작될 때 양극에서부터 전해질로 리튬 이온이 탈리되어 음극으로 이동하게 된다. 이러한 상호 작용의 결과로 배터리의 가역적 사이클링을 가능하게 하는 인터페이스에서 SEI의 경계 위상이 생성된다. 이러한 인터페이스는 양극과 음극의 전해질-전극 인터페이스에 형성되며 음극 쪽에서 더 뚜렷하게 나타나게 된다(그림 4.3 참조). SEI는 일반적으로 양극에서부터 나온 리튬이온과 전해질의 반응으로 인해 생기는 불용성 분해 생성물로 만들어지게 된다. 그러나 그 피막의 구성물은 온도에 따라 달라진다. 또한 SEI는 음극 표면에 부동화피막 층을 제공하여 전해질의 추가 분해를 방지한다. SEI의 두께가 증가하면 리튬 이온의 삽입과 탈리과정 중 내부 저항이 증가하게 된다. 따라서 다양한 작동 온도에서 배터리의 성능은 SEI의 안정성과 부동화피막 층 효과에 따라 달라지게 된다. 따라서 배터리 열 관리 시스템을 사용하면 배터리 온도를 적절한 범위로 유지하여 부동화피막 층 형성과 안정적인 SEI를 유지

표 4.1 다양한 전기화학 셀 화합물에 대한 사이클 및 캘린더 노화

Aging mode	Investigators	Key findings
Calendar mode	Keil et al. (2016), Ecker et al. (2012), Gismero et al. (2019), Dubarry et al. (2018), Eddahech et al. (2015)	• For all cell chemistries, capacity fade significantly increases with storage temperature, whereas SOC has a lesser impact on degradation mechanisms in batteries • At high temperature operations, NMC, LCO, and LMO cells are more sensitive to aging than NCA and LFP cells • At low temperature operations, rapid capacity fade is reported for LFP batteries • At low and high storage temperatures, lithium titanate oxide (LTO) batteries are reported to be less sensitive to aging compared to LCO, NMC, NCA, and LFP batteries
Cycling mode	Han et al. (2014), Wang et al. (2011), Wu et al. (2017), Devie et al. (2014), Petzl and Danzer (2014), Tippmann et al. (2014), Leng et al. (2015)	• For all cell chemistries, the rate of charging (C-rate) and temperature strongly increase aging during cycling mode at high temperatures ($T > 40°C$) and low temperatures ($T < 20°C$) • At high C-rates, LTO and NCA batteries are more suitable than LFP and NMC batteries by being resistant to cycling aging

할 수 있다.

리튬 이온 배터리에서 음극의 노화는 온도, SOC 및 과충전 스트레스 요인으로 인한 성능 저하가 원인이다. 상대적으로 높은 온도(50℃ 이상)와 높은 SOC 값(80% 이상)에서는 SEI가 서서히 용해되어 리튬 염과 같이 투과성이 낮은 종들이 형성되기도 한다. 이러한 리튬 염은 리튬 이온의 이동에 대한 저항을 형성하고 결과적으로 음극의 저항을 증가시키게 된다. 또한 상대적으로 낮은 온도(20℃ 이하)에서는 SEI와 음극으로의 리튬 확산이 감소하게 된다. 그

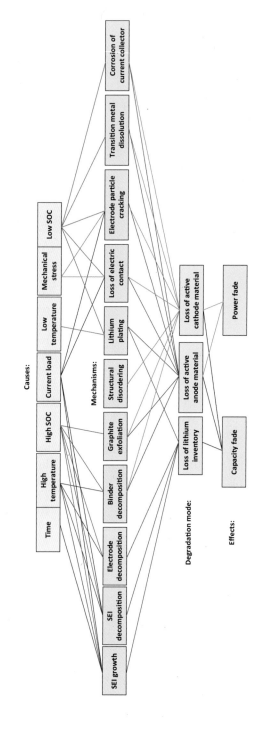

그림 4.2 Birkl et al. (2017)이 보고한 리튬 이온 배터리의 성능 저하 메커니즘에 대한 인과관계 분석.

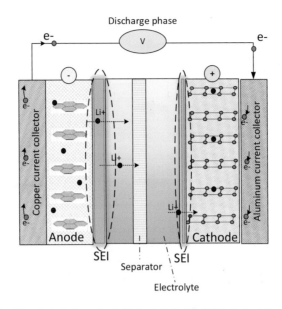

그림 4.3 리튬 이온 배터리의 고체-전해질 인터페이스(SEI)에서 리튬 이온이 통과하는 모습.

결과 음극에 수상돌기 형태로 리튬이 침착기도 한다. 이 과정을 리튬도금 과정이라고 한다(그림 4.4 참조). 리튬도금의 결과는 배터리의 노화 메커니즘을 증가시키기 때문에 배터리의 고온 작동보다 더 좋지 않다. 그림 4.4는 저온 노화 중 리튬 증착(리튬 도금) 및 SEI 분해를 보여준다.

양극의 노화 메커니즘은 온도와 SOC의 영향으로 인해 발생한다. 그림 4.5는 양극의 열화 메커니즘과 리튬 이온 배터리의 재료 및 성능에 미치는 영향을 보여준다. 앞서 언급했듯이 양극에서도 SEI가 형성되지만 음극보다는 얇은 피

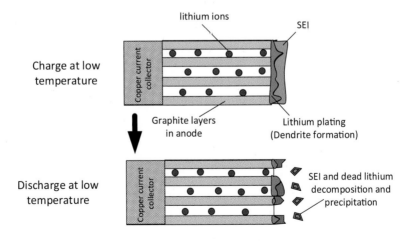

그림 4.4 리튬 이온 배터리의 음극에서 리튬도금 및 SEI 분해.

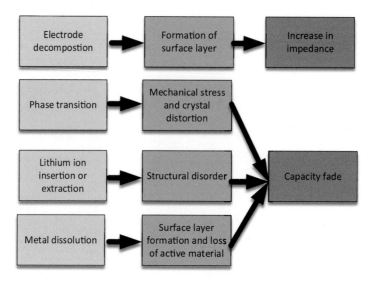

그림 4.5 리튬 이온 배터리 양극의 노화 메커니즘과 재료 및 배터리 성능에 미치는 영향.

막이 형성 된다. 따라서 양극에서는 음극만큼 SEI 두께와 부동화피막 층이 두드러진 영향을 주지는 않는다. 또한 음극/양극과 같은 전극을 구성하는 화학적 반응 소재를 이용한 전기화학 셀은 소재의 특성에 따라 배터리의 성능과 수명에 큰 영향을 미친다. 그에 따라 전극을 위한 새로운 소재의 개발은 잠재적으로 배터리의 성능과 에너지 밀도를 향상시킬 수 있게 된다.

4.3 열 폭주

배터리 시스템 작동 중에는 배터리 열 관리 시스템이 있어도 제어할 수 없는 극한 상황이 발생할 수 있다. 이러한 이벤트는 종종 셀 고장으로 이어지게 된다. 어떤 경우에는 큰 단일 셀에서 많은 양의 열이 발생할 수 있으며, 이 열은 고장난 셀 주변의 다른 셀에 열 폭주를 일으켜 전체 배터리 팩의 고장으로 이어질 수 있다.

배터리 열 폭주는 셀의 온도가 SEI의 분해로 인해 배터리 자체 발열이 시작되는 온도인 분해 발생온도를 초과할 때 일어난다. 셀 온도가 더 상승하면 분해 반응이 더 빠른 속도로 일어나고 결국 다양한 가스가 방출되어 배터리 셀의 발화 및 연소로 이어지게 된다. 열 폭주를 유발하는 조건은 전극 간, 집전체 간, 음극과 집전체 간 내부 단락일 수 있다. 표 4.2에는 리튬 이온 배터리의 여러 전극 활물질에 대한 열분해 시작 온도가 나와 있다.

표 4.2 리튬 이온 배터리 전극 소재 별 분해 시작 온도.

Electrode	Chemistry	Approximate onset temperature (°C)
Anode	Artificial graphite	130
	Ordinary graphite	120
Cathode	Nickel cobalt aluminum oxide (NCA)	300
	Lithium manganese oxide (LMO)	300
	Lithium cobalt oxide (LCO)	250–270
	Lithium iron phosphate (LFP)	250
	Nickel manganese cobalt (NMC)	120

Data from Golubkov, A.W., Scheikl, S., Planteu, R., Voitic, G., Wiltsche, H., Stangl, C., Fauler, G., Thaler, A., Hacker, V., 2015. Thermal runaway of commercial 18650 Li-ion batteries with LFP and NCA cathodes – impact of state of charge and overcharge. RSC Adv. 5(70), 57171–57186; Kvasha, A., Gutiérrez, C., Osa, U., de Meatza, I., Blazquez, J.A., Macicior, H., Urdampilleta, I., 2018. A comparative study of thermal runaway of commercial lithium ion cells. Energy 159, 547–557.

배터리의 열 폭주는 정상적인 방전 또는 충전 속도보다 더 많은 열을 발생시키는 과방전 또는 과충전으로 인해 발생할 수도 있다. 과도하게 발생한 열은 배터리에서 방출되지 않아 배터리 온도가 상승하는 요인이 된다. 이렇게 온도가 증가하면 셀 내에서 화학적 및 전기화학적 상호 작용이 더 빠른 속도로 발생하여 소멸되지 않는 열이 더 많이 발생하게 된다. 배터리에서 발생할 수 있는 발열 반응에 대해서는 참조할 만한 연구결과로서 설명이 잘 나와있다 (Spotnitz and Franklin, 2003). 배터리에서 이러한 일련의 상호 작용(그림 4.6 참조)은 일단 시작되면 멈추기 어렵다. 열 폭주 과정이 계속되면 일반적으로 배터리에 저장된 에너지가 화재 및/또는 폭발로 인해 갑자기 방출되어 배터리가 고장 나고 파손되는 결과를 초래한다. 또한, 단일 셀의 온도 상승은 열 폭주 중에 주변의 다른 셀에 영향을 미쳐 도미노 효과를 일으키기도 한다. 따라서 한 셀의 고장 및 파손은 전체 배터리 스택과 배터리 팩의 파손으로 이어지는 경우가 많게 된다.

이부/내부 단락, 과충전/과방전 및 과열과 같은 다른 요인도 열 폭주를 유발할 수 있다. 내부 단락은 제조 공정상의 문제 또는 배터리와 관련된 충돌로 인해 배터리에 존재하는 불순물로 인해 발생할 수 있다. 그림 4.6은 리튬 이온 배터리의 열 폭주 단계를 보여준다.

열 폭주를 방지하려면 배터리 온도를 제어할 수 있도록 충전 전류와 전압을 제한해야 한다. 또한 적절한 냉각 시스템을 사용하여 배터리 온도를 원하는 온도 범위(주변 환경 온도)로 유지해야 한다. 앞서 언급했듯이 배터리 팩의 한 부분의 열 폭주는 다른 부분에 영향을 미칠 수 있으므로 이러한 현상을 막는 가장 좋은 방법은 설치 시설에서 배터리를 제거하는 것이다.

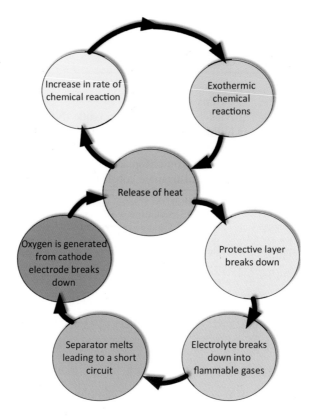

그림 4.6 리튬 이온 배터리 시스템의 열 폭주 프로세스.

4.4 배터리의 발열량 및 온도 변화

배터리의 다양한 열 발생원을 파악하는 것은 이러한 열 발생원을 완화하고 배터리 수명을 연장하기 위한 적절한 전략을 세울 수 있기 때문에 중요하다. 이 장에서는 배터리의 발열원에 대해 간략하게 소개하려 한다(2장과 3장에서 포괄적으로 설명했음을 상기하기 바람). 또한 배터리의 발열 속도를 강화할 수 있는 스트레스 요인의 역할에 대해서도 설명하려 한다.

배터리에서 열은 세 가지 기본 소스에서 발생한다. (i) 전자의 흐름에 대한 저항(즉, 줄 또는 옴 가열), (ii) 전기화학 반응에 대한 저항(즉, 전극 반응에서 전극과 전해질 사이의 전하 이동 중 열 발생), (iii) 전극의 원자 구성을 변화시키는 활성 이온의 상호 결합 및 탈결합(즉, 엔트로피 가열)이 그것이다. 줄 가열은 분극화 가열(또는 비가역적 가열)로 알려져 있으며, 엔트로피 열은 배터리의 가역적 등온 작동 중에 발생하는 열을 나타내므로 가역적 열이다.

셀의 열 발생률 $\dot{Q}_{gen}$에 대한 일반적인 표현은 균일한 온도에서 셀의 열역학적 에너지 균형을 기반으로 다음과 같이 표현할 수 있다.

$$\dot{Q}_{gen} = I(E_{eq} - E) - I\left(T\frac{\partial E_{eq}}{\partial T}\right) \tag{4.1}$$

여기서 I는 셀 전류, E_{eq} 평형 전위, E 셀 전위, T 셀의 절대 온도를 나타낸다. 오른쪽의 첫 번째 항은 배터리 셀의 전하 및 질량 전달 과전위와 옴 손실을 포함한 비가역적 열 발생률을 나타낸다. 두 번째 항은 배터리 셀의 가역적 또는 엔트로피 열 속도를 나타낸다. 이 방정식에서는 상변화 및 혼합 효과는 무시 된다. 음극과 양극 온도가 동일한 경우, 셀 내의 열역학적 엔트로피 변화율 (즉, TdS/dt)을 기준으로 엔트로피(또는 가역적) 열 발생률을 결정할 수 있다. 식 (4.1)의 전극 전위는 셀 내 모든 종의 평균 농도를 기준으로 결정되게 된다. 평균 농도를 사용하면 열 발생률을 추정하는데 상당한 오차가 발생할 수 있다. 따라서 Rao와 Newman(1997)은 식 (4.1)을 수정하여 각 단계의 평균 국소 부위의 농도를 고려한 다음 패러데이의 법칙을 적용하여 배터리 셀의 열 발생률을 계산했다.

배터리의 국부적 열 효과를 고려한 국부적 발열률 방법은 다음과 같이 이어진다.

$$\dot{Q}_{gen} = -\int_v \left(\sum_l ai_{n,l}E_{H,l}dv\right) - IE \tag{4.2}$$

여기서 a는 다공성 전극의 단위 부피당 표면적, $i_{n,l}$는 반응 l에 대한 계면 전류 밀도, E_H, l는 반응엔탈피 변화에 대응하는 엔탈피 전위이다. 가역 열 효과는 평형 전위(E_{eq})를 평균 엔탈피 전위(E_H)로 취하여 결정할 수 있다. 식 (4.2)의 오른쪽에 있는 첫 번째 항은 전기화학 반응이 일어나는 배터리 두께에 걸쳐 분포된 평균 엔탈피 전위(엔트로피 열도 수반)를 나타낸다.

배터리의 국부 열 발생률은 나중에 Rao와 Newman(1997), 그리고 Thomas와 Newman(2003)에 의해 제안이 되었다. 여기에서는 셀의 여러 영역에 있는 계면과 벌크 물질에서 발생하는 열을 설명한다. 전해질을 통한 농도 구배와 관련된 열 효과는 분석에서 무시된다. 국부 비가역적 열 발생 흐름(즉, 셀의 단위 표면적당 비가역적 열 발생률)의 1차원 분석의 경우 전극 두께에 대한 전체 합으로 구했다(그림 4.7 참조). 즉,

$$\dot{q}_{gen} = i\Delta\Phi + i\eta_a + \int_{x_1}^{x_2}\left(ai_n\eta_c - i_1\frac{d\Phi_1}{dx} - i_2\frac{d\Phi_2}{dx}\right)dx \tag{4.3}$$

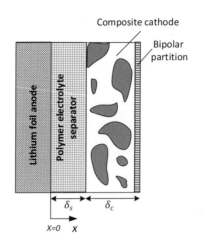

그림 4.7 리튬 음극, 고분자 전해질, 복합 양극 및 바이폴라 파티션으로 구성된 리튬 폴리머 전지.

이 방정식은 전해질과 분리막의 Joule(또는 ohmic) 가열과 양극 및 음극 반응에 대한 저항(즉, 양극과 음극 모두의 표면 과전위)을 포함한 총 비가역 열 발생을 나타낸다. 오른쪽의 첫 번째 항(즉, $i \, \Delta\Phi$)은 저항 가열 유속이며, 이는 분리막의 두 상 간의 전위차에 해당한다(즉, $\Delta\Phi = \Phi(0) - \Phi(x_1)$). $i\eta_a$ 항은 음극의 열 발생 흐름을 나타내고, $\int_{x_1}^{x_2}(ai_n\eta_c - i_1 d\Phi_1/dx - i_2 d\Phi_2/dx)dx$는 각각 양극, 전해질 및 전자 전도성 매트릭스(즉, 고체상)에서의 발열 흐름을 나타낸다. 또한 전해질의 농도 구배를 무시하고 얻은 결과는 혼합 효과가 없다고 가정할 때 동일하다는 사실도 밝혀졌다(Rao and Newman, 1997; Thomas and Newman, 2003). 혼합 효과는 토마스와 뉴먼(2003)에 의해서 전해질 내 종의 엔탈피에 적용된 테일러정리(Taylor-series)로 설명되었다.

표 4.3에는 배터리 셀의 가역 및 비가역 열 발생률에 영향을 미치는 주요 요인이 나와 있다. 이러한 요인들이 배터리에 미치는 영향은 셀 온도의 변화로 분명하게 드러난다. 따라서 셀 온도를 측정하면 배터리의 발열 속도를 간접적으로 파악할 수 있다. 또한 배터리의 재료 및 물리적 특성의 본질적인 이질성으로 인해 셀 온도 분포가 고르지 않을 수 있다. 따라서 배터리 셀의 균일한 소재를 제조하고 열 관리 시스템을 통해 배터리 팩을 적절히 냉각 및 가열하는 것은 배터리 표면 온도를 균일하게 분배하는 데 중요하다.

4.5 배터리의 열 거동 모델

배터리 시스템의 열 거동 모델은 배터리 시스템의 열 발생률 추정 고려를 가정

표 4.3 배터리 셀의 가역적 및 비가역적 발열에 영향을 미치는 몇 가지 요인.

Factor	Effects on heat generation in battery
Electrode microstructure[a]	Lower porosity of electrode results in an increase in ohmic heat in the electrolyte and more hotspots in the vicinity of the electrode separator interface. The electrode microstructure influences the distribution of temperature and heat generation in a battery cell
State of charge (SOC)[a]	Entropic heat increases at low SOC (<25%) and high depth of discharge (DOD >75%), which results in increased reversible heat. Note: DOD is the percentage of capacity that has been removed from the fully charged battery
Ambient temperature (T_0)[a]	Low ambient temperatures and higher rates of discharge result in increased irreversible heat generation due to increased polarization losses
Charge and discharge C-rate[a]	Higher charge and discharge rates (>1C) lead to higher heat generation rates, as ohmic loss increases at high C-rates. Also, low C-rates (<1C) result in an increase in reversible heat generation
Battery size[b]	An increase in battery size causes an uneven distribution of active materials in the electrode, which results in an uneven distribution of heat generation rate (specifically ohmic heat rate) in a battery cell
Cell chemistry[c]	Reversible heat is more significant in LCO batteries, while in LMO, NCM, and LFP cells, the irreversible heat increases with capacity. Also, heat generation rates are in almost the same range for LFP, LMO, and LCO batteries with the same graphite anode, while heat generation rates in NMC batteries are higher compared to other cell chemistries

[a]Kantharaj and Marconnet (2019).
[b]Santhanagopalan et al. (2014).
[c]Kantharaj and Marconnet (2019), Lin et al. (2017).

하여 전기화학적 및 열적으로 결합되거나 분리될 수 있다. 앞서 언급했듯이 배터리 시스템의 작동은 셀 온도와 충전/방전 속도에 따라 달라진다. 분리 모델은 경험적 상관관계를 사용하여 셀 온도가 일정하다는 가정하에 실험을 통해 얻은 충전/방전 속도 곡선을 설명한다. 분리형 모델은 결합형 모델보다 간단하며 배터리가 온도에 민감하지 않은 경우에 정확하다. 열-전기화학 결합 모델은 먼저 모델에서 전위와 전류를 생성한 다음 이 전위를 사용하여 정보를 사용하여 배터리 내부의 열 발생률을 파악하고 셀 내부의 온도 분포를 예측한다. 이를 통해 새로운 셀 전위와 전류를 생성하는 데 사용된다.

　Pals와 Newman(1995)은 결합 모델의 복잡성을 줄이기 위해 부분 결합 모델을 제안했다. 이 모델에서는 배터리 내부의 발열 속도가 배터리의 방전 이력과 거의 독립적이라고 가정했다.

배터리와 같은 다중 구성 요소 시스템의 일반적인 열 에너지 방정식은 미분 에너지 균형에서 파생되며 다음과 같이 작성할 수 있다.

$$\rho_j C_{p_j}\left(\frac{\partial T_j}{\partial t} + v_j \cdot \nabla T_j\right) + \left(\frac{\partial \ln \rho_j}{\partial \ln T_j}\right)\left(\frac{\partial P_j}{\partial t} + v_j \cdot \nabla P_j\right)$$
$$= -\nabla \cdot \dot{q}_j - \tau_j \cdot \nabla v_j + \sum_{\text{species}} \overline{H}_j\left(\nabla \cdot J_j - R_j\right) \qquad (4.4)$$

여기에서 첨자 j는 상을 나타내고, C_p, ρ, v, P는 각각 일정한 압력, 밀도, 속도, 압력에서의 비열, q와 τ는 각각 과 응력, $\overline{H}$와 J는 각각 이동과 확산으로 인한 종부분 몰 엔탈피와 종의 몰흐름, R_j는 종 j의 균일한 생산율을 나타낸다. 식 (4.4)에서 오른쪽의 마지막 항은 종의 이동과 확산을 통한 열에너지의 전달을 나타내며, j 상에서의 모든 종의 합으로서 설명된다. 또한 왼쪽의 마지막 항과 오른쪽의 두 번째 및 세 번째 항은 기계적 에너지가 열에너지로 가역적 및 비가역적으로 변환되는 것을 나타낸다. 소산(즉, $\tau \cdot \nabla v$)과 무시할 수 있는 압력 일 및 물질 힘(즉, $(\partial \ln \rho / \partial \ln T)(\partial P / \partial t + v \cdot \nabla P)$)으로 인한 열 효과가 무시되고 균질 화학 반응(즉, R_j)이 없으면 방정식 (4.4)는 다음과 같이 간단하게 표현된다.

$$\rho_j C_{p_j}\left(\frac{\partial T_j}{\partial t} + v_j \cdot \nabla T_j\right) = -\nabla \cdot \dot{q}_j + \sum_{\text{species}} \overline{H}_j\left(\nabla \cdot J_j\right) \qquad (4.5)$$

열유속 항(q)은 종의 상호확산, 전도 및 Dafur 열유속에 의해 전달되는 열유속을 포함한다. Dafur 열유속($\dot{q}_D$)은 확산-열 효과를 나타내며, 다른 두 열유속 항과 비교하면 이는 종종 무시될 수 있다. 따라서 상 J의 열유속은 다음과 같이 쓸 수 있다.

$$\dot{q}_j = \sum \overline{H}_j\left(\nabla \cdot J_j\right) - k_j \nabla T_j + \dot{q}_D \qquad (4.6)$$

여기서 k_j는 상 j의 열전도도이다. 배터리 시스템의 국부적 열 평형을 가정하고 연속성 식(즉, $\nabla v_j = 0$)을 적용하고 방정식 (4.5)에서 혼합 및 상 변화의 엔탈피를 무시하면 다음과 같은 결과가 도출된다.

$$\frac{\partial(\rho c_p T)}{\partial t} + \nabla(v \cdot T) = \nabla \cdot k \nabla T + \dot{q}_s \qquad (4.7)$$

이 미분 방정식은 배터리 시스템의 온도 분포를 설명한다. 왼쪽의 첫 번째

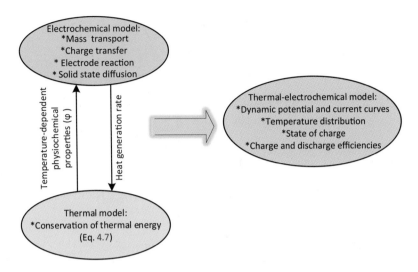

그림 4.8 배터리 시스템에 대한 열-전기화학 결합 모델 접근 방식 그림.

항과 두 번째 항은 시스템에서 에너지의 축적과 대류를 나타낸다. 오른쪽의 첫 번째 항과 두 번째 항은 시스템의 전도 및 열원을 나타낸다.

이제 위에서 설명한 열 모델링을 배터리 시스템의 전기화학 모델과 결합할 수 있다. 즉, 온도에 따라 달라지는 셀의 물리화학적 특성(예: 이온 전도도 및 전해질의 확산 계수)이 열 모델과 전기화학 모델에 연결된다. 두 모델의 결합은 다음과 같이 온도에 따라 달라지는 일반적인 특성 φ(예: 이온 전도도)와 해당 특성의 진화 과정에 대한 활성화 에너지($E_{\mathrm{act},\varphi}$)를 연관시키는 아레니우스 방정식에 의해 정리될 수 있다.

$$\varphi = \varphi_{\mathrm{ref}} \exp\left[\frac{E_{\mathrm{act},\varphi}}{R}\left(\frac{1}{T_{\mathrm{ref}}} - \frac{1}{T}\right)\right] \tag{4.8}$$

여기서 φ_{ref}는 기준 온도(T_{ref})에서의 일반저인 온도 의존적 특성 값이다. 그림 4.8은 열-전기화학 결합 모델을 보여준다. 먼저 전기화학 모델에서 Joule 가열 및 화학반응으로 인한 국부적 열 발생률이 결정된다. 그런 다음 이 정보를 열에너지 보존 방정식에 사용하여 셀 온도를 결정할 수 있다. 얻어진 온도 정보는 전기화학 모델에서 물리화학적 특성 계산을 업데이트하기 위해 피드백되었다.

이제 축적, 대류, 전도 및 열원 항을 설명하는 식 (4.7)을 배터리 셀에 적용하자. 벌크 전해질이 흐르지 않는 비 유동적인 배터리 셀의 경우 식 (4.7)의 대류 항을 무시할 수 있다. 따라서 일시적인 전도에 대해 식 (4.7)을 다음과 같이 쓸 수 있다.

$$\frac{\partial(\rho c_p T)}{\partial t} = \nabla \cdot k \nabla T + \dot{q}_s \tag{4.9}$$

두께가 작은 단일 셀의 경우 일괄 매개변수 접근법을 적용할 수 있다. 이는 대류 열전달 계수(h_{conv})에 셀의 두께(δ)를 곱한 값과 셀의 열전도율(k)의 비율이 매우 작은 상태를 나타낸다(즉, $h_{conv}\delta/k \ll 1$). 따라서 셀 전체에 걸쳐 온도가 균일하다는 가정이 정확하다는 것을 알 수 있다. 온도가 공간적으로 변하지 않기 때문에 전도 항도 제거된다. 따라서 식 (4.9)는 셀의 단위 부피당 주변으로의 열 제거율($\dot{q}_{loss}$)과 부피 평균 열 발생률($\dot{q}_{gen}$)을 기준으로 다음과 같이 표현할 수 있다.

$$\dot{q}_{gen} = \frac{\partial(\rho c_p T)}{\partial t} + \dot{q}_{loss} \tag{4.10}$$

이러한 시간의존적 온도차등 방정식은 일반적으로 리튬-폴리머, 납축전지, 니켈-수소 및 리튬 이온 배터리에 사용된다. 주변으로의 열 손실률은 일반적으로 철저한 대류가 발생하게 된다.

$$\dot{q}_{loss} = \frac{1}{V_{cell}} \left(h_{conv} A_{cell}(T - T_a) \right) \tag{4.11}$$

여기서 V_{cell}은 셀 부피, h_{conv}는 대류 열전달 계수, A는 셀에서 열이 제거되는 표면적, T_a는 주위 온도를 나타낸다. 배터리 셀의 열 발생률($V_{cell}\dot{q}_{gen}$)은 식 (4.2)를 사용하여 구할 수 있다. 식 (4.2) 및 (4.11)을 식 (4.10)에 대입하고 단위 부피를 셀의 총 부피로 변환하도록 수정하면 다음과 같이 배터리 셀의 열 발생률에 대한 식을 구할 수 있다.

$$-\int_v \left(\sum_l a i_{n,l} U_{H,l} dv \right) - IE = \frac{\partial(m c_p T)}{\partial t} + h_{conv} A_{cell}(T - T_a) \tag{4.12}$$

이 식은 2장에서 설명한 배터리 셀의 에너지 균형에서 얻은 열 발생률 식(즉, 식 2.47)과 유사하다. 그림 4.9는 리튬 이온 배터리의 여러 대류 열전달 계수에 대한 1 C 충전 중 충전 입력에 따른 온도 변화를 보여준다. 방전 깊이가 100%에 가까워짐에 따라 셀의 온도가 증가하는 것을 알 수 있다. 또한 주변과의 열 대류율이 높을수록(즉, 대류 열전달 계수의 값이 높을수록) 셀에서 더 많은 열이 방출되어 결과적으로 셀 온도가 낮아지는 것을 알 수 있다.

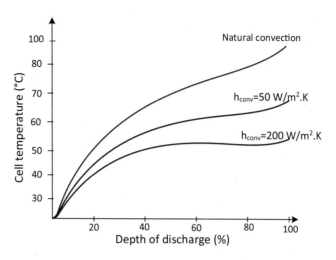

그림 4.9 리튬 이온 배터리의 여러 대류 열전달 계수에서 3 C 충전 입력에 따른 셀 온도 변화.

4.6 배터리의 열 거동 영향: 도전과제와 목표

특히 전통적인 연소 엔진이 주요 대안인 차량 애플리케이션에서 배터리 시스템을 더 널리 사용하고 경쟁력을 갖추려면 배터리 사용자가 고속 충전을 통해 어디서나 빠르게 배터리를 재충전할 수 있어야 한다. 고속 충전 방식을 통해 배터리 시스템을 충전하는 데 필요한 시간은 단축되지만, 이 과정에서 배터리의 발열 속도가 크게 증가하여 온도 구배가 높아지고 배터리의 이질성이 증가하여 SEI 증가에 유리하게 작용하게 된다. 또한, 빠른 경우 저온 범위(−20℃ 미만)에서 충전이 적용되면 배터리 내 리튬이 도금되는 과정, 즉 리튬도금 현상이 발생하고, 현저한 용량 감소를 초래한다. 따라서 배터리 열 관리 시스템을 적용하면 고속 충전 시 냉각 효과를 제공하고 매우 낮은 셀 온도(추운 날씨 조건)에서는 열을 공급하여 리튬도금을 피할 수 있다.

배터리의 열 거동 및 온도가 배터리 수명과 성능에 미치는 영향과 관련된 도전과제와 목표는 주로 노화를 지연시키는 방법과 고속 충전이 셀 이질성 및 온도 구배에 미치는 영향을 최소화하는 전략에 초점을 맞추고 있다. 다음에서는 노화 메커니즘을 늦추고 고속 충전이 셀 이질성 및 온도 구배에 미치는 영향을 줄이거나 최소화하기 위한 주요 전략 및 사례에 대해 설명한다.

4.6.1 배터리 노화 메커니즘에 대한 스트레스 요인의 영향 최소화

배터리 시스템의 노화 속도를 줄이기 위해 여러 가지 전략을 사용하여 스트레스 요인이 배터리 성능 저하 메커니즘에 미치는 영향을 줄이거나 최소화할 수 있으며, 다음과 같이 정리 할 수 있다.

(i) 열 관리 시스템 사용

(ii) 음극용 신소재 개발, 그리고

(iii) 배터리 사용 및 유지 관리에 대한 지침을 따르는 등 배터리 사용자의 올바른 사용법

배터리 사용자의 올바른 사용법은 배터리의 사이클 노화와 캘린더 노화를 모두 지연시킨다. 배터리 충전 시 고온보다는 상온에서 완전히 충전하고, 비 작동 상태로 둘 경우에는 저온보다는 상온에서 배터리를 그대로 두는 것을 권장한다. 또한 높은 수준의 방전 깊이(배터리 용량 대비 방전 비율)를 피할 것을 제안한다(Wikner and Thiringer, 2018).

배터리 열 관리 시스템을 적절히 설계하면 배터리 전체에서 작동 온도를 원하는 범위와 균일한 온도로 유지하여 배터리 성능과 수명을 향상시킬 수 있다. 또한 열 관리 시스템은 배터리에서 발생하는 열을 방출하여 배터리의 열 폭주를 방지한다. 다양한 유형의 배터리 열 관리 시스템에 대한 수많은 연구가 보고되었다(Al-Zareer et al., 2018, 2019a, b, 2020). 이러한 연구들은 5장에서 포괄적으로 설명하겠다. 배터리 열 관리 시스템의 설계는 단일 셀 및 여러 셀의 직렬 또는 병렬의 온도 변화를 고려한 배터리 셀, 모듈 및 팩의 열 특성을 기반으로 한다. 사이클이 진행되는 동안 배터리 열 관리 시스템은 배터리 셀의 SEI의 안정성을 보장하기 위해 셀 온도를 원하는 범위 내로 유지해야 한다. 또한 배터리 열 관리 시스템은 셀 간의 온도 분포를 균일하게 유지하여 배터리에서 서로 다른 노화 경로를 방지해야 한다. 마지막으로 배터리 열 관리 시스템은 고속 충전 시(즉, 고속 충전) 온도 상승을 제어해야 한다.

새로운 양극 재료의 개발 또는 현재 배터리 시스템에 사용되는 음극 소재의 개량과 관련된 많은 분야가 연구 및 평가 대상이 되어 왔다. 예를 들어, 리튬 이온 배터리의 경우, Mao et al. (2018)은 흑연 결정체의 안정적인 크기가 배터리 수명을 크게 향상시킨다는 사실을 발견했다. 또한 Mussa et al. (2019)은 산화 코발트와 같은 나노 복합체를 적용하면 리튬 이온 배터리의 고온(최대 $100°C$) 작동이 가능하며 전기화학적 성능이 안정적이라는 것을 보여주었다.

리튬 이온 배터리의 노화 메커니즘을 줄이고(예: 리튬도금 및 SEI 성장 제

거), 셀 사이의 온도 구배를 심화시키는 배터리의 고유한 이질성(음극 제조 과정에서 생성됨)을 최소화하기 위해 흑연 음극 대신 가장 적합한 음극 소재를 찾기 위한 많은 연구가 진행되어 왔다. 그래핀과 그래핀 기반 산화그래핀으로의 전이는 음극에 흑연 대신 사용할 수 있는 가장 적합한 재료로 확인되었다. Luo et al. (2018)은 리튬 이온 배터리의 음극에 원소 그래핀 외에 금속 황화물과 같은 산화그래핀을 활용하면 배터리 내부의 발열이 크게 감소하고 결과적으로 리튬 이온 배터리의 성능이 향상된다는 사실을 입증하였다. 그래핀은 상대적으로 용량이 높고 노화 속도가 낮지만 초기 쿨롱 효율(전체 이온 대비 전기화학 반응에 참여하는 이온의 비율)이 낮다는 단점이 있다. 따라서 높은 쿨롱 효율은 물론 고용량, 고속 충전 시 온도 상승이 적고 비용이 낮은 음극에 적합한 소재를 찾기 위한 추가 연구가 필요하다.

4.6.2 고속 충전 방법

고속 충전에는 다음과 같이 여러 가지 방법이 있다.

- **(i)** 정전위 및 정전류 결합 충전법
- **(ii)** 펄스 충전, 그리고
- **(iii)** 네거티브 펄스 충전.

첫 번째 방법에서는 배터리 전위가 정의된 전위에 가까워질 때까지 충전기에 의해 일정한 전류가 먼저 공급된다. 이 전위 이상에서는 전압이 일정한 값으로 유지되고 전류는 완전 충전이 이루어질 때까지 약간 감소한다. 펄스 충전 방식에서는 전류 펄스가 배터리로 전송되어 충전 시간이 단축된다. 그러나 이 방식은 발열량이 상당히 증가하므로 적절한 펄스 주파수를 선택하면 임피던스를 낮추고 배터리의 발열량을 잠재적으로 줄일 수 있다. 네거티브 펄스 충전은 펄스 충전의 휴식 시간 동안 배터리에 작은 방전을 적용하여 셀 온도 상승을 줄이거나 최소화할 수 있기 때문에 유용한 충전 방법으로 간주된다. 이는 셀의 탈분극으로 이어져 높은 충전 속도를 가능하게 한다.

고속 충전 방식은 여러 가지 요인에 의해 제한된다.

- **(i)** 셀 과전위가 급격히 증가하는 제한 전류, 그리고
- **(ii)** 배터리의 동역학을 통해 노화 정도를 설명함

배터리 시스템에서 고속 충전을 위한 다양한 방법에 대한 개요는 Tomaszewska et al. (2019)에 의해서 보고되었다.

4.7 마무리

이 장에서는 배터리의 열 거동과 노화 메커니즘, 열 고장, 열 발생 및 열 관리 시스템과의 관계에 대해 설명하였다. 열-전기화학 결합 모델을 미리 제시하고 설명하였다. 이 모델을 통해 셀의 평균 셀 온도와 온도 분포를 결정할 수 있다. 양극과 음극의 주요 분해 반응기구에 대해 논의하였다. 그 일환으로 사이클링 모드와 캘린더 모드 동안 다양한 셀 화학에 대한 온도와 방전/충전 속도 및 충전 상태가 노화에 미치는 영향에 대해 논하였다. 또한 배터리의 열 발생원 및 가역적 및 비가역적 열 속도에 대한 스트레스 요인의 영향에 대해서도 설명하였다. 낮은 셀 온도 영역(20℃ 미만)의 경우, 노화 메커니즘은 주로 리튬도금과 관련이 있으며, 높은 셀 온도 영역(40℃ $< T <$ 온도)의 경우, 열화 과정은 주로 SEI의 성장으로 인한 것으로 나타났다. 중간 셀 온도 영역에서는 배터리 수명과 성능이 가장 좋은 것으로 나타났다. 마지막으로 배터리의 비정상적인 동작이 수명과 성능에 미치는 영향과 관련된 도전과제와 목표를 검토하였다.

이러한 과제는 배터리의 노화를 완화하고 고속 충전이 셀 이질성 및 셀 내 온도 구배에 미치는 영향을 줄이기 위한 전략과 관련이 있음을 확인하였다. 기회에는 효율적이고 효과적인 배터리 열 관리 시스템, 효과적인 고속 충전 방법, 적절한 음극 소재 선택을 통해 앞서 언급한 문제를 최소화하려는 노력이 포함된다.

학습질문

4.1. 배터리 시스템에서 사용되는 다음 용어를 정의하라.
- 셀의 건강 상태
- 셀의 충전 상태
- 용량 감소
- 전력 감소

4.2. 배터리 시스템의 노화 메커니즘은 무엇인가? 배터리 노화의 일반적인 두 가지 유형은 무엇인가?

4.3. 리튬 이온 배터리 셀에서 고체 전해질 계면(SEI)은 어떻게 형성되나? 리튬 이온 배터리 셀에서 SEI 형성을 가속화하는 주요 요인은 무엇인가?

4.4. 배터리 시스템에서 열 폭주 현상의 주요 원인은 무엇인가? 열 폭주는 어떻게 제어할 수 있나?

4.5. 배터리 셀에서 가역적 및 비가역적 열 발생에 영향을 미치는 요인을 나

열하고 설명하라.

4.6. 배터리 시스템의 노화 메커니즘을 늦출 수 있는 조치는 무엇인가?

4.7. 다양한 C-rate(방전 속도)에서 리튬 이온 배터리의 전압-방전 용량 다이어그램을 고려하자. 상대적으로 높은 속도로 방전이 발생하면 배터리 셀의 유효 용량이 감소하는 것을 관찰할 수 있다. 방전 시간은 1시간이며, 표면적이 100 cm^2, 질량이 100 g인 배터리 셀 전체에 걸쳐 온도가 균일해진다. 평형 전위는 다음 방정식에 따라 온도에 따라 선형적으로 변화한다.

$$E_{eq} = 1.43 \times 10^{-4} T^2 + 0.04T - 2.1 \quad \left(\text{for } E_{eq} \text{ in } V \text{ and } T \text{ in K}\right)$$

그림 4.10에 표시된 설계 지점 A의 온도가 $C = 0.1, 1, 2, 4$에서 각각 $25\,°\text{C}$, $27\,°\text{C}$, $30\,°\text{C}$, $34\,°\text{C}$인 경우,

- $C = 0.1, 1, 2, 4$의 C-rate에 대해 각각 배터리의 발열량을 결정해보라.
- C-rate가 각각 $0.1, 1, 2, 4$일 때 배터리 온도를 $25\,°\text{C}$, $27\,°\text{C}$, $30\,°\text{C}$, $34\,°\text{C}$로 유지하려면 열 관리 시스템의 특성이 어떠해야 하는지 토론해보라.

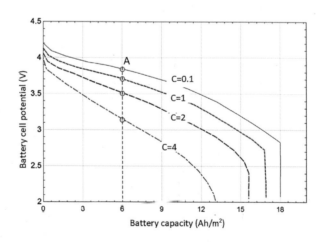

그림 4.10 네 가지 방전율(C-rate)에 대한 배터리 셀의 방전 용량에 따른 배터리 셀 전위 변화.

참고문헌

Afshar, S, 2017. Lithium-Ion Battery SOC Estimation, PhD Dissertation. University of Waterloo, Waterloo, Ontario, Canada.

Al-Zareer, M., Dincer, I., Rosen, M.A., 2018. A review of novel thermal management systems for batteries. Int. J. Energy Res. 42 (10), 3182–3205.

Al-Zareer, M., Dincer, I., Rosen, M.A., 2019a. Comparative assessment of new liquid-tovapor type battery cooling systems energy. Energy 188, 116010.

Al-Zareer, M., Dincer, I., Rosen, M.A., 2019b. A novel approach for performance improvement of liquid to vapor based battery cooling systems. Energy Convers. Manage. 187, 191–204.

Al-Zareer, M., Dincer, I., Rosen, M.A., 2020. A thermal performance management system for lithium-ion battery packs. Appl. Therm. Eng. 165, 114378.

Barré, A., Deguilhem, B., Grolleau, S., Gerard, M., Suard, F., Riu, D., 2013. A review on lithium-ion battery ageing mechanisms and estimations for automotive applications. J. Power Sources 241, 680–689.

Birkl, C.R., Roberts, M.R., McTurk, E., Bruce, P.G., Howey, D.A., 2017. Degradation diagnostics for lithium ion cells. J. Power Sources 341, 373–386.

Dalverny, A.L., Filhol, J.S., Doublet, M.L., 2011. Interface electrochemistry in conversion materials for Li-ion batteries. J. Mater. Chem. 21 (27), 10134–10142.

Devie, A., Dubarry, M., Liaw, B.Y., 2014. Diagnostics of Li-ion commercial cells – experimental case studies. ECS Trans. 58 (48), 193.

Doyle, M., Newman, J., 1995. Modeling the performance of rechargeable lithium-based cells: design correlations for limiting cases. J. Power Sources 54 (1), 46–51.

Dubarry, M., Qin, N., Brooker, P., 2018. Calendar aging of commercial Li-ion cells of different chemistries—a review. Curr. Opin. Electrochem. 9, 106–113.

Ecker, M., Gerschler, J.B., Vogel, J., Käbitz, S., Hust, F., Dechent, P., Sauer, D.U., 2012. Development of a lifetime prediction model for lithium-ion batteries based on extended accelerated aging test data. J. Power Sources 215, 248–257.

Eddahech, A., Briat, O., Vinassa, J.M., 2015. Performance comparison of four lithium–ion battery technologies under calendar aging. Energy 84, 542–550.

Galatro, D., Al-Zareer, M., Da Silva, C., Romero, D., Amon, C., 2020a. Thermal behavior of lithium-ion batteries: aging, heat generation, thermal management and failure. Front. Heat Mass Transf. 14, 17.

Galatro, D., Silva, C.D., Romero, D.A., Trescases, O., Amon, C.H., 2020b. Challenges in data-based degradation models for lithium-ion batteries. Int. J. Energy Res. 44 (5), 3954–3975.

Gismero, A., Stroe, D.I., Schaltz, E., 2019. Calendar aging lifetime model for NMC-based lithium-ion batteries based on EIS measurements. In: 2019 Fourteenth International Conference on Ecological Vehicles and Renewable Energies (EVER). IEEE, pp. 1–8.

Han, X., Ouyang, M., Lu, L., Li, J., Zheng, Y., Li, Z., 2014. A comparative study of commercial lithium ion battery cycle life in electrical vehicle: aging mechanism identification. J. Power Sources 251, 38–54.

Kantharaj, R., Marconnet, A.M., 2019. Heat generation and thermal transport in lithium-ion batteries: a scale-bridging perspective. Nanoscale Microscale Thermophys. Eng. 23 (2), 128–156.

Keil, P., 2017. Aging of Lithium-Ion Batteries in Electric Vehicles. PhD Thesis, Technical

University of Munich, Munich, Germany.

Keil, P., Schuster, S.F., Wilhelm, J., Travi, J., Hauser, A., Karl, R.C., Jossen, A., 2016. Calendar aging of lithium-ion batteries. J. Electrochem. Soc. 163 (9), 1872.

Kötz, R., Ruch, P.W., Cericola, D., 2010. Aging and failure mode of electrochemical double layer capacitors during accelerated constant load tests. J. Power Sources 195 (3), 923–928.

Leng, F., Tan, C.M., Pecht, M., 2015. Effect of temperature on the aging rate of Li ion battery operating above room temperature. Sci. Rep. 5 (1), 1–12.

Lin, C., Wang, F., Fan, B., Ren, S., Zhang, Y., Han, L., Liu, S., Xu, S., 2017. Comparative study on the heat generation behavior of lithium-ion batteries with different cathode materials using accelerating rate calorimetry. Energy Procedia 142, 3369–3374.

Luo, R.P., Lyu, W.Q., Wen, K.C., He, W.D., 2018. Overview of graphene as anode in lithium-ion batteries. J. Electron. Sci. Technol. 16 (1), 57–68.

Mao, C., Wood, M., David, L., An, S.J., Sheng, Y., Du, Z., Meyer III, H.M., Ruther, R.E., Wood III, D.L., 2018. Selecting the best graphite for long-life, high-energy Li-ion batteries. J. Electrochem. Soc. 165 (9), A1837.

Mussa, Y., Ahmed, F., Abuhimd, H., Arsalan, M., Alsharaeh, E., 2019. Enhanced electrochemical performance at high temperature of cobalt oxide/reduced graphene oxide nanocomposites and its application in lithium-ion batteries. Sci. Rep. 9 (1), 1–10.

Newman, J., Tiedemann, W., 1975. Porous-electrode theory with battery applications. AICHE J. 21 (1), 25–41.

Palacín, M.R., 2018. Understanding ageing in Li-ion batteries: a chemical issue. Chem. Soc. Rev. 47 (13), 4924–4933.

Pals, C.R., Newman, J., 1995. Thermal modeling of the lithium/polymer battery: I. Discharge behavior of a single cell. J. Electrochem. Soc. 142 (10), 3274.

Petzl, M, Danzer, MA, 2014. Nondestructive detection, characterization, and quantification of lithium plating in commercial lithium-ion batteries. J. Power Sources 254, 80–87.

Rao, L., Newman, J., 1997. Heat-generation rate and general energy balance for insertion battery systems. J. Electrochem. Soc. 144 (8), 2697.

Rohr, S., Müller, S., Baumann, M., Kerler, M., Ebert, F., Kaden, D., Lienkamp, M., 2017. Quantifying uncertainties in reusing lithium-ion batteries from electric vehicles. Procedia Manuf. 8, 603–610.

Santhanagopalan, S, Smith, K, Neubauer, J, Kim, GH, Pesaran, A, Keyser, M, 2014 Design and Analysis of Large Lithium-Ion Battery Systems. Artech House.

Schimpe, M., von Kuepach, M.E., Naumann, M., Hesse, H.C., Smith, K., Jossen, A., 2018. Comprehensive modeling of temperature-dependent degradation mechanisms in lithium iron phosphate batteries. J. Electrochem. Soc. 165 (2), A181.

Spotnitz, R., Franklin, J., 2003. Abuse behavior of high-power, lithium-ion cells. J. Power Sources 113 (1), 81–100.

Thomas, K.E., Newman, J., 2003. Thermal modeling of porous insertion electrodes. J. Electrochem. Soc. 150 (2), A176.

Tippmann, S., Walper, D., Balboa, L., Spier, B., Bessler, W.G., 2014. Low-temperature charging of lithium-ion cells part I: electrochemical modeling and experimental investigation of degradation behavior. J. Power Sources 252, 305–316.

Tomaszewska, A., Chu, Z., Feng, X., O'Kane, S., Liu, X., Chen, J., Ji, C., Endler, E., Li, R., Liu, L., Li, Y., 2019. Lithium-ion battery fast charging: a review. ETransportation 1, 100011.

Wagemaker, M., Singh, D.P., Borghols, W.J., Lafont, U., Haverkate, L., Peterson, V.K., Mulder, F.M., 2011. Dynamic solubility limits in nanosized olivine LiFePO4. J. Am. Chem. Soc. 133 (26), 10222–10228.

Wang, J., Liu, P., Hicks-Garner, J., Sherman, E., Soukiazian, S., Verbrugge, M., Tataria, H., Musser, J., Finamore, P., 2011. Cycle-life model for graphite-LiFePO$_4$ cells. J. Power Sources 196 (8), 3942–3948.

Wikner, E, Thiringer, T, 2018. Extending battery lifetime by avoiding high SOC. Appl. Sci. 8 (10), 1825.

Wu, Y., Keil, P., Schuster, S.F., Jossen, A., 2017. Impact of temperature and discharge rate on the aging of a LiCoO$_2$/LiNi$_{0.8}$Co$_{0.15}$Al$_{0.05}$O$_2$ lithium-ion pouch cell. J. Electrochem. Soc. 164 (7), A1438.

Wu, Z., Wang, Z., Qian, C., Sun, B., Ren, Y., Feng, Q., Yang, D., 2019. Online prognostication of remaining useful life for random discharge lithium-ion batteries using a gamma process model. In: 20th International Conference on Thermal, Mechanical and Multi-Physics Simulation and Experiments in Microelectronics and Microsystems (EuroSimE). IEEE, pp. 1–6.

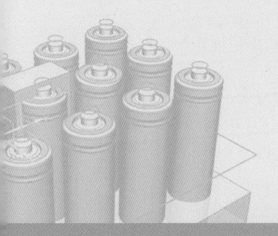

CHAPTER 5

배터리 열 관리 시스템

목표

- 배터리 열 관리 시스템을 소개
- 고전력 응용분야에서 배터리를 안전하고 오래 지속적으로 효율적이게 작동되기 위한 열 관리 시스템의 필요성에 대해 설명함
- 공기, 액체 및 상변화 물질 기반 장치를 포함한 기존 배터리 열 관리 시스템과 통합에 대해 설명하고 논의
- 증발식 풀 비등(Evaporating pool boiling) 기반 배터리 열 관리 시스템과 같이 최근에 개발된 배터리 열 관리 시스템용 기술을 제시하고 설명

기호 명명법

Acronyms

APM	ammonium polyphosphate
EG	expanded graphite
HDPL	high density polyethylene
PSC	primary sclerosing cholangitis

5.1 서론

배터리는 전기 자동차, 스마트폰, 노트북 컴퓨터 등 다양한 기기에 널리 사용된다. 배터리 팩에 여러 개의 배터리 셀을 쌓아 배터리 에너지 용량을 늘리고 충전 시간을 단축하기 위해 더 높은 전류로 배터리를 충전해야 한다는 요구가 커지고 있다. 이러한 작업은 배터리에서 더 높은 열 발생률을 초래한다. 특히 고전력으로 방전 및 충전이 요구되는 애플리케이션에서는 배터리에 상당한 열이 발생하게 된다. 이는 배터리 성능에 악영향을 미치고 배터리 고장으로 이어질 수 있으므로 배터리에서 이 열을 제거하는 것이 필수적이다.

배터리 열 관리 시스템의 사용은 여러 가지 이유로 특히 상대적으로 높은 전력을 사용하는 응용분야에 필수적이다.

- 배터리 온도를 조절하고 최적의 범위로 유지
- 특히 방전 및/또는 충전 속도가 빠르거나 극한의 환경 조건(예: 매우 덥거나 추운 조건)에서 배터리 내의 불균일한 온도 분포를 방지하거나 줄일 수 있다.

배터리 열 관리 시스템은 일반적으로 배터리를 냉각하기 위해 설계되지만, 낮은 환경 온도에서 배터리의 초기 작동을 위한 열을 공급할 수 있어야 한다. 또한 배터리 열 관리 시스템은 열 폭주 현상(즉, 배터리 온도가 화재 및 폭발로 이어질 수 있는 임계점을 초과하는 현상)의 발생을 방지하거나 최소한 줄임으로써 배터리의 안전한 작동 영역을 제공해야 한다. 이러한 현상이 발생하는 경우 열 관리 시스템은 배터리에서 배기 가스를 환기할 수 있어야 한다. 열 문제를 효과적으로 관리하는 것 외에도 배터리 열 관리 시스템에는 다양한 특성이 요구된다. 주요 요구 특성으로는 경량화, 소형화, 저비용, 손쉬운 유지보수, 높은 신뢰성, 간편한 포장, 낮은 전력 소비 등이 있다(Khan et al., 2017; Pesaran et al., 1999).

5.2 배터리 열 관리 설계 시스템

배터리 열 관리 시스템의 설계에는 수많은 단계가 포함된다. 배터리 열 관리 시스템의 설계 절차는 기존 열교환기의 설계 절차와 어느 정도 유사하다. 배터리 열 관리 시스템 설계의 주요 단계는 다음과 같다.

- 배터리 열 관리 시스템 설계의 목표와 제약 조건(예: 치수, 형상, 방향, 개수, 열전달 매체, 최대 압력 강하, 환기 필요성, 비용)을 파악한다.
- 다양한 작동 조건에서 배터리 셀 내 발열률 및 배터리 팩 전체의 셀 온도 분포 평가. 이러한 정보는 배터리 및 배터리 팩의 열역학, 열 및 전기화학 모델링을 사용하여 얻을 수 있다.
- 다양한 충전 상태 및 온도에서 구성 요소(예: 셀 코어 또는 외부 케이스)의 재료 열 용량과 같은 배터리의 열물리학적 특성을 측정, 분석 평가 또는 추정을 통해 결정한다. 이는 셀/모듈 구성 요소의 질량 가중 평균과 열량계 방법을 사용하여 평가할 수 있다(Santhanagopalan et al., 2014).
- 다양한 작동 조건에서 열 관리 시스템과 접촉하는 모듈의 온도를 계산한

다. 이는 일반적으로 에너지 절약 및 열전달 원리를 사용하여 수행된다. 이러한 작업을 포괄적으로 수행하려면 관련 열전달 유체(공기, 액체)는 물론 다양한 흐름 경로와 유속을 고려해야 한다.

- 배터리 열 관리 시스템의 열전달 유체와 배터리 간의 열전달 속도 결정. 이 단계에서는 전산 유체 역학(CFD), 상관관계 또는 실험 방법을 사용하는 경우가 많다.

- 배터리 시스템의 열특성 및 열 관리 시스템에 대해 예상되는 냉각 부하를 기반으로 배터리 열 관리 시스템의 예상 성능을 평가한다.

- 1차 배터리 열 관리 시스템 구축 및 테스트. 주요 시스템과 팬, 펌프, 증발기 및 히터와 같은 보조 구성 요소의 크기와 설치가 이루어진다. 에너지 요구 사항, 복잡성, 성능 및 유지보수와 관련된 중요한 설계 기준을 결정하고 대체 시스템과 비교할 수 있다. 이론적 시뮬레이션에서 고려되지 않은 실제적인 한계가 필요에 따라 도입되며, 필요한 경우 설계자는 가능한 최선의 방법으로 설계 사양을 달성하기 위해 업데이트된 정보로 이전 설계 단계를 다시 수행한다.

- 일반적으로 에너지 절약 및 열전달 원리를 사용하여 수행된다. 이러한 작업은 포괄성을 위해 관련 열전달 유체(공기, 액체)는 물론 다양한 흐름 경로와 유속을 고려해야 한다.

앞서 언급했듯이 배터리 시스템의 성능은 작동 온도에 따라 크게 달라지므로 배터리 내에서 열이 어떻게 발생하는지 파악하는 것이 중요하다. 이를 위해서는 배터리 열 발생과 온도가 배터리 천공률에 미치는 영향을 이해하는 것이 중요하다. 이 책의 2장부터 4장까지는 각각 배터리의 열역학적, 전기화학적, 열적 거동에 대해 설명하였다. 이러한 처리를 통해 배터리의 열 특성을 파악할 수 있다. 배터리 열 관리 시스템은 다양한 설계 및 작동 조건을 고려하여 다양한 유형의 배터리에 대해 광범위하게 연구되어 왔다.

모든 배터리 열 관리 시스템 설계에서 배터리 시스템 열 거동을 이해하는 것이 중요하다. 그림 5.1은 배터리 시스템의 열 거동에 대해 간략하게 설명한다. 배터리의 열 발생은 네 가지 소스에서 발생한다고 보고된다. (i) 활성 이온의 삽입과 탈리(즉, 엔트로피 가열), (ii) 상변화 열, (iii) 과전위, (iv) 혼합으로 인한 열 방출. 마지막 세 가지 원인은 비가역적 발열로 알려져 있지만 엔트로피 열은 배터리의 가역적 등온 작동 중에 발생하는 열을 나타내므로 가역적 열에 해당 된다.

과전위로 인해 발생하는 열은 그림 5.1에서 볼 수 있듯이 (i) 전기화학 반응

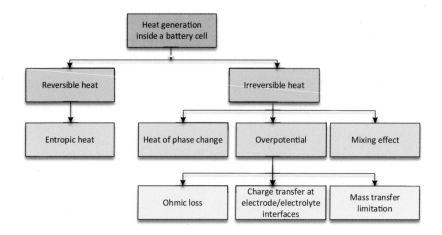

그림 5.1 배터리 시스템의 열 거동.

에 대한 저항(전극 반응에서 전극과 전해질 사이의 전하 이동 중 열 발생), (ii) 전자의 흐름에 대한 저항[줄(Joule) 또는 옴(Ohmic) 가열], (iii) 전해질 내 이온의 움직임에 대한 저항으로 인해 발생하게 된다.

5.3 배터리 열 관리 범주 시스템

대부분의 배터리 열 관리 시스템은 크게 세 가지 범주로 나눌 수 있다.

(i) 공기 기반
(ii) 액체 기반
(iii) 상변화 물질(PCM) 기반

배터리 열 관리 시스템의 후자 범주에는 고체-액체 상변화 및 액체-증기 상변화를 기반으로 하는 시스템이 포함된다. 일반적으로 고체-액체 상변화에 PCM이 더 자주 사용되므로 이 장에서는 이 유형에 중점을 두려고 한다. 따라서 이 장에서는 상변화 온도에서 각각 녹고 응고되어 에너지를 흡수하고 방출하는 하위 상태인 PCM에 대해 설명한다. 액체-증기 상변화 기반 시스템에서는 히트 파이프를 사용하여 열전달 유체를 통해 배터리에서 콘덴서로 열을 전달하거나 배터리를 고정된 액체 열전달 유체에 직접 담그어 사용하는 시스템이다. 전자는 히트 파이프 기반 배터리 열 관리 시스템으로 알려져 있으며 후자는 증발 풀 비등(pool boiling) 기반 배터리 열 관리 시스템으로 알려져 있다. 그림 5.2는 주요 배터리 열 관리 시스템 범주를 보여준다. 다른 유형의 배터리 열 관리 시스템은 위에 나열된 세 가지 주요 배터리 열 관리 시스템 카테고

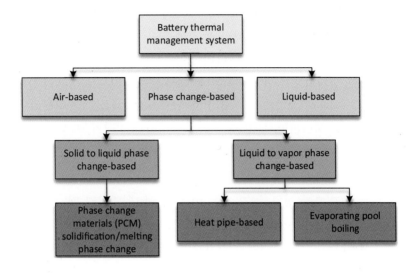

그림 5.2 배터리 열 관리 시스템의 주요 범주.

리를 선택하여 여러 시스템을 통합이나 조합을 하는 시스템이 개발되었다.

예를 들어, PCM 기반 시스템은 액체 기반 또는 공기 기반 시스템과 통합할 수 있다. 이 통합 시스템에서 PCM 기반 시스템은 배터리 세트에서 열을 흡수한 다음 액체 기반 또는 공기 기반 열 관리 시스템에 의해 냉각된다. 이러한 통합 열 관리 시스템을 사용하면 배터리에 균일한 냉각을 제공하고 원하는 작동 조건에서 배터리 온도를 유지함으로써 균일한 온도 분포를 달성할 수 있다.

배터리 열 관리 시스템은 패시브 냉각과 액티브 냉각으로 분류할 수 있다. 패시브 냉각 시스템에서는 주변 온도를 사용하여 배터리를 냉각하는 반면, 액티브 냉각에서는 에너지원을 사용하여 배터리 냉각을 제공한다. 능동 냉각은 냉각 매체가 배터리에 직접 또는 간접적으로 접촉하는지 여부에 따라 직접 냉각과 간접 냉각으로 각각 분류할 수 있다.

다음 장에서는 공기 기반, 액체 기반, PCM 기반 및 액체-증기 상변화 기반 배터리 열 관리 시스템에 대해 설명하려 한다.

5.4 공기 기반 배터리 열 관리 시스템

공기 기반 열 관리 시스템은 일반적으로 강제 대류 및 자연 대류 공기 흐름 시스템으로 분류된다. 자연 대류의 경우 공기 흐름에서는 공기를 배터리 팩으로 이동시키는 데 추가 에너지가 사용되지 않는 반면, 강제 대류 공기 흐름에서는 공기를 배터리 팩으로 이동시키는 데 에너지가 사용된다. 강제 대류 공기 흐름

열 관리 시스템은 자연 대류 공기 흐름 시스템보다 열전달 계수가 높기 때문에 냉각 매체인 공기와 배터리 팩 간에 열을 더 효과적으로 전달할 수 있다. 따라서 대부분의 공기 기반 배터리 열 관리 시스템은 강제 대류 공기 흐름을 기반으로 설계되므로 이 장에서는 이 부분을 중점적으로 다루려 한다. 이러한 시스템은 비용이 저렴하고 구성이 간단하며 유지보수가 용이하다. 일반적으로 공기 기반 배터리 열 관리 시스템은 중간 정도의 냉각 부하 애플리케이션에 냉각을 제공할 수 있다.

공기 기반 배터리 열 관리 시스템에는 많은 설계가 존재한다. 이러한 설계는 공기 흐름 경로, 공기 흐름 속도 및 팩 내 배터리 배열 측면에서 다양하다. 이제 공기 기반 배터리 열 관리 시스템에 대한 중요한 최근 연구를 선별하여 설명하려 한다. 여기에는 공기 기반 배터리 열 관리 시스템 설계의 여러 가지 예가 나와 있다.

그림 5.3(a)와 (b)는 배터리 팩의 일반적인 수평 및 세로 레이아웃을 보여준다. 수평 배터리 팩 구성에서는 공기 냉각수의 입구 및 출구 포트가 셀의 더 넓은 표면적에 노출되는 반면, 세로 구성에서는 공기 흐름의 입구 및 출구 포트가 셀의 더 얇은 폭에 노출된다. Xu와 He(2013)에 따르면 수평 구성은 주로 공기 흐름 경로가 짧기 때문에 세로 구성보다 더 나은 냉각 성능을 나타낸다. 또한 저자들은 더 높은 전도 열전달 면적을 제공하는 하단 덕트를 추가하여 수평 구성을 더욱 개선할 수 있음을 발견하였다.

그림 5.4는 공기 냉각수의 흐름을 위한 Z형 및 U형 덕트를 보여준다. Sun과 Dixon(2014)은 Z형 덕트가 U형 덕트에 비해 셀 온도 변화를 낮추는 데 더 효과적이라는 것을 입증하였다. 또한 공기 냉각 흐름의 입구 및 출구 포트 형상은 냉각 채널의 공기 유량 균일성에 영향을 미치며, 결과적으로 셀 온도 균일성과 냉각 채널 간의 압력 강하에 영향을 미친다. 공기 흐름에 테이퍼형 입구 및 출구 포트를 사용하면 냉각 채널의 공기 유량 변화를 크게 줄일 수 있으며 결과적으로 더 균일한 셀 온도를 제공할 수 있다. 또한 공기 흐름을 위해 입구와 출구 포트가 테이퍼 처리된 Z형 덕트의 압력 강하가 U형 덕트보다 낮다는 것을 알 수 있다.

공기 기반 배터리 열 관리 시스템의 병렬 공기 흐름 구성에서 유입 공기 흐름을 늘리면 배터리 팩 온도를 낮출 수 있지만, 단독으로는 배터리 팩의 온도 균일성에 큰 영향을 미치지 못한다. 병렬 공기 흐름 구성의 성능은 보조 통풍구를 사용하여 개선할 수 있다(그림 5.5 참조). 보조 통풍구의 위치와 크기는 셀의 최대 온도와 배터리 팩 내의 온도 균일성에 큰 영향을 미친다. 2차 통풍구는 최대 온도가 높은 셀 근처에 배치하는 것이 좋다(Hong et al. 2018). 통풍구

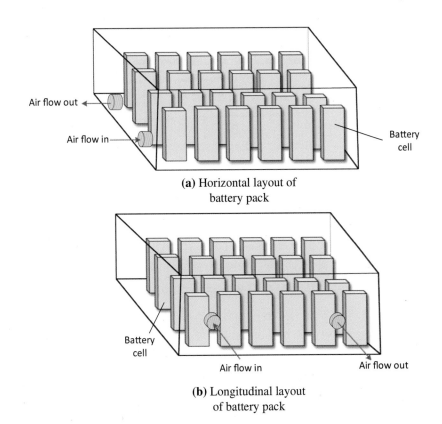

(a) Horizontal layout of
battery pack

(b) Longitudinal layout
of battery pack

그림 5.3 공기 냉각수의 입구 및 출구 포트가 각각 셀의 더 크고 얇은 표면적에 노출된
배터리 팩의 가로 및 세로 레이아웃.

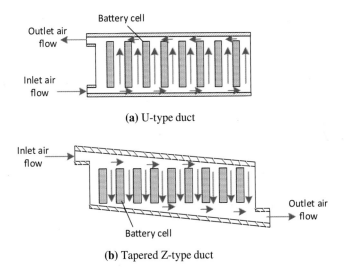

(a) U-type duct

(b) Tapered Z-type duct

그림 5.4 공기 기반 배터리 열 관리 시스템에서 배터리 팩용 U형 및 테이퍼형 Z형 공기
덕트.

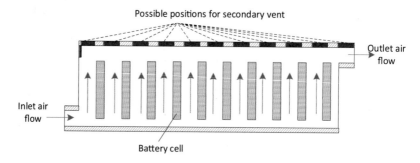

그림 5.5 보조 통풍구의 가능한 위치가 있는 배터리 팩용 Z형 통풍구.

크기를 늘리면 셀 최대 온도가 감소한다(Hong et al. 2018).

배터리 팩에 원통형 배터리가 포함된 경우 배터리 열 관리 시스템에서 축 방향 공기 흐름 방향을 사용할 수 있다. 이러한 배터리 열 관리 시스템에서 정 방향 축 방향 공기 흐름이 사용되는 경우(그림 5.6)에서 원통형 배터리는 축 방 향으로 배열되어 있으며 배터리 팩 중앙에 있는 채널을 통해 공기가 흐른다. 배터리 셀 사이의 거리를 늘리면 배터리 팩의 평균 온도가 약간 상승하는데, 이는 바람직하지 않지만 배터리 팩의 온도 균일성을 개선하는 데 도움이 된다 (즉, 셀 간의 온도 차이를 줄일 수 있다)(Yang et al., 2016 a, b). 또한, 배터리 팩의 방사형 간격이 증가함에 따라 배터리 팩에 냉각을 제공하는 데 필요한 전 력도 증가하게 된다. 그리고 정방향 축방향 공기 흐름 구성을 사용할 때 공기 유량이 증가함에 따라 셀 온도가 감소하게 된다.

Wang et al. (2014)은 강제 공기 대류 배터리 열 관리 시스템에 대한 수많은 설계 구성을 연구 하였다. 그림 5.7에서 볼 수 있듯이 배터리 팩에 대해 다양한 단면 면적과 모양(정사각형, 직사각형, 육각형 및 원형)이 고려되었다. 배터리

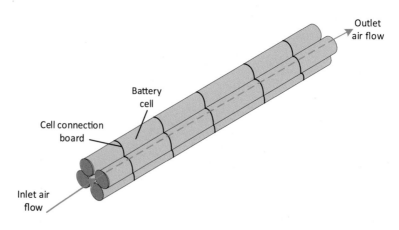

그림 5.6 원통형 배터리가 포함된 배터리 팩의 축 방향 공기 흐름 냉각.

셀의 배열은 배터리 팩의 위에서 본 모습에서 볼 수 있다. 팬은 원통형 배터리를 통해 강제 공기 대류를 제공하는 데 사용되며, 공기 흐름 유입구는 그림 5.7에 나와 있다. 강제 공기는 정사각형 팩 디자인을 통해 축 방향으로 흐르고, 직사각형 디자인의 경우 한쪽에서 공기가 들어와 다른 쪽에서 채널을 빠져나간다. 사용된 배열에 따라 일부 셀은 잘 냉각되고 다른 셀은 덜 적절하게 또는 불충분하게 냉각된다. 직사각형 배터리 셀 배열에서는 중간에 있는 배터리 셀이 효과적으로 냉각되지 않는 반면에, 정사각형 디자인에서는 배터리 팩 벽에 가까운 셀이 효과적으로 냉각되지 않는다. 배터리 팩 설계 외에도 셀 사이의 거리, 유입 공기 흐름의 온도 및 속도와 같은 다른 설계 매개 변수가 팩의 셀 냉각에 큰 영향을 미친다.

배터리 시스템에서 배출되는 공기는 공기 냉각 시스템에서 냉각한 다음 배터리 시스템으로 반환하거나 환경으로 배출(재활용되지 않음)할 수 있다. 공기 냉각 시스템은 자동차 실내와 같은 공기 공간의 열을 제거하도록 설계할 수 있다. 냉각 공기가 재활용되지 않는 경우(그림 5.8 참조), 배터리를 냉각한 후하나 이상의 팬을 통해 공기가 환경으로 배출된다. 이러한 공랭식 시스템은 공

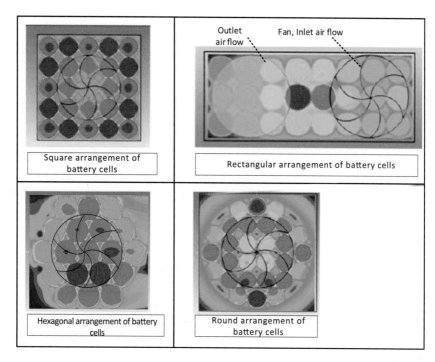

그림 5.7 강제 대류 공기 배터리 열 관리 시스템과 함께 사용하기 위한 원통형 배터리의 다양한 배열. 배터리 팩의 단면적이 표시되어 있다. 빨간색이 많을수록 배터리의 온도가 높음을 나타낸다.

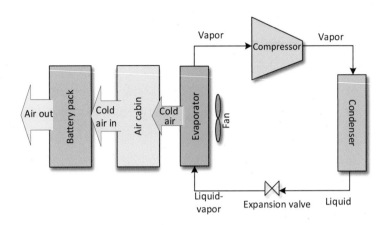

그림 5.8 배터리 팩을 냉각하기 위해 증기 압축 냉동 사이클을 사용하는 실내 공기 냉각 시스템.

기를 재활용하는 데 공간이 필요하지 않으므로 상대적으로 크기가 작다. 일반적으로 사용되는 내부 공기 냉각 시스템은 증기 압축 냉동 사이클이며 증발기, 압축기, 응축기, 그리고 팽창 밸브로 구성되어 있다. 상대적으로 온도가 낮은 공기는 덕트와 매니폴드를 통해 팬에 의해 배터리 시스템으로 송풍된다. 공기가 재활용되는 경우, 배터리에서 빠져나가는 상대적으로 높은 온도의 공기에서 증발기로 열이 전달되므로 공기가 다시 배터리 시스템으로 돌아와 열을 흡수할 수 있다. 전기 및 하이브리드 차량과 같은 일부 애플리케이션에서는 차량의 움직임을 통해 냉각을 위해 배터리 시스템 위로 공기가 흐르도록 유도할 수 있다. 이러한 유형의 공기 기반 냉각 시스템은 공기를 이동하는 데 전력을 사용하지 않지만 전기 및 하이브리드 차량과 같이 배터리 팩이 장착된 장치를 이동하는 데는 제한이 있다.

상대적으로 온도가 낮은 공기는 덕트와 매니폴드를 통해 팬에 의해 배터리 시스템으로 송풍된다. 공기가 재활용되는 경우, 배터리에서 빠져나가는 상대적으로 높은 온도의 공기에서 증발기로 열이 전달되므로 공기가 다시 배터리 시스템으로 돌아와 열을 흡수할 수 있다. 전기 및 하이브리드차량과 같은 일부 응용분야에서는 차량의 움직임을 통해 냉각을 위해 배터리 시스템 위로 공기가 흐르도록 유도할 수 있다. 이러한 유형의 공기 기반 냉각 시스템은 공기를 이동하는 데 전력을 사용하지 않지만 전기 및 하이브리드차량과 같이 배터리 팩이 장착된 장치를 이동하는 데는 제한이 있다.

공기 기반 배터리 열 관리 시스템에도 문제가 없는 것은 아니다. 공기 기반 배터리 열 관리 시스템은 크기가 작고 배터리 시스템의 열을 제거하는 데 상대적으로 적은 전력을 소비하지만, 공기의 낮은 열용량과 낮은 열전도성 때문에 배터리 팩의 셀 간에 온도를 균일하게 분배하는 데는 효과적이지 않다. 또한 공기 냉각 시스템은 현열 제거를 통해서만 냉각을 제공할 수 있는데, 이는 고출력 배터리 애플리케이션에는 충분하지 않은 경우가 많다. 상당한 열이 발생하는 고전력 배터리 애플리케이션에 높은 냉각 효과를 제공하기 위해 공기 유량을 높이려고 하면 일반적으로 대형 덕트와 매니폴드가 필요하고 팬의 전력 소비가 증가하기 때문에 문제가 될 수 있다. 또한 공기 기반 열 관리 시스템은 일반적으로 팬과 송풍기로 작동하기 때문에 소음이 발생할 수 있다. 따라서 공기 기반 시스템이 아닌 다른 유형의 배터리 열 관리 시스템이 개발되었다.

5.5 액체 기반 배터리 열 관리 시스템

공기 기반 배터리 열 관리 시스템의 약점, 특히 높은 열부하에 대한 약점으로 인해 액체 기반 배터리 열 관리 시스템이 개발되었다. 이 시스템은 특히 전기 및 하이브리드 전기자동차와 같이 비교적 고출력의 배터리를 사용하는 애플리케이션에 적합하다. 액체 기반 냉각시스템은 전기 및 하이브리드 전기자동차에 가장 일반적으로 사용되는 배터리 열 관리 시스템이다.

액체 기반 배터리 열 관리 시스템은 일반적으로 배터리 표면이 열전달 유체와 직접 접촉하는지 또는 간접 접촉하는지에 따라 분류할 수 있다. 직접 접촉 시스템에서는 일반적으로 단락 위험을 제거하기 위해 유전체 열전달 유체(예: 미네랄오일)를 선택하여 배터리에서 열을 제거한다. 이러한 유형의 열 관리 시스템은 간접 액체 기반 배터리 열 관리 시스템에 비해 냉각 속도가 빠르고 소형화할 수 있다는 장점이 있다.

비등 상변화 현상을 사용하는 일부 직접 접촉식 액체 기반 냉각 시스템은 5.5 장에 설명되어 있다. 그러나 일부 배터리 애플리케이션에서는 직접 접촉 기반 열선날 유제를 사용하는 것이 실용적이지 않다. 대신 간접 접촉식 액체 기반 냉각 시스템을 직접 사용하여 배터리 시스템에서 열을 방출할 수 있다. 작동 유체는 일반적으로 직접 접촉 기반 열 관리 시스템의 열전달 유체에 비해 점도가 낮기 때문에 간접 접촉 기반 시스템에서는 더 높은 열전달 유체 유속을 사용할 수 있다.

일반적으로 액체 기반 배터리 열 관리 시스템에는 열전도율과 열용량이 향상된 열전달 유체가 바람직하다. 간접 접촉 기반 냉각 시스템에는 물, 에틸렌 글리콜 수용액, 폴리 아크릴산나트륨이 포함된 탈 이온수, 미네랄오일, Al_2O_3-water 나노 유체, 액체 금속 및 냉매 R-134a 등 다양한 열전달 유체가 사용될 수 있다. 액체 상태의 물은 일반적으로 액체 기반 냉각 시스템의 열전달 유체

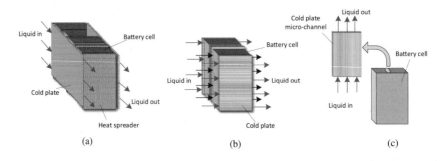

그림 5.9 간접 접촉 기반 열 관리 시스템을 위한 냉각판 배치 옵션 냉각판: (a) 모듈 측면, (b) 배터리 셀 사이, (c) 배터리 셀 내부.

로 사용되지만 열전도율이 낮고 영하의 온도 조건에서 얼어붙는 등 몇 가지 문제점이 있다. 이러한 물의 단점은 동결 방지제(예: 에틸렌글리콜)와 알루미늄 산화물(Al_2O_3) 또는 나노 물질을 추가하여 물의 열 성능을 향상시킴으로써 해결할 수 있다.

간접 접촉 기반 열 관리 시스템의 경우, 열전달 유체는 금속판(냉각판)에 내장된 채널을 통해 펌핑되거나 개별 튜브를 통해 펌핑된다. 냉각판은 평평한 모양(각형 배터리의 경우) 또는 원통형 모양(원통형 배터리의 경우)으로 제작할 수 있으며, 배터리의 구조적 지지대 역할을 할 수도 있다. 냉각판은 배터리 내부, 셀 사이(샌드위치 구성) 또는 배터리 모듈 측면에 배치할 수 있다. 그림 5.9는 각형 배터리에서 평평한 냉각판의 다양한 배치를 보여준다. 냉각판 내부 배치용 플레이트의 경우, 채널의 크기는 배터리 구성 요소에 내장될 수 있을 정도로 충분히 작아야 한다. 또한 냉각판과 채널은 배터리 셀 구성 요소와의 화학 반응을 방지하기 위해 화학적으로 불활성인 재료로 구성되어야 한다.

냉각판이 배터리 모듈 측면에 배치되면 두 개의 열 분산기(배터리에서 더 차가운 방열판으로 열을 전달하는 역할을 함)를 사용하여 모듈에서 냉각판으로 열을 효과적으로 전달할 수 있다. 배터리 셀 사이에 배치되는 냉각판의 샌드위치 구성의 경우 냉각판의 두께가 충분히 얇아야 배터리 셀 사이에 냉각판을 더 잘 구성할 수 있다. 냉각판의 흐름 패턴과 채널 수는 열전달 효율을 극대화하고 채널 내 압력 강하를 최소화하는 것을 기준으로 설계할 수 있다. 그림 5.10은 냉각판을 사용하는 간접 접촉 기반 열 관리 시스템을 위한 채널 설계의 일반적인 구성을 보여준다. 주요 구성은 병렬 및 구불구불한 와인딩 타입의 모양이다. 냉각판의 채널 병렬 구성에서는 채널 수가 증가하면 냉각 성능이 저하된다. 그러나 최적의 채널 수가 있으며, 그 이상에서는 냉각 성능이 눈에 띄게 향상되지 않는다. 또한 채널 폭과 냉각 매체 질량 유량이 동시에 증가하면 배

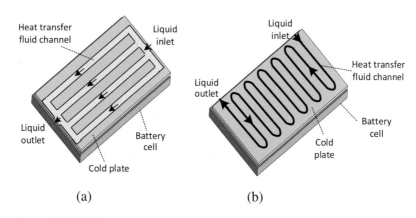

(a)   (b)

그림 5.10 (a) 냉각판의 병렬 및 (b) 구불구불한 와인딩 타입의 채널 구성.

터리 팩의 최대 온도와 셀 간 온도 차이가 감소하게 된다. 압력 강하는 병렬 구성보다 냉각판 채널의 구불구불한 모양의 구성이 훨씬 더 유리하다. 냉각판 채널의 구불구불한 설계에서 채널 굴곡 반경과 폭을 늘리면 냉각 공정이 향상되고 압력 손실이 줄어들게 된다. 또한 입구 채널을 출구 쪽으로 넓히는 방법으로 배터리 팩의 온도 균일성을 개선할 수 있다.

이렇게 하면 열전달 면적, 냉각수 속도 및 고체-유체 온도 구배 간의 균형이 유지되어 모든 플레이트 영역에서 동일한 열전달이 이루어진다. 또한 병렬 구성에서 발산형 채널은 배터리 팩의 최대 온도와 냉각판 내 압력 강하를 최소화하는 효과적인 설계 특성이다.

미니 채널 냉각판 냉각 방법(그림 5.11(a) 참조)을 사용하여 배터리 셀에서 열을 제거할 수도 있다. 이 방법에서는 열 전도율이 높은 미니 채널 냉각판 세트를 셀 사이에 배치하고 셀에 직접 부착한다. 이 방법은 배터리 팩 전체에 균일한 온도 분포를 제공할 수 있다. 이 방식에서는 액체 냉각수의 흐름에 좁고 긴 채널이 사용되기 때문에 전체 압력 강하가 상대적으로 높다. 따라서 더 높은 정압 조건에서 더 높은 유량의 액체 냉각수를 퍼 올리려면 전기 펌프가 필

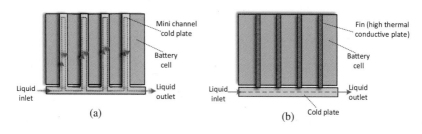

(a)   (b)

그림 5.11 배터리 셀 냉각을 위한 (a) 미니 채널 냉각판 및 (b) 고열 전도성 플레이트(핀)의 사용.

요하며, 이 방식에서는 전력 사용량이 증가하게 된다. 따라서 미니 채널 냉각 판 냉각 시스템의 최적화를 통해 최적의 채널 수와 형상, 액체 유량과 방향, 냉 각판의 작동 조건을 결정해야 한다.

또 다른 유형의 간접 액체 기반 배터리 열 관리 시스템에는 배터리 셀 사이 에 핀을 사용하는 방식이 있다. 핀 기반 냉각 방식(그림 5.11(b) 참조)의 경우 열전도율이 높은 핀이 배터리 셀 사이에 부착된다. 핀은 각 셀의 열을 냉각판 에 흐르는 액체 냉각수로 전달한다. 그런 다음 액체는 외부로 배출된다. 이 방 식은 셀 수준에서만 균일한 온도를 제공할 수 있다. 실제로 셀과 핀 사이의 온 도 차가 점차 감소하여 냉각 성능이 저하된다.

또한 액체가 앞쪽(첫 번째 셀에서 마지막 셀로)으로 흐르기 때문에 마지막 셀에 도달할수록 온도가 상승한다. 따라서 균일한 온도 이 냉각 방식으로는 배 터리 팩 전체에 고르게 분포할 수 없다.

배터리 팩의 열을 흡수하는 액체 기반 냉각판 시스템의 설계 및 구성은 이 장의 앞부분에서 설명했다. 이제 이 처리를 확장하기 위해 배터리 팩에서 배출 되는 액체 냉각수를 냉각하는 데 사용할 수 있는 2차 냉각 사이클에 대해 설명 하려 한다. 그림 5.12(a)는 일반적인 2차 냉각 시스템을 보여주고 있다. 여기에 는 냉매 루프와 액체 냉각수 루프의 두 루프가 포함된다. 양방향 밸브는 냉각 부하에 맞게 유체 흐름을 조정하는 데 사용된다. 양방향 밸브에는 다음 설정을 사용할 수 있다.

(i) 상대적으로 높은 냉각 부하의 경우 액체(즉, 냉각 매체)가 칠러로 들어 가 압축 냉동 사이클에 의해 냉각되도록 밸브가 설정된다.

(ii) 냉각 부하가 상대적으로 낮고 주변 온도가 액체 온도보다 낮은 경우, 양방향 밸브는 액체가 라디에이터를 통과하도록 설정되어 주변 공기 가 액체를 냉각하는 데 사용된다.

매우 낮은 온도 작동 조건(예: 겨울철)에서 배터리를 가열하는 경우 그림 5.12(a)를 수정하여 그림 5.12(b)에 표시된 것처럼 시스템에 히트 펌프 기능을 추가할 수 있다. 그런 다음 3방향 밸브를 사용하여 작동 유체의 방향을 변경하 여 배터리를 가열하고 냉각할 수도 있다. 액체 기반 배터리 열 관리 시스템의 2 차 냉각 유형 및 설계는 다양한 전력 부하 및 환경 조건에서 배터리 온도를 원 하는 작동 온도로 유지하는 것이 중요하다는 점에 주목하여 선택된다.

액체 기반 배터리 열 관리 시스템을 적절히 설계하면 매우 고온 또는 저온 에서 급속 방전 또는 충전하는 등 극한의 작동 및/또는 환경 조건에서도 원하 는 배터리 작동 온도를 달성할 수 있다. 액체 기반 배터리 열 관리 시스템은 크기는 작지만 복잡하다. 추가 구성 요소(예: 냉각수 배관)가 있어 무게와 누출 위험이 증가하고 결과적으로 더 광범위한 유지보수 요구 사항이 발생한다.

최근 액체 기반 배터리 열 관리 시스템에서 몇 가지 중요한 발전이 보고되었다. 이러한 시스템은 일반적으로 다양한 작동 조건에서 냉각 성능을 개선하는 것을 목표로 한다. Basu et al. (2016)은 리튬이온 배터리 셀 세트에 알루미

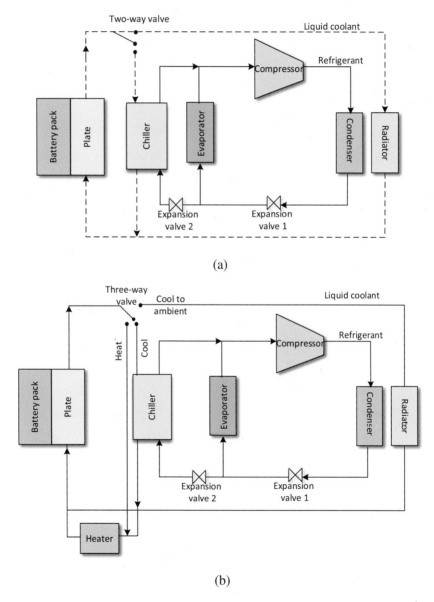

(a)

(b)

그림 5.12 (a) 배터리 팩을 냉각하기 위한 냉매 루프 및 액체 냉각수 루프를 포함한 2차 냉각 시스템. (b) 배터리 팩을 냉각 및 가열하기 위한 2차 냉각(냉매 및 액체 냉각수 루프 포함) 및 가열 시스템.

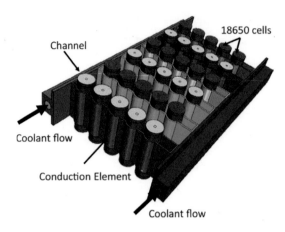

그림 5.13 액체 및 전도성 소자 배터리 열 관리 시스템과 결합된 배터리 팩의 기하학적 구조.

늄 전도성 소자를 사용하는 히트 파이프 개념을 기반으로 한 새로운 액체 기반 냉각 시스템을 미리 제안했다. 전도성 소자를 사용하면 냉각수와 배터리 셀 사이의 접촉 저항이 줄어들고 냉각수와 셀 사이의 분리기 역할도 하여 누출 또는 기타 시스템 고장 시 둘 사이의 직접적인 접촉을 방지할 수 있다.

그림 5.13은 액체 냉각수 및 전도성 소자 열 관리 시스템과 통합된 이 배터리 팩을 보여준다. 이 배터리 열 관리 시스템은 액체 냉각 매체의 낮은 유량에서도 배터리 팩을 냉각할 수 있는 것으로 확인되었다. 또한 이 시스템은 바람직하지 않은 작동 조건(예: 냉각수의 낮은 유량 및 높은 방전율)에서도 배터리 팩을 효과적으로 냉각할 수 있어 전기 자동차에 적합한 후보가 될 수 있다.

액체 기반 배터리 열 관리 시스템에서 물 대신 액체 금속을 냉각제로 사용하는 것은 Yang et al. (2016a, b)에 의해 제안되었다. 이들은 유사한 흐름 조건에서 배터리 열 관리에 액체 금속을 사용하면 배터리 열 관리 시스템에서 물을 사용할 때보다 전력을 덜 소비하면서 배터리 팩 전체에 더 균일한 온도 분산을 제공할 수 있음을 보여주었다. 액체 금속은 상대적으로 높은 전력을 사용하는 애플리케이션, 더운 날씨 조건 및 일부 셀 고장 조건에서 배터리 팩의 열을 제거할 수 있다. 액체 금속은 액체 기반 배터리 열 관리 시스템에 잠재적으로 유망한 냉각제이지만, 액체 금속의 높은 밀도로 인해 이 냉각제의 질량이 높기 때문에 기존의 수성 열 관리 시스템에 비해 시스템이 상대적으로 무겁다.

그림 5.14는 특정 액체 기반 배터리 열 관리 시스템에 대해 여러 냉각수 속도에서 액체 금속과 물의 온도를 비교한 것이다. 액체 금속을 사용하는 냉각 시스템이 물 기반 냉각 시스템보다 더 나은 열 성능을 보이는 것으로 나타났다.

열 관리 시스템은 배터리 시스템에 원하는 작동 온도를 제공해야 할 뿐만

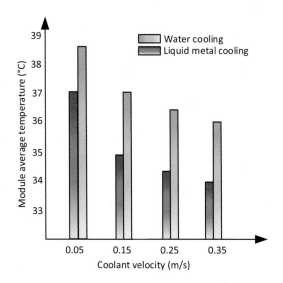

그림 5.14 액체 기반 배터리 열 관리 시스템에서 다양한 냉각수 속도 및 유형에 대한 4개의 리튬 이온 배터리 셀의 평균 온도.

아니라 배터리 시스템의 열 폭주 가능성을 제어하도록 설계되어야 한다. 열 폭주는 배터리 온도가 임계 온도(즉, 최대 허용 작동 온도)를 초과할 때 발생한다. 배터리 열 관리 시스템이 배터리 시스템에서 충분한 열을 효과적으로 방출하지 못하면 배터리 온도가 상승하여 임계 온도에 가까워진다. 또한 부적절한 배터리 제조 및/또는 차량 충돌로 인해 발생할 수 있는 배터리 내부 단락은 열 폭주로 이어질 수 있다. 열 폭주 현상은 화재를 일으키고 배터리 폭발로 이어질 수 있으므로 열 폭주 가능성을 적절히 완화하는 것이 중요하다. 배터리 열 관리 시스템의 혁신적인 설계 및 구성 개발을 통해 배터리의 열 폭주를 제어하기 위한 수많은 노력이 이루어지고 있으며, 새로운 노력이 고려되고 있다. 예를 들어, Xu et al. (2017)은 배터리 모듈을 위한 미니 채널 액체 기반 열 관리 시스템을 제안했다. 이 시스템은 배터리의 내부 단락 조건에서 분석되었다. 제안된 미니 채널 냉각 시스템은 내부 단락으로 인한 열 폭주를 막을 수는 없었지만, 배터리 셀 간 열 폭주의 분산을 방지할 수 있었다.

5.6 상변화 물질(PCM) 기반 배터리 열 관리 시스템

PCM은 한 상에서 다른 상으로 변화하는 잠열을 사용하여 열 에너지를 흡수하거나 방출하며, 이를 가열 또는 냉각에 사용할 수 있다. 앞서 언급했듯이 액체 기반 배터리 열 관리 시스템은 배터리의 온도를 원하는 범위 내에서 효과적으로 유지할 수 있지만, 이를 위해서는 상당한 양의 에너지를 사용해야 하는 경우가 많다. 또한 액체 기반 열 관리 시스템의 냉각 루프에 배관, 펌프 및 채널이 통합되어 있어 시스템이 복잡해지는 경우가 많다. 그러나 PCM 기반 열 관리 시스템은 추가 에너지 소비 없이 대량의 열 에너지를 저장 및/또는 방출할 수 있는 패시브 시스템으로 간주할 수 있다. 또한 PCM 기반 시스템은 공기/액체 기반 배터리 열 관리 시스템에서 사용되는 현열이 아닌 잠열을 사용하여 배터리에서 열을 방출하기 때문에 온도 균일성을 높일 수 있다. 현열 교환 과정에서는 열 전달 매체의 온도가 지속적으로 변화하는 반면, 잠열 과정에서는 배터리 팩뿐만 아니라 각 개별 셀에서 열을 흡수하는 동안 온도가 일정하게 유지되기 때문에 온도 균일도가 높다. 그림 5.15는 PCM을 시스템에 통합한 경우와 통합하지 않은 경우의 배터리 열 관리 시스템의 온도 특성을 보여준다. PCM 기반 배터리 열 관리 시스템에서 시스템 온도는 PCM의 용융 온도에서 일정하게 유지되다가 상 변화 프로세스가 완료된 후 상승하는 것을 볼 수 있다. 이는 공기/액체와 배터리 팩 간의 현열 교환 과정에서 시스템 온도가 지속적으로 상승하는 공기/액체 기반 열 관리 시스템에 비해 열 관리 시스템이 배터리 팩에서 열을 흡수할 수 있는 잠재력이 더 높다는 것을 의미한다.

PCM 기반 배터리 열 관리 시스템의 단순화된 다이어그램이 그림 5.16에 나와 있다. 이 시스템에서는 배터리 셀이 PCM에 부착되는 형태로서 배터리 셀을 부착할 수 있다. PCM의 오른쪽과 왼쪽(또는 상단과 하단)에 두 개의 플레이트가 부착되어 PCM이 흡수한 열을 조기에 제거한다.

배터리 시스템을 충전 및 방전하는 동안 각 배터리 셀에서 발생한 열이 PCM으로 전달된다. PCM의 온도는 처음에는 배터리 셀의 열을 흡수하여 PCM 녹는점에 도달할 때까지 상승한다. 그런 다음 상변화가 진행됨에 따라

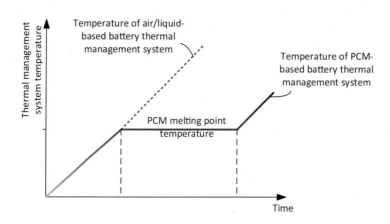

그림 5.15 PCM 기반 및 공기/액체 기반 배터리 열 관리 시스템의 온도 프로파일.

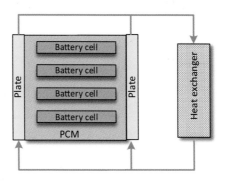

그림 5.16 간소화된 PCM 기반 배터리 열 관리 시스템.

일정한 온도에서 상당한 양의 열을 흡수한다(예: 고체 PCM이 액체로 전환됨). 충전 또는 방전 중 또는 높은 환경 온도에서 PCM이 연속적으로 작동하는 동안에는 결국 PCM이 완전히 녹기 때문에 PCM 기반 치료 관리 시스템이 효과적으로 작동할 수 없다는 점에 유의하라. PCM에 더 많은 열을 저장하기 위해 PCM의 질량을 늘리면 PCM 기반 열 관리 시스템의 질량이 현저히 증가하여 결과적으로 전기자동차와 같은 일부 배터리 애플리케이션에서 전력 소비가 증가하게 된다.

따라서 PCM의 열을 외부로 전달하고 녹은 PCM을 응고시키기 위해서는 2차 냉각 시스템이 필요하다. 2차 냉각 시스템은 강제 또는 자연 공기 대류 냉각 또는 액체 냉각 또는 기타 수단을 통해 PCM의 축열 용량을 복원할 수 있다. 많은 연구가 PCM 기반 배터리 열 관리 시스템의 2차 냉각 시스템에 초점을 맞추었다(Sabbah et al., 2008; Ling et al., 2015; Wu et al., 2017a, b; Zhao et al., 2017; Hémery et al., 2014; Duan and Naterer, 2010; Wu et al., 2016; Javani et al., 2014).

PCM 기반 배터리 문제 관리 시스템에서 적절한 양의 PCM을 사용하는 것 외에도 몇 가지 다른 PCM 요구 사항 또는 전제 조건이 있다. 예를 들어, PCM은 무독성이어야 하고 화학적으로 안정적이어야 하며 동결 과정에서 과냉각 효과에 저항성이 있어야 한다(Jaguemont et al., 2018). 또한, 효율적인 냉각 성능을 달성하기 위해서는 PCM 기반 배터리 치료 관리 시스템에 적합한 PCM을 선택하는 것이 중요하다. 이상적으로는 열용량, 잠열, 용융 온도 및 열전도도가 높은 PCM이 유리하다. 그러나 실제로는 PCM의 낮은 열전도율로 인해 PCM 기반 열 관리 시스템이 높은 냉각 부하에 빠르게 대응하지 못한다. 예를 들어 파라핀은 비용이 저렴하고 잠열이 높으며 많은 응용 분야에 적합한 상변화 온도를 가지고 있기 때문에 종종 적합한 PCM으로 간주되지만, 대부분의 PCM과 마찬가지로 열 전도성이 낮다.

PCM의 열전도율을 높이기 위해 다양한 방법을 활용할 수 있다. PCM의 열 전도성을 높이는 방법 중 하나는 열 전도성이 높은 소재를 추가하는 것이다. 열전도율이 높은 다양한 소재를 PCM 기반 배터리 열 관리 시스템에 사용하는 것에 대한 많은 테스트가 보고되어 있다. 예를 들어, Mehrali et al. (2016)은 탄소 섬유, Shirazi et al. (2016)은 탄소 나노튜브, Goli et al. (2014)과 Mehrali et al. (2016)은 그래핀, Huang et al. (2015)과 Li et al. (2014)은 금속 폼/메쉬, Malik et al. (2016)은 금속 입자 사용을 연구 하였다. PCM의 열 전도성을 개 선하는 다른 방법으로는 Pan et al. (2016)이 설명한 것처럼 다공성 물질(예: 흑 연 매트릭스)의 사용과 금속 핀의 사용이 있다.

여러 파라핀 기반 복합 PCM의 열 특성은 표 5.1에 나와 있다. 특히, 일부 파라핀 복합 재료에 대한 융점, 잠열 및 열전도도가 제시되어 있다. 순수 파라 핀에 폴리인산암모늄(APM), 고밀도폴리에틸렌(HDPL), 초기경화관(PSC, primary sclerosing cholangitis)을 첨가하면 파라핀 복합체의 용융 온도와 열 전도성이 증가하는 반면, 복합체의 잠열은 감소하는 것으로 나타났다.

많은 PCM의 열 전도성을 더욱 향상시키고 PCM과 외부 사이의 낮은 열전 달 면적, PCM 기반 배터리 열 관리 시스템에서의 누출과 같은 다른 문제를 해 결하기 위한 연구가 진행 중이다. 누출 문제를 해결하기 위해 Wu et al. (2019) 은 안정적이고 열적으로 유도된 유연성을 가진 새로운 복합 PCM을 PCM 기 반 열 관리 시스템에 사용할 수 있다고 보고했다. 또한 PCM과 공기 강제 대류 를 통합하고 핀을 활용하면 열전달 계수와 표면 열전달 면적을 모두 높일 수

표 5.1 일부 파라핀 복합재의 녹는점, 잠열 및 열전도율.

PCM (additive mass fraction)	Melting temperature (K)	Latent heat (kJ/kg)	Thermal conductivity (W/m^2 K)
Paraffin[1]	319–321	173.4	0.12–0.21
Paraffin (60%)/HDPE (20%)/APM (20%)[2]	347.7	50.58	0.29
Paraffin (60%)/HDPE (40%)[3]	341.3	51.59	0.28
Paraffin (60%)/HDPE (15%)/APM (20%)/EG (5%)[2]	346.6	50.58	0.85
Paraffin (90%)/EG (10%)[2]	313.2	178.3	0.82
Paraffin (75%)/PSC (25%)[4]	329.3	165.16	0.387

Abbreviations: APM, ammonium polyphosphate; EG, expanded graphite; HDPL, high density polyethylene; PSC, primary sclerosing cholangitis.
Data sources: [1]Kandasamy et al. (2007); [2]Al-Zareer et al. (2018a); [3]Zhang et al. (2010); [4]Zhou et al., (2009).

있다.

PCM 기반 배터리 열 관리 시스템에 대한 또 다른 활발한 연구 분야는 다양한 냉각 시스템을 배터리 열 관리 시스템과 통합하여 성능을 개선하는 것이다. 예를 들어, 열전달을 위한 히트 파이프가 PCM과 통합되어 높은 열 전도성의 특성을 배터리 열 관리 시스템에 추가한다(Wu et al., 2017b). 히트 파이프를 사용하면 배터리 팩의 냉각 프로세스와 PCM의 충전 및 방전 속도가 모두 향상된다. 히트 파이프의 작동 원리는 5.7.1절에 설명되어 있다. 히트 파이프와 통합된 PCM 기반 배터리 열 관리 시스템은 그림 5.17에 설명되어 있다. 배터리는 현열 및/또는 잠열 과정을 통해 배터리의 열을 흡수하고 저장하는 PCM 복합 재료로 둘러싸여 있는 것을 볼 수 있다. 히트 파히트 파이프의 응축기 부분에는 여러 개의 핀이 사용되며 공기 흐름 채널과 열 접촉하여 증기 흐름을 응축한다.

공기의 속도를 높이면 강제 대류가 더 효과적으로 일어나 상대적으로 높은 방전 속도에서 배터리 온도를 제어할 수 있다. 실제로 히트 파이프를 사용하면 PCM 열 흡수 및 방출 속도가 향상되고 결과적으로 히트 파이프 지원 PCM 기반 배터리 열 관리 시스템의 열 성능이 향상된다.

또한, 그림 5.18에서 볼 수 있듯이 튜브-쉘 열교환기를 PCM 기반 배터리 열 관리 시스템에 통합할 수 있다(Jiang et al., 2017). 튜브-쉘 열교환기를 사용하면 PCM이 냉각되어 배터리 팩 전체에 균일한 온도를 제공할 수 있으며 최대 온도 차이는 1~2℃이다. 그림 5.18에서 원통형 배터리의 열이 PCM 복합재에 흡수된 후 열교환기를 통해 순환하는 강제 공기로 전달되는 것을 볼 수 있다. 또한 배플을 사용하면 공기 흐름 방향을 변경하여 배터리와 공기 사이의 상호 작용을 증가시킬 수 있다. 이는 궁극적으로 PCM 기반 배터리 냉각 시스템을

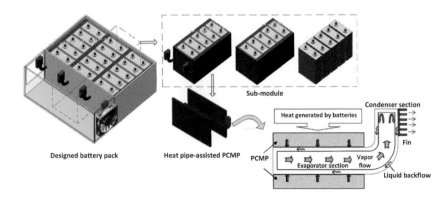

그림 5.17 배터리 냉각 프로세스를 개선하기 위해 히트 파이프를 PCM 기반 배터리 열 관리 시스템에 사용하는 Wu(2017b) 등이 제안한 배터리 팩의 설계.

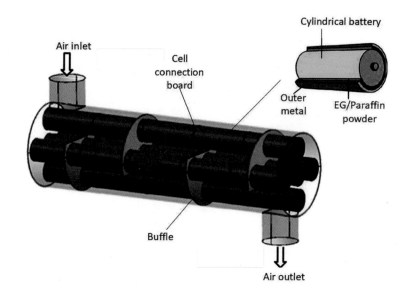

그림 5.18 원통형 배터리를 냉각하기 위해 PCM과 통합된 셸 및 튜브 열 교환기.

갖춘 통합 셸 및 튜브 열교환기의 열 전달 성능을 향상시킬 수 있다.

5.7 액체-증기 상 변화 기반 배터리 열 관리 시스템

5.7.1 히트 파이프 기반 배터리 열 관리 시스템

이전 장에서는 PCM 기반 배터리 열 관리 시스템에 대해 설명하였으며 이러한 유형의 시스템은 추가 전력을 소비하지 않는다는 점을 지적했다.

전력을 공급할 수 있지만 배터리 팩 내의 온도 차이를 지속적으로 낮추는 데는 효과적으로 작동할 수 없다. 또한 상변화 과정에서 발생하는 부피 변화로 인해 이러한 시스템을 사용하는 데 추가적인 제약이 있다. 이에 대한 대안으로 히트 파이프는 외부 펌프 없이 작동할 수 있는 열전달 장치로, 배터리를 비롯한 다양한 유형의 장치에서 고속으로 먼 거리의 열을 제거할 수 있다. 히트 파이프는 효과적인 열전달 능력, 컴팩트한 구조, 유연한 형상, 긴 수명으로 인해 최근 다양한 열 관리 응용분야에 널리 사용되고 있다. 하지만 전기차와 같은 고전력 배터리 작동에 사용하려면 용량과 표면적을 늘려야 한다.

히트 파이프는 일반적으로 증발부, 단열부, 응축부 3개의 프로세스를 포함하며, 각 프로세스는 별도의 나눠진 구획에서 발생한다(그림 5.19 참조). 작동 유체가 히트 파이프를 통해 흐른다. 작동 유체는 외부 열원(예: 배터리)과 접촉하는 증발 섹션에서 열을 흡수한다. 그런 다음 기화된 작동 유체는 용기를 통

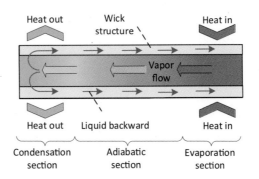

그림 5.19 히트 파이프의 작동 원리.

과하는 내부 압력 차이로 인해 단열 섹션을 통과한 후 응축 섹션으로 전달된다. 응축부에서는 외부 냉각 시스템에 의해 작동 유체가 응축된 후 심지의 모세관 힘에 의해 외부 전력 소비 없이 증발부로 돌아간다.

히트 파이프 기반 배터리 열 관리 시스템은 히트 파이프의 응축 부분에서 열을 제거하는 데 사용되는 보조 냉각 시스템과 함께 그림 5.20에 나와 있으며,여러 개의 히트 파이프가 사용된다. 증발부는 배터리와 접촉하여 히트 파이프 작동 유체가 회전하면서 배터리 열을 흡수하여 기화된다. 그런 다음 2차 냉각수가 사용되는 응축부에서 증기가 응축되어 히트 파이프 작동 유체에서 열을 제거한다. 특정 히트 파이프와 배터리 사이의 표면 접촉 면적이 작기 때문에 히트 파이프는 열 전도율이 높은 냉각판과 결합하여 배터리에서 발생하는 열을 외부 공기 또는 액체 기반 냉각 시스템을 통해 쉽게 전달하고 방출할 수 있다.

히트 파이프 기반 배터리 열 관리 시스템의 열 성능은 작동(열전달) 유체의 적절한 선택, 히트 파이프의 적절한 설계 및 구성, 응축부에 적합한 냉각 방법의 적용을 통해 향상될 수 있다. 히트 파이프의 모양과 크기는 히트 파이프의

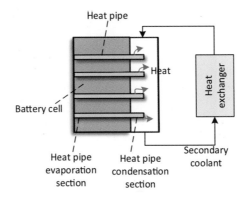

그림 5.20 보조 냉각 시스템을 사용한 히트 파이프 기반 배터리 열관리.

증발부와 배터리 셀 사이에 높은 수준의 접촉이 이루어지도록 설계되어야 한다. 예를 들어, 평평한 모양의 증발기는 관 모양의 증발기에 비해 더 높은 열전달 면적을 제공할 수 있다. 또한 히트 파이프에 금속판을 연결하여 열을 효과적으로 분산하고 온도를 일정하게 유지할 수 있다. 일체화가 된 히트 파이프와 금속판은 배터리 모듈 또는 배터리 셀 사이에 배치할 수 있다. 또한 히트 파이프를 성공적으로 구현하려면 응측부에서 효과적인 응축 프로세스가 필요하게 된다. 응축부를 확장하고 핀을 장착하여 열전달 면적을 늘릴 수 있다(그림 5.21 참조). 팬은 일반적으로 핀에서 열을 방출하기 위해 강제 공기 흐름을 생성하는 데 사용되어 히트 파이프의 응축부에서 작동 유체의 응축을 더 잘 촉진한다. 핀에서 열을 제거하기 위해 다른 접근 방식이 개발되거나 제안되었다. 여기에는 자연 공기 대류, 습식 냉각 및 냉각을 위한 열탕 사용뿐만 아니라 물 또는 글리콜-물 혼합물과 같은 대체 냉각 매체의 사용이 포함된다.

히트 파이프의 성능은 설치 각도에 따라 크게 달라진다. 대부분의 히트 파이프 응용에서는 증발기 및 응축부 각각 히트 파이프의 하단과 상단에 있는 히트 파이프를 수직으로 배치하면 원하는 히트 파이프 성능을 얻을 수 있다. 이 방향에서는 응축된 작동 유체가 중력에 의해 증발부로 흘러내린다.

히트 파이프 기반 배터리 열 관리 시스템의 성능개선을 위한 수많은 연구가 보고되었다. 대부분 정전식 배터리 셀에 적용 가능하나, 원통형 배터리를 위한 히트 파이프 기반 시스템에 대한 추가 개발과 연구가 필요하다.

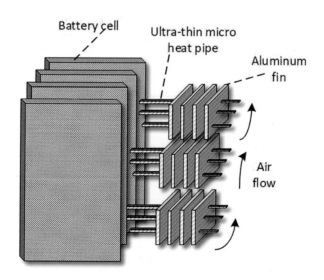

그림 5.21 히트 파이프가 있는 핀을 사용하여 공기와의 대류 표면적을 넓혀 배터리 냉각 향상.

5.7.2 증발 풀 비등(Evaporating pool boiling) 기반 배터리 열 관리 시스템

배터리 열 관리를 위한 증발 풀 비등 기반 시스템은 비교적 새로운 기술이다. 이 시스템은 외부 전원 공급 장치 없이도 기존 냉각 시스템보다 배터리에 더 높은 냉각 부하를 공급할 수 있다는 점에서 유망한 시스템이다. 증발 풀 비등 기반 배터리 열 관리 시스템에서는 배터리가 고정된 액체 열전달 유체에 직접 잠긴다. 이 유체는 배터리 열을 흡수하고 온도가 끓는점까지 상승한다. 그 후 열전달 유체는 기화가 일어나면서 일정한 온도에서 열을 흡수한다. 열전달 유체는 배터리의 원하는 작동 온도에 가까운 비등 온도를 갖도록 선택된다.

하이브리드 전기자동차에서 리튬 이온 배터리의 열 관리를 위해 프로판 (Al-Zareer et al., 2017b), 암모니아(Al-Zareer et al., 2017a), 냉매 R134a(Al-Zareer et al., 2018a) 등 다양한 열전달 유체가 고려되고 비교되었다. 이러한 연구에서 암모니아와 프로판 열전달 유체는 하이브리드 전기자동차의 연료로 소비되기 때문에 배터리 팩을 통해 재순환되지 않는다. 냉매 R-134a를 열전달 유체로 사용하는 시스템의 경우 냉매가 비등하는 동안 생성된 R-134a 증기는 차량 실내 공기 냉각 시스템에 의해 응축된다. 그림 5.22는 암모니아를 열전달

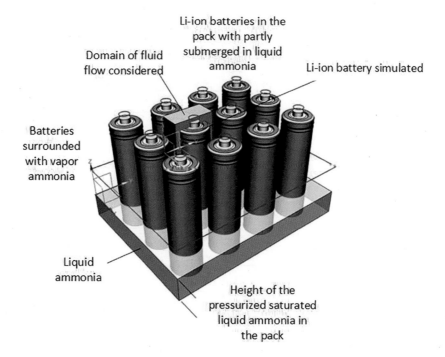

그림 5.22 고정 암모니아를 냉각수로 사용하는 증발 풀 비등 기반 배터리 열 관리 시스템.

유체로 사용하여 제안된 증발 등급 풀 비등 기반 배터리 열 관리 시스템의 개
략도를 보여준다. 열전달 유체는 먼저 배터리 냉각에 사용된 다음 차량 엔진으
로 공급된다. 저자들은 이러한 증발 풀 비등 기반 배터리 열 관리 시스템에 대
해 높은 열전달 계수, 큰 열용량(열전달 유체의 잠열 사용으로 인한) 및 높은
열전도성이 있다고 주장하였다. 이러한 시스템은 배터리 온도를 원하는 범위
내에서 유지할 수 있는 장점이 있다.

Van Gils et al. (2014)은 실험적인 풀 비등 기반 배터리 열 관리 시스템을 연
구했다. 이 시스템에서 원통형 배터리는 1기압에서 34°C의 비등 온도를 가진
Novec7000 열전달 액체에 완전히 담그어 사용한다. 이 열전달 유체는 유전체
이므로 배터리에서 열을 제거하는 동안 단락을 일으키지 않는다. 그림 5.23은
Van Gils et al. (2014)의 실험 설정을 보여준다. 충전 및 방전 중에 배터리 내
부에 열이 발생하면 열전달 액체가 배터리에서 열을 흡수한 후 증기 발생을 통
해 끓어 열을 방출한다. 생성된 증기는 외부 콘덴서에서 응축된 후 풀 비등 기
반 배터리 열 관리 시스템으로 반환될 수 있다. 검토된 풀 비등 기반 배터리 열
관리 시스템은 공기 기반 배터리 열 관리 시스템보다 상대적으로 높은 냉각 부
하를 갖는 것으로 관찰되었다. 또한 풀 비등 기반 시스템은 배터리 셀에 균일
한 온도를 제공할 수 있다. 예를 들어, Van Gils et al. (2014)은 액체 열전달 유
체와 배터리 사이의 현열 전달 시 원통형 셀의 상단과 하단 사이의 온도 차이
가 0.7°C인 것을 관찰했다.

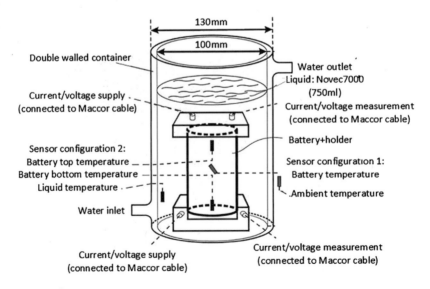

그림 5.23 증발식 풀 보잉 기반 배터리 열 관리 시스템을 테스트하기 위해 Van Gils et
al. (2014)이 개발한 실험 설정.

이 온도 차이는 끓기 시작하면 0이 된다. 비등과정은 비등챔버의 압력에 영향을 받는다는 사실을 발견했다. 비등챔버의 압력이 감소하면 비등강도가 증가하여 배터리 온도 상승에 더 빠르게 반응한다. 저자들은 풀 비등 기반 시스템이 기존 배터리 열 관리 시스템에 비해 더 나은 성능, 더 높은 냉각 부하 용량 및 배터리 온도 상승에 대한 더 빠른 응답을 나타낸다고 주장하였다.

5.8 배터리 열 관리의 최근 개발 시스템

최근 몇 년 동안 다양한 유형의 배터리 열 관리 시스템과 관련된 많은 영역이 조사, 평가 및 발전의 대상이 되어 왔다. 그중 일부는 이 장에서 논의되고 일부는 표 5.2에 나열 및 요약되어 있다. 특히 표 5.2에는 원통형 및 각형 배터리용 열 관리 시스템의 다양한 유형에 대한 최근 연구가 요약되어 있다.

이러한 연구는 주로 기존 배터리 열 관리 시스템(예: 공기 기반, 액체 기반, PCM 기반)을 통합하고, 주요 파라미터를 최적화하며, 새로운 범주의 배터리 열 관리 시스템을 개선하는 데 중점을 두고 제안을 하고 있다.

5.9 마무리

최근 배터리 시스템의 발전으로 전기 에너지 저장에 있어 배터리가 점점 더 중요한 기술이 되고 있다. 배터리의 작동 온도는 성능, 수명, 작동 안전에 큰 영향을 미친다. 따라서 배터리 내부에서 발생하는 열을 제거하거나 추운 날씨에 열을 공급하여 배터리 온도를 제어하고, 열 폭주와 같은 비정상적인 상황에서 배터리가 배기 가스를 생성할 때 환기를 촉진하는 효과적이고 효율적인 열 관리 시스템이 필요하다. 이 장에서는 공기 기반, 액체 기반, PCM 기반 시스템과 이들의 조합을 포함한 기존의 배터리 열 관리 시스템에 대해 설명한다. 또한 증발식 풀 비등 기반 시스템과 같이 최근에 제안된 새로운 유형의 배터리 열 관리 시스템도 다루었다.

공기 기반 배터리 열 관리 시스템에서 공기 흐름의 방향은 배터리 온도를 제어하고 배터리 팩 전체에 균일한 온도를 제공하는 열 관리 시스템의 기능에 큰 영향을 미친다. 따라서 압력 강하가 상당히 작은 배터리 세트를 통과하는 공기 흐름의 새로운 경로를 설계하는 것이 많은 연구의 초점이었다. 공기 기반 열 관리 시스템은 설계가 간단하고 전력 소비가 적다는 장점이 있지만, 부분적으로는 공기의 낮은 열용량과 낮은 열전도율로 인해 고성능 배터리 애플리케이션에서 배터리 팩 전체에 균일한 온도 분포를 제공하는 데 효과적이지 못하

표 5.2 배터리 열 관리 시스템에 대한 선별된 최근 연구 요약 및 주요 결과.

Battery thermal management system type	Key findings	Source(s)
Air-based, liquid-based, and PCM-based battery thermal management systems	Three types of conventional battery thermal management systems (air-based, liquid-based, and PCM-based) are studied and compared. Improvements in PCM thermal conductivity are discussed	Rao and Wang (2011)
Air-based, liquid-based, and PCM-based battery thermal management systems	A comprehensive review on recent progress, challenges and perspectives of thermal management systems for batteries is presented. This includes thermal models from recent studies which are used to predict heat generation, heat transfer and the temperature distribution within the battery	Lin et al. (2021)
PCM/heat pipe-based	The performance of a battery thermal management system with a PCM and a heat pipe is studied and compared to that of the system solely with a heat pipe. It is shown that a PCM can effectively reduce the temperature difference in the battery pack	Chen et al. (2021)
PCM based	PCM-based battery thermal management system is reviewed for electric devices, photovoltaic modules and batteries. Thermal properties of PCM are discussed	Ling et al. (2014)

표 5.2 배터리 열 관리 시스템에 대한 선별된 최근 연구 요약 및 주요 결과. (계속)

Battery thermal management system type	Key findings	Source(s)
PCM based	Challenges and opportunities are assessed for battery electric vehicles using PCM-based battery thermal management systems. Methods are discussed for improving heat transfer in PCM-based systems	Malik et al. (2016)
PCM based	Methods for improving heat transfer in PCM-based battery thermal management system are discussed	Pan et al. (2016)
Air based	A new cooling design using spoilers in the airflow distribution plenum of a parallel air-cooling system is proposed to improve the performance of a cooling process for a battery pack	Zhang et al. (2021)
Air based	Optimal space between prismatic battery cells is determined using flow resistance network model. Optimal flow pattern and optimal position of inlet and outlet ports of air flow are determined	Chen et al. (2017, 2019)
Air based	Reciprocating air flow for a pack containing cylindrical batteries is examined in terms of improvement in temperature uniformity of battery system	Mahamud and Park (2011)
Air based	Effect of cell arrangement and flow path (e.g., plate angle of plenums) are studied for a set of cylindrical batteries	Liu et al. (2014)

Continued

표 5.2 배터리 열 관리 시스템에 대한 선별된 최근 연구 요약 및 주요 결과. (계속)

Battery thermal management system type	Key findings	Source(s)
Air based	The effect of number and size of cooling channels for cooling prismatic and cylindrical batteries are investigated	Xun et al. (2013)
Air based	Various air flow rates and distances between cells are investigated for a set of cylindrical battery cells	He et al. (2014)
Liquid based	A review of experimental and simulation studies for a liquid-based battery thermal management system for electric vehicles is presented	Kalaf et al. (2021)
Liquid based	Optimization is used to find the optimum geometry of channel (width, position of cooling channels) in terms of pressure drop, temperature uniformity and mean temperature	Jarrett and Kim (2011, 2014)
Liquid based	An oblique mini-channel is proposed for a liquid-based cold plate. The oblique channel prevents a decline in convective heat transfer from inlet to outlet of channel	Jin et al. (2014)
Liquid based	A liquid-based thermal management system is proposed in which heat transfer area from battery to liquid coolant is varied along the flow direction. The system exhibits better temperature uniformity and lower maximum cell temperatures	Rao et al. (2017)

표 5.2 배터리 열 관리 시스템에 대한 선별된 최근 연구 요약 및 주요 결과. (계속)

Battery thermal management system type	Key findings	Source(s)
Liquid based	Several operating conditions are investigated, including rate of charge and discharge (C-rate) on temperature distribution in mini-channel of cooling system and battery surface	Panchal et al. (2017)
Liquid based	A silica-liquid-based cooling plate is proposed consisting of thermal silica plates and copper tubes for a battery thermal management system. Various numbers of silica channels and plates, flow speed and flow paths for several discharge rates are investigated	Wang et al. (2017)
Heat pipe based	A tube-shaped heat pipe with flat evaporator section using water as the heat transfer fluid is examined for cooling prismatic batteries. A thermostat bath supplies cooling for the condensation part of heat pipe. The effect of heating power and angle of the heat pipe on the thermal performance of the system are investigated	Rao et al. (2013)
Heat pipe based	A bent tube heat pipe is used for cooling cylindrical batteries using demineralized water. Forced convection via an external fan is used to condensate the generated demineralized water vapor. The effect of air flow direction and velocity and angle of heat pipe on the	Tran et al. (2014)

Continued

표 5.2 배터리 열 관리 시스템에 대한 선별된 최근 연구 요약 및 주요 결과. (계속)

Battery thermal management system type	Key findings	Source(s)
Heat pipe based	thermal performance of the system is studied An oscillating heat pipe-based thermal management system with acetone as the heat transfer fluid is used for prismatic batteries. A thermostat bath is used for condensation of the acetone vapor. The angle of heat pipe and heating power are investigated on the thermal performance of the system	Wang et al. (2016)
Heat pipe based	An ultra-thin micro heat pipe-based cooling system is applied to a prismatic battery module. Forced convection with air is used to condense the water vapor. The heat pipe arrangement and discharge rate are examined experimentally	Liu et al. (2016)
Pool boiling based	A refrigerant-based battery thermal management system is proposed, consisting of an evaporating pool boiling-based system using stationary R134a as the coolant in which the cylindrical batteries are submerges. Air conditioning of a car condenses the R134a vapor. This system is compared with conventional air- and liquid-based battery thermal management systems	Al-Zareer et al. (2018b)

표 5.2 배터리 열 관리 시스템에 대한 선별된 최근 연구 요약 및 주요 결과. (계속)

Battery thermal management system type	Key findings	Source(s)
Pool boiling based	A battery cooling system is proposed for a hydrogen fueled hybrid electric vehicle. A new aluminum cooling plate design is optimized in terms of uniformity of battery temperature and maximum temperature of battery	Al-Zareer et al. (2018c)
Pool boiling based	The thermal performance of an evaporating pool boiling-based cooling system is compared for various heat transfer fluids (propane, ammonia, R134a refrigerant, hydrogen is performed). The thermal performances of these systems are compared with conventional air- and liquid-based battery thermal management systems	Al-Zareer et al. (2019)
Pool boiling based	A battery thermal management system is proposed based on boiling liquid battery cooling. The batteries are immersed in hydrofluoroether liquid, which has high electric resistance and is noninflammable and environmentally benign. The cooling system is capable of maintaining a battery temperature around its boiling temperature (i.e., 35°C) continuously, even during high rates of discharge and charge	Hirano et al. (2014)

였다.

액체 기반 배터리 열 관리 시스템은 가장 널리 사용되는 열 관리 시스템이다(특히 고성능 배터리 애플리케이션에 사용). 액체 기반 시스템은 공기 기반 시스템의 몇 가지 단점을 피할 수 있다. 액체 기반 배터리 열 관리 시스템에서 열전달 유체의 흐름 방향은 배터리 팩의 온도 균일성에 영향을 미치는 주요 매개변수 중 하나이다. 또한 액체 열전달 유체의 유형과 배터리와 열전달 유체 사이의 열전달 표면(모든 배터리에 대해 동일한 열전달 속도를 보장하는 데 도움이 됨)은 액체 기반 배터리 열 관리 시스템의 중요한 설계 매개 변수이다.

PCM 기반 배터리 열 관리 시스템은 상당한 전력을 소비하는 액체 기반 시스템과 달리 추가 에너지 소비 없이 대량의 열 에너지를 저장 및/또는 방출할 수 있는 수동적 열 관리 기술이다. 그러나 이러한 유형의 배터리 열 관리 시스템은 현열이 아닌 잠열을 사용하여 배터리 팩에서 열을 제거하기 때문에 온도 균일성이 우수할 수 있다. 하지만 배터리 팩의 온도 차이를 효과적으로 낮추는 데 필요한 연속 작동에는 부적합하며, 이는 부분적으로 PCM의 낮은 열 전도성 때문이다. 히트 파이프와 공기 및 액체 기반 냉각 시스템을 통합하고 열 전도율이 높은 일부 소재를 PCM에 추가하면 PCM 기반 시스템에 사용되는 PCM의 열전도율을 향상시킬 수 있다.

PCM 기반 배터리 열 관리 시스템에 일반적으로 사용되는 PCM의 낮은 열 전도성의 단점은 히트 파이프 기반 및 증발 풀 비등 기반 시스템을 포함하는 액체-증기 상변화 기반 배터리 열 관리 시스템에서 상쇄된다. 특히 최근 제안된 증발 풀 비등 기반 배터리 열 관리 시스템은 배터리에서 열을 제거하는 데 유망한 방법이다. 풀 비등 기반 배터리 열 관리 시스템은 외부 전원 공급 장치 없이도 기존 냉각 시스템보다 더 높은 냉각 부하를 배터리에 공급할 수 있다. 이러한 시스템에서 배터리는 고정된 열전달 유체에 완전히 또는 부분적으로 잠기게 된다. 열전달 유체의 온도는 배터리 열을 1차적으로 흡수하면서 증가하다가 추가 열이 유입되면서 열전달 유체가 기화되는 동안 일정하게 유지된다. 이 비교적 새로운 범주의 배터리 열 관리 시스템은 열용량이 크고(주로 열전달 유체의 잠열로 인해) 열 전도율이 높아 기존 열 관리 시스템보다 배터리를 더 효과적으로 냉각할 수 있다.

학습질문

5.1. 배터리 열 관리 시스템 설계의 주요 단계는 무엇인가요?

5.2. 그림 5.24에 표시된 실내 공기 냉각 시스템은 증기 압축 냉동 사이클을

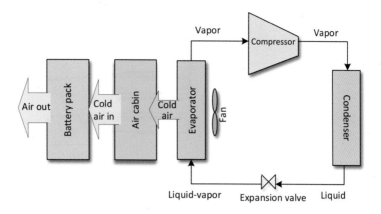

그림 5.24 배터리 팩 냉각을 위한 배터리 열 관리 시스템.

사용하여 배터리 팩을 냉각한다. 이 시스템은 어떻게 배터리 팩에서 열을 방출하는가? 이 배터리 열 관리 시스템의 장단점은 무엇인가?

5.3. 공기 기반 및 액체 기반 배터리 열 관리 시스템을 비교하라.

5.4. 액체 기반 및 상변화 물질(PCM) 기반 배터리 열 관리 시스템을 비교하라.

5.5. 직접 및 간접 애개체 기반 배터리 열 관리 시스템이란 무엇인가? 각 시스템에 대한 예를 나열하라.

5.6. 그림 5.25에 표시된 배터리 열 관리 시스템을 고려하라. 이 열 관리 시스템의 카테고리는 무엇인가? 이 시스템은 배터리 팩을 어떻게 냉각하는가? 설명하라.

5.7. PCM 기반 및 공기/액체 기반 배터리 열 관리 시스템의 온도 프로파일과

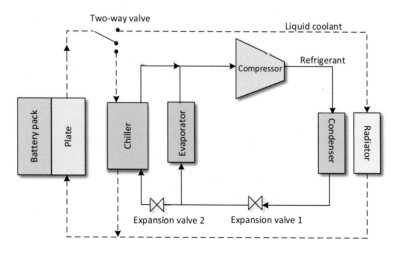

그림 5.25 보조 냉각 시스템을 갖춘 히트 파이프 기반 배터리 열 관리 시스템.

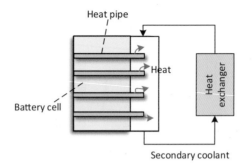

그림 5.26 히트파이프 기반 배터리 열관리 시스템과 보조 냉각 시스템

시간을 비교하라. 이러한 배터리 열 관리 시스템 중 어떤 유형의 열 흡착 용량이 더 높은가? 그 이유는 무엇인가?

5.8. 그림 5.26에 표시된 히트파이프 기반 배터리 열 관리 시스템을 생각해 보라. 이 시스템은 배터리 팩에서 열을 어떻게 제거하는가? 설명해 보라.

5.9. 배터리 온도를 원하는 작동 범위 내에서 유지하는데 사용되는 풀 비등 기반 및 공기 기반 배터리 열 관리 시스템을 고려해보라. 이 두 시스템 중 어떤 시스템이 팩의 배터리 셀 전체에 더 균일한 온도를 제공할 것으로 예상되는가? 그 이유는 무엇인가?

참고문헌

Al-Zareer, M., Dincer, I., Rosen, M.A., 2017a. Electrochemical modeling and performance evaluation of a new ammonia-based battery thermal management system for electric and hybrid electric vehicles. Electrochim. Acta 247, 171–182.

Al-Zareer, M., Dincer, I., Rosen, M.A., 2017b. Novel thermal management system using boiling cooling for high-powered lithium-ion battery packs for hybrid electric vehicles. J. Power Sources 363, 291–303.

Al-Zareer, M., Dincer, I., Rosen, M.A., 2018a. A review of novel thermal management systems for batteries. Int. J. Energy Res. 42 (10), 3182–3205.

Al-Zareer, M., Dincer, I., Rosen, M.A., 2018b. Heat and mass transfer modeling and assessment of a new battery cooling system. Int. J. Heat Mass Transf. 126, 765–778.

Al-Zareer, M., Dincer, I., Rosen, M.A., 2018c. Performance assessment of a new hydrogen cooled prismatic battery pack arrangement for hydrogen hybrid electric vehicles. Energy Convers. Manag. 173, 303–319.

Al-Zareer, M., Dincer, I., Rosen, M.A., 2019. Comparative assessment of new liquid-tovapor type battery cooling systems. Energy 188, 116010.

Basu, S., Hariharan, K.S., Kolake, S.M., Song, T., Sohn, D.K., Yeo, T., 2016. Coupled electrochemical thermal modelling of a novel Li-ion battery pack thermal management system. Appl. Energy 181, 1–13.

Chen, K., Hou, J., Song, M., Wang, S., Wu, W., Zhang, Y., 2021. Design of battery thermal management system based on phase change material and heat pipe. Appl. Therm. Eng. 188, 116665.

Chen, K., Wang, S., Song, M., Chen, L., 2017. Configuration optimization of battery pack in parallel air-cooled battery thermal management system using an optimization strategy. Appl. Therm. Eng. 123, 177–186.

Chen, K., Wu, W., Yuan, F., Chen, L., Wang, S., 2019. Cooling efficiency improvement of air-cooled battery thermal management system through designing the flow pattern. Energy 167, 781–790.

Duan, X., Naterer, G.F., 2010. Heat transfer in phase change materials for thermal management of electric vehicle battery modules. Int. J. Heat Mass Transf. 53 (23-24), 5176–5182.

Goli, P., Legedza, S., Dhar, A., Salgado, R., Renteria, J., Balandin, A.A., 2014. Grapheneenhanced hybrid phase change materials for thermal management of Li-ion batteries. J. Power Sources 248, 37–43.

He, F., Li, X., Ma, L., 2014. Combined experimental and numerical study of thermal management of battery module consisting of multiple Li-ion cells. Int. J. Heat Mass Transf. 72, 622–629.

Hémery, C.V., Pra, F., Robin, J.F., Marty, P., 2014. Experimental performances of a battery thermal management system using a phase change material. J. Power Sources 270, 349–358.

Hirano, H., Tajima, T., Hasegawa, T., Sekiguchi, T., Uchino, M., 2014. Boiling liquid battery cooling for electric vehicle. In: 2014 IEEE Conference and Expo Transportation Electrification Asia-Pacific (ITEC Asia-Pacific), Beijing, China, pp. 1–4.

Hong, S., Zhang, X., Chen, K., Wang, S., 2018. Design of flow configuration for parallel aircooled battery thermal management system with secondary vent. Int. J. Heat Mass Transf. 116, 1204–1212.

Huang, C., Wang, Q., Rao, Z., 2015. Thermal conductivity prediction of copper hollow nanowire. Int. J. Therm. Sci. 94, 90–95.

Jaguemont, J., Omar, N., Van den Bossche, P., Mierlo, J., 2018. Phase-change materials (PCM) for automotive applications: a review. Appl. Therm. Eng. 132, 308–320.

Jarrett, A., Kim, I.Y., 2011. Design optimization of electric vehicle battery cooling plates for thermal performance. J. Power Sources 196 (23), 10359–10368.

Jarrett, A., Kim, I.Y., 2014. Influence of operating conditions on the optimum design of electric vehicle battery cooling plates. J. Power Sources 245, 644–655.

Javani, N., Dincer, I., Naterer, G.F., Yilbas, B.S., 2014. Heat transfer and thermal management with PCMs in a Li-ion battery cell for electric vehicles. Int. J. Heat Mass Transf. 72, 690–703.

Jiang, G., Huang, J., Liu, M., Cao, M., 2017. Experiment and simulation of thermal management for a tube-shell Li-ion battery pack with composite phase change material. Appl. Therm. Eng. 120, 1–9.

Jin, L.W., Lee, P.S., Kong, X.X., Fan, Y., Chou, S.K., 2014. Ultra-thin minichannel LCP for EV battery thermal management. Appl. Energy 113, 1786–1794.

Kalaf, O., Solyali, D., Asmael, M., Zeeshan, Q., Safaei, B., Askir, A., 2021. Experimental and simulation study of liquid coolant battery thermal management system for electric vehicles: a review. Int. J. Energy Res. 45 (5), 6495–6517.

Kandasamy, R., Wang, X.Q., Mujumdar, A.S., 2007. Application of phase change materials in thermal management of electronics. Appl. Therm. Eng. 27 (17-18), 2822–2832.

Khan, M.R., Swierczynski, M.J., Kær, S.K., 2017. Towards an ultimate battery thermal management system: a review. Batteries 3 (1), 9.

Li, W.Q., Qu, Z.G., He, Y.L., Tao, Y.B., 2014. Experimental study of a passive thermal management system for high-powered lithium ion batteries using porous metal foam saturated with phase change materials. J. Power Sources 255, 9–15.

Lin, J., Liu, X., Li, S., Zhang, C., Yang, S., 2021. A review on recent progress, challenges and perspective of battery thermal management system. Int. J. Heat Mass Transf. 167, 120834.

Ling, Z., Wang, F., Fang, X., Gao, X., Zhang, Z., 2015. A hybrid thermal management system for lithium ion batteries combining phase change materials with forced-air cooling. Appl. Energy 148, 403–409.

Ling, Z., Zhang, Z., Shi, G., Fang, X., Wang, L., Gao, X., Fang, Y., Xu, T., Wang, S., Liu, X., 2014. Review on thermal management systems using phase change materials for electronic components, Li-ion batteries and photovoltaic modules. Renew. Sust. Energ. Rev. 31, 427–438.

Liu, F., Lan, F., Chen, J., 2016. Dynamic thermal characteristics of heat pipe via segmented thermal resistance model for electric vehicle battery cooling. J. Power Sources 321, 57–70.

Liu, Z., Wang, Y., Zhang, J., Liu, Z., 2014. Shortcut computation for the thermal management of a large air-cooled battery pack. Appl. Therm. Eng. 66 (1-2), 445–452.

Mahamud, R., Park, C., 2011. Reciprocating air flow for Li-ion battery thermal management to improve temperature uniformity. J. Power Sources 196 (13), 5685–5696.

Malik, M., Dincer, I., Rosen, M.A., 2016. Review on use of phase change materials in battery thermal management for electric and hybrid electric vehicles. Int. J. Energy Res. 40 (8), 1011–1031.

Mehrali, M., Latibari, S.T., Rosen, M.A., Akhiani, A.R., Naghavi, M.S., Sadeghinezhad, E., Metselaar, H.S.C., Nejad, M.M., Mehrali, M., 2016. From rice husk to high performance shape stabilized phase change materials for thermal energy storage. R Soc. Chem. Adv. 6 (51), 45595–45604.

Pan, D., Xu, S., Lin, C., Chang, G., 2016. Thermal management of power batteries for electric vehicles using phase change materials: a review. SAE Technical Paper 2016, 13.

Pesaran, A., Keyser, M., Burch, S., 1999. An approach for designing thermal management systems for electric and hybrid vehicle battery packs. Report No. NREL/CP-540-25992, National Renewable Energy Laboratory, Golden (US).

Panchal, S., Khasow, R., Dincer, I., Agelin-Chaab, M., Fraser, R., Fowler, M., 2017. Thermal design and simulation of mini-channel cold plate for water cooled large sized prismatic lithium-ion battery. Appl. Therm. Eng. 122, 80–90.

Rao, Z., Qian, Z., Kuang, Y., Li, Y., 2017. Thermal performance of liquid cooling based thermal management system for cylindrical lithium-ion battery module with variable contact surface. Appl. Therm. Eng. 123, 1514–1522.

Rao, Z., Wang, S., 2011. A review of power battery thermal energy management. Renew. Sust. Energ. Rev. 15 (9), 4554–4571.

Rao, Z., Wang, S.,Wu, M., Lin, Z., Li, F., 2013. Experimental investigation on thermalmanagement of electric vehicle battery with heat pipe. Energy Convers. Manag. 65, 92–97.

Sabbah, R., Kizilel, R., Selman, J.R., Al-Hallaj, S., 2008. Active (air-cooled) vs. passive (phase change material) thermal management of high power lithium-ion packs: limitation of temperature rise and uniformity of temperature distribution. J. Power Sources 182 (2), 630–638.

Santhanagopalan, S., Smith, K., Neubauer, J., Kim, G.H., Keyser, M., Pesaran, A., 2014. Design and Analysis of Large Lithium-Ion Battery Systems. Artech House.

Shirazi, A.H.N., Mohebbi, F., Azadi Kakavand, M.R., He, B., Rabczuk, T., 2016. Paraffin nanocomposites for heat management of lithium-ion batteries: a computational investigation. J. Nanomater. 2016, 10.

Sun, H., Dixon, R., 2014. Development of cooling strategy for an air cooled lithium-ion battery pack. J. Power Sources 272, 404–414.

Tran, T.H., Harmand, S., Sahut, B., 2014. Experimental investigation on heat pipe cooling for hybrid electric vehicle and electric vehicle lithium-ion battery. J. Power Sources 265, 262–272.

Van Gils, R.W., Danilov, D., Notten, P.H.L., Speetjens, M.F.M., Nijmeijer, H., 2014. Battery thermal management by boiling heat-transfer. Energy Convers. Manag. 79, 9–17.

Wang, C., Zhang, G., Meng, L., Li, X., Situ, W., Lv, Y., Rao, M., 2017. Liquid cooling based on thermal silica plate for battery thermal management system. Int. J. Energy Res. 41 (15), 2468–2479.

Wang, Q., Rao, Z., Huo, Y., Wang, S., 2016. Thermal performance of phase change material/oscillating heat pipe-based battery thermal management system. Int. J. Therm. Sci.102, 9–16.

Wang, T., Tseng, K.J., Zhao, J., Wei, Z., 2014. Thermal investigation of lithium-ion battery module with different cell arrangement structures and forced air-cooling strategies. Appl. Energy 134, 229–238.

Wu, W., Wu, W., Wang, S., 2019. Form-stable and thermally induced flexible composite phase change material for thermal energy storage and thermal management applications. Appl. Energy 236, 10–21.

Wu, W., Wu, W., Wang, S., 2017a. Thermal optimization of composite PCM based largeformat lithium-ion battery modules under extreme operating conditions. Energy Convers. Manag. 153, 22–33.

Wu, W., Yang, X., Zhang, G., Chen, K., Wang, S., 2017b. Experimental investigation on the thermal performance of heat pipe-assisted phase change material based battery thermal management system. Energy Convers. Manag. 138, 486–492.

Wu, W., Yang, X., Zhang, G., Ke, X., Wang, Z., Situ, W., Li, X., Zhang, J., 2016. An experimental study of thermal management system using copper mesh-enhanced composite phase change materials for power battery pack. Energy 113, 909–916.

Xu, J., Lan, C., Qiao, Y., Ma, Y., 2017. Prevent thermal runaway of lithium-ion batteries with minichannel cooling. Appl. Therm. Eng. 110, 883–890.

Xu, X.M., He, R., 2013. Research on the heat dissipation performance of battery pack based on forced air cooling. J. Power Sources 240, 33–41.

Xun, J., Liu, R., Jiao, K., 2013. Numerical and analytical modeling of lithium ion battery thermal behaviors with different cooling designs. J. Power Sources 233, 47–61.

Yang, T., Yang, N., Zhang, X., Li, G., 2016b. Investigation of the thermal performance of axial-flow air cooling for the lithium-ion battery pack. Int. J. Therm. Sci. 108, 132–144.

Yang, X.H., Tan, S.C., Liu, J., 2016a. Thermal management of Li-ion battery with liquid metal. Energy Convers. Manag. 117, 577–585.

Zhang, F., Lin, A., Wang, P., Liu, P., 2021. Optimization design of a parallel air-cooled battery thermal management system with spoilers. Appl. Therm. Eng. 182, 116062.

Zhang, P., Hu, Y., Song, L., Ni, J., Xing, W., Wang, J., 2010. Effect of expanded graphite on properties of high-density polyethylene/paraffin composite with intumescent flame retardant as a shape-stabilized phase change material. Sol. Energy Mater. Sol. Cells 94 (2), 360–365.

Zhao, J., Lv, P., Rao, Z., 2017. Experimental study on the thermal management performance of phase change material coupled with heat pipe for cylindrical power battery pack. Exp. Thermal Fluid Sci. 82, 182–188.

Zhou, X, Xiao, H, Feng, J, Zhang, C, Jiang, Y, 2009. Preparation and thermal properties of paraffin/porous silica ceramic composite. Compos. Sci. Technol. 69 (7–8), 1246–1249.

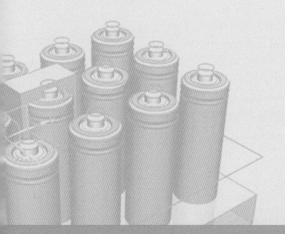

CHAPTER 6

배터리 시스템 설계

목표

- 배터리 시스템 설계의 주요 프로세스 단계를 제시하고 설명한다.

- 배터리 관리 시스템의 설계와 배터리 팩의 전기, 기계 및 열 설계에 대해 설명한다.

- 배터리 셀의 수명을 연장하고 배터리 팩을 안전하고 안정적으로 작동시킬 수 있는 최적의 배터리 팩 설계에 대해 토론한다.

- 배터리 팩 설계의 중요한 요소에 대한 통찰력을 제공한다.

- 배터리 관리 시스템의 레이아웃과 다른 하위 시스템과의 잠재적 간섭에 대해 논의한다.

- 팩 내 배터리 셀의 다양한 배열을 제시하고 설명한다.

- 배터리 팩의 구조에 대한 응력–변형 분석 및 진동 평가를 설명한다.

- 응용분야를 고려하여 적합한 배터리 열 관리 시스템의 선택에 대해 설명하고 토론한다.

기호 명명법

A	area(m^2)
C	cost($\$$)
E	energy(kJ)
F	force(N)
h	heat transfer coefficient($W/m^2\,K$)
I	current(A)
k	thermal conductivity(W/mK)
L	length(m)
N_B	number of battery cells
q	heat flux(W/m^2)
Q	battery capacity(Ah)
$\dot{Q}$	heat rate(W)

R	electrical resistance(Ω), thermal resistance(K/W, °C/W)
T	temperature(°C, K)
t	thickness(m)
V	voltage(V)
Y	modulus of elasticity, Young's modulus(kPa)

Greek letters

σ	stress(kPa)
ε	strain
ρ	density(kg/m^3)
J	Joule
σ	Stefan-Boltzmann constant(5.670367 10 8$^-$kg/(s3 K4))
ε	surface emissivity

Subscripts

a	ambient
B	battery
cond	conduction
conv	convection
nom	nominal
Rad	radiation
T	total

6.1 서론

현재의 배터리를 이용한 에너지저장시스템은 에너지 저장 용량이 낮은 것부터 높은 것까지 다양한 응용분야에 사용되고 있다. 배터리 시스템의 셀의 수는 전자 기기의 경우 단일 셀에서 여러 개의 셀까지 다양하게 적용되며, 자동차와 같이 큰 에너지 용량이 필요할 경우 수십 개에서 수천 개의 배터리 셀까지 적용된다. 따라서 배터리 에너지저장시스템의 응용 분야를 이해한다면 배터리 시스템의 요구 사항을 파악하는데 도움이 된다.

표 6.1은 다양한 응용 분야에서 배터리 시스템에 필요한 일반적인 전압 범위를 제시한다. 배터리 시스템의 설계는 적용 유형, 사용되는 전기화학적 기술, 전기화학 셀 설계, 안전성, 수명 및 열 적 특성에 따라 달라진다.

배터리 팩 설계의 첫 번째 작업 중 하나는 기술적 요구사항과 셀 수를 정의하고 필요 전압, 출력 및 에너지 특성에 대한 요구사항을 충족하는 것이다. 배터리 에너지저장시스템 설계 시 셀을 선택할 때는 비용, 안전성, 수명, 패키징 시 셀의 호환성 및 특정 응용분야에 대한 셀의 출력 대비 에너지 비율(power to energy ratio) 등 여러 가지 요소가 고려된다. 출력 대비 에너지 비율은 배

표 6.1 다양한 응용 프로그램에 필요한 배터리 시스템의 일반적인 전압 범위.

Application	Voltage range (V)	Energy storage capacity range (Wh)	Battery type
Small-scale applications (e.g., phones, laptops)	48–72	100–15,000	Prismatic or cylindrical
Medium-scale applications (e.g., electric/hybrid electric vehicles)	320–360	20,000–70,000	Cylindrical
Large-scale applications (e.g., electric/hybrid electric buses and trucks)	720–760	60,000–300,000	Cylindrical

Data in this table are drawn by the present authors from many articles and websites, and represent typical ranges for various applications.

터리 셀이 출력을 전달하면서 작동할 수 있는 시간을 나타내며, 배터리의 방전 시간이라고도 한다. 출력 대비 에너지 비율은 전기적 출력을 에너지 용량으로 나눈 값으로 결정된다. 6장에서는 전기화학적 셀이 올바르게 선택되었다고 가정하여, 배터리 팩 설계에 대한 이슈를 주로 다루려 한다.

일반적인 배터리 시스템에는 일반적으로 팩 내에 배열된 여러 개의 셀이 포함된다. 아래의 용어는 이 장의 핵심이며 다음과 같이 설명할 수 있다.

- 셀: 셀은 배터리 에너지저장시스템의 기본 단위이다. 충전 중에는 전기에너지가 화학에너지로 변환되고, 방전 중에 다시 전기에너지로 변환되는 전기화학 반응이 일어나는 곳을 말한다. 배터리 셀은 기본적으로 양극, 음극, 분리막 및 전해질로 구성된다. 셀의 화학적 구성(셀 내 사용되는 재료)은 배터리 시스템 가격의 주요 요인 중 하나이다. 배터리 셀 제조에 사용되는 재료는 배터리 유형에 따라 니켈, 철, 카드뮴, 리튬 등이 될 수 있다. 배터리 셀에 사용되는 재료의 양은 일반적으로 에너지량, 즉, 사용되는 재료 1 킬로그램 당 와트·시간(단위: $W \cdot h/kg$)에 따라 달라진다.

- 팩: 배터리 팩은 프레임 내에 여러 개의 셀이 들어 있는 조립체이다. 프레임은 외부 충격, 진동 및 열로부터 배터리 팩과 셀을 보호하도록 설계되어 있다. 배터리 팩에는 다양한 보호/제어 시스템뿐만 아니라 모듈 배열이 포함되어 있다. 여기에는 열 및 기계적 요구사항을 충족하고 배터리를 관리하기 위한 시스템이 포함되며 일반적으로 팩 설계에 내장되어 있다. 팩 내 배터리 셀 배열은 중요한 설계 요소이며 6.3절에서 자세히 설명한다.

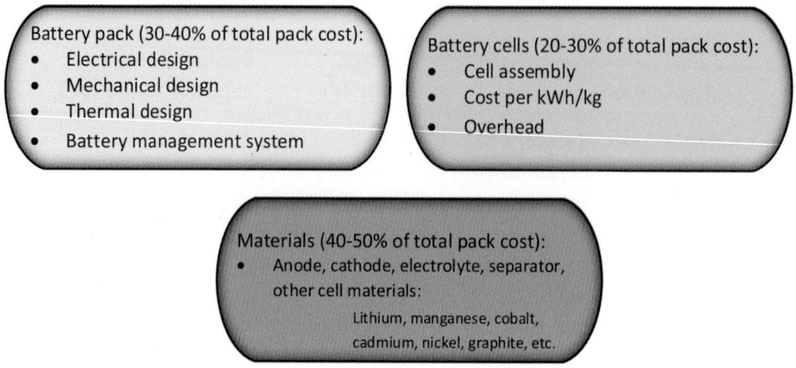

Battery pack (30-40% of total pack cost):
- Electrical design
- Mechanical design
- Thermal design
- Battery management system

Battery cells (20-30% of total pack cost):
- Cell assembly
- Cost per kWh/kg
- Overhead

Materials (40-50% of total pack cost):
- Anode, cathode, electrolyte, separator, other cell materials:
  Lithium, manganese, cobalt, cadmium, nickel, graphite, etc.

그림 6.1 배터리 팩 설계에서 주요 비용 요인.

그림 6.1은 전기차용 배터리 팩을 설계하는 데 필요한 요소와 일반적인 비용 분포를 보여준다. 배터리 에너지저장시스템을 설계하는 데 있어 셀의 화학적 구성 가장 높은 비용 기여도를 보이는 것을 알 수 있다. 그러나 이러한 수치는 사용되는 재료의 종류와 해당 배터리 화학적 성질에 따라 달라질 수 있다.

일반적으로 배터리 팩 설계에는 필요 전압 및 용량에 맞게 배터리 팩을 구성하기 위해 조립되는 셀의 수를 결정하는 작업이 포함된다. 배터리 저장 시스템 설계는 성능, 충전 및 방전 시 셀 간의 균일한 전류 분배, 안전성, 공정 설계의 각 단계별 비용 간에 절충점을 찾아야 한다는 점에서 배터리 셀 설계와 유사하다. 배터리 시스템 설계의 주요 공정 단계에는 전기, 열, 기계 설계와 배터리 관리 설계, 안전 및 비용 고려 사항이 포함된다. 그림 6.2는 배터리 팩의 주요 공정 설계를 보여준다. '전기 설계'의 주요 목표는 배터리가 제공해야 하는 전력을 예측하고 배터리 셀 간 균형 잡힌 전류/전압 분포를 제공하는 것이다. '열 설계'의 궁극적인 목표는 배터리 셀 내에서 발생하는 열을 제거하여 배터리 시스템을 균일하고 일정한 원하는 온도 내에서 유지하는 것이다. '기계적 설계'는 일반적으로 배터리 시스템에 적절한 압력을 가하여 셀이 부풀어 오르는 것을 방지하고, 진동으로부터 배터리 셀을 보호하며, 기타 안전에 대한 고려 사항을 해결하는 것을 목표로 한다. '배터리 관리 시스템'은 주로 시스템 작동 중 배터리의 전류, 전압 및 온도를 모니터링하고 유지하기 위해 사용된다. 이러한 작동 중 하나라도 매개변수가 제한값을 초과하면 관리 시스템이 배터리 시스템의 작동을 변경하거나 중지한다.

이 장에서는 배터리 관리 시스템의 레이아웃 및 다른 하위 시스템과의 간섭, 배터리 팩 내 셀 배열, 팩 구조의 응력-변형 분석, 팩 구조의 진동 및 응용(예: 전기자동차 및 하이브리드 자동차)에 적합한 배터리 관리 시스템 선택 설

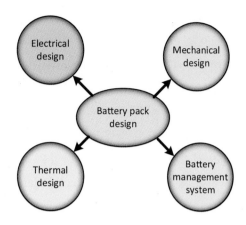

그림 6.2 배터리 팩 개발을 위한 주요 설계 과정.

계 영역의 중요한 사항에 대한 통찰력을 제공한다. 이 장의 나머지 부분에서는 배터리 관리 시스템 설계뿐만 아니라 전기, 기계 및 열 설계를 포함하여 배터리 에너지저장시스템에 대한 모든 설계 프로세스를 자세히 설명하고 논의한다.

6.2 배터리 관리 시스템

배터리 관리 시스템은 일반적으로 충전 및 방전 중에 배터리의 작동을 조절하고 모니터링하는 전자 제어 장치이다. 또한 배터리 관리 시스템은 다른 전자 장치와 연결하고 배터리 매개변수에 대한 필요한 데이터를 교환하는 역할을 한다. 배터리의 전압, 용량, 온도, 전력 소비, 배터리 충전 상태(SOC, State of Charge) 및 배터리 수명 상태(SOH, State Of Health), 충전 주기 및 기타 특성은 배터리 관리 시스템에 의해 제어 및 모니터링된다. 배터리 관리 시스템은 이러한 데이터를 사용하여 배티리 팩의 배터리 상태를 추정한다. '배터리 수명 상태(SOH)'는 배터리 초기 용량과 비교하여 현재 배터리 용량을 나타내는 지표이다. 이 지표는 배터리 수명을 예측하는 데 사용할 수 있다.

'배터리 충전 상태(SOC)'는 주어진 시간에 사용 가능한 용량과 배터리에 저장할 수 있는 최대 충전량의 비율을 나타낸다. 각 배터리는 프로파일에 정의된 최소 충전 상태와 최대 충전 상태 사이에서 유지되어야 한다.

배터리 관리 시스템의 작동은 일반적으로 배터리 셀에 저장된 에너지를 최적으로 활용하는 것을 목표로 한다. 배터리 관리 시스템은 배터리의 매우 높은 방전 및 급속 충전으로 인해 발생하는 심방전(deep discharge) 및 과충전으로부터 배터리 셀을 보호한다. 그림 6.3은 전기 자동차에서 배터리 에너지 저장 시스템을 최적으로 안전하게 작동하기 위해 배터리 팩과 결합된 배터리 관리 시스템을 보여준다. Controller Area Network(CAN bus)는 마이크로 컨트롤러 및 기타 장치 프로세서가 서로 통신할 수 있도록 설계된 강력한 차량 버스 표준이다. 이를 통해 여러 배터리 셀이 데이터 측정 (전압(V), 전류(I), 온도(T) 등)이 하나의 시스템으로 작동할 수 있다.

배터리 관리 시스템의 또 다른 주요 작업은 각 배터리 셀에 동일한 방전 및 충전 요구 사항을 제공하는 셀 밸런싱(cell balancing) 기능이다. 셀 밸런싱을 통해 셀이 동일한 전압 수준으로 유지되고 배터리 팩의 용량 활용도가 극대화된다. 이는 배터리 관리 시스템 내 전력 반도체 트랜지스터(power MOSFET, power metal-oxide-semiconductor field-effect transistor)를 사용하여 달성될 수 있다. 전력 반도체 트랜지스터는 특수 금속 산화물 반도체 전계 효과 트랜지스터이자 다양한 전력 부하를 처리하도록 설계된 일종의 멀티 캐리어 전기 제어 장치이다. 전력 반도체 트랜지스터는 전류 및 전압 출력을 제어할 수 있어 배터리 시스템에 안정적이고 안전한 상태를 제공한다(그림 6.3). 전력 반도체 트랜지스터는 작동이 간단하고 유지보수가 용이하여 다양한 응용분야의 배터리 시스템에 가장 널리 사용되는 장치이다.

그림 6.4는 배터리 관리 시스템의 주요 부품을 보여준다. 배터리 관리 시스템의 핵심 기능 중 하나는 배터리 팩의 안전한 작동을 위해 온도, 전압 및 전류를 확인하고 모니터링하여 지정된 한도 내에서 유지하는 것이다.

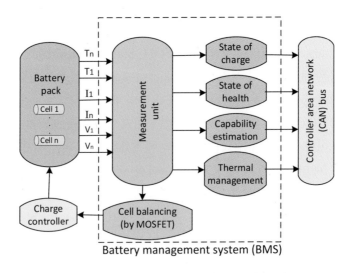

그림 6.3 전기차 내 배터리 팩과 결합된 배터리 관리 시스템(BMS).

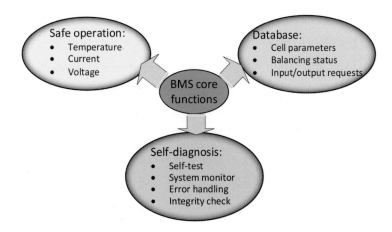

그림 6.4 배터리 팩 내 배터리 관리 시스템의 핵심 기능.

또한 배터리 관리 시스템은 셀 파라미터(개방 회로 전압(OCV, open circuit voltage), 배터리 충전 상태(SOC) 등), 셀 밸런싱 상태, 입/출력 요구 사항 등 다양한 파라미터를 측정하고 저장한다. 이후 이 정보를 기반으로 배터리 관리 시스템은 하나 이상의 하위 시스템의 작동을 허용하거나 방지하기 위해 스위칭 장치를 제어한다. 예를 들어 모터가 전류를 요청하고 접촉기(contector)가 열려 있으면 전류가 흐르지 않는다. 이때 배터리 관리 시스템은 접촉기를 닫아 전류가 흐르도록 한다. 데이터는 데이터 저장 메모리에 저장되며, 이 메모리에서 데이터를 검색하여 팩 파라미터를 계산하는 데 사용할 수 있다.

배터리 관리 시스템은 일반적으로 자가 진단이 가능하다. 자가 진단 중 배터리 관리 시스템은 여러 가지 테스트를 수행하여 모든 기능과 센서가 제대로 작동하는지 여부를 확인한다. 또한 오류를 처리하고 계속 작동할지 여부를 결정한다.

예를 들어, 테스트 결과 전압 제한이 오류기 경미하고 안선 문제로 이어지지 않는 경우 배터리 관리 시스템을 통해 배터리 팩을 계속 작동할 수 있다.

배터리 관리 시스템에는 소프트웨어로 제어되는 마이크로컨트롤러 유닛(MCU, microcontroller unit) 및 집적회로(IC, integrated circuit) 칩과 같은 여러 인터페이스 드라이버(하드웨어)가 배치된다. MCU는 스위치, 센서 및 유사한 구성 요소로부터 입력을 수신하고, 사전 설정된 프로그램에 따라 특정 응용분야(예: 전기자동차)의 전기 모터와 디스플레이를 제어하여 수행할 작업과 응답 방법을 알려준다. 배터리 관리 시스템에는 1차 MCU 외에도 1차 프로세서 작동에 장애가 발생할 경우 2차 MCU 역할을 하는 2차 프로세서 유닛이 있다.

또한, 개별 배터리 셀에서 배터리를 조립하는 동안 배터리의 절연 저항과 전압을 모니터링하기 위해 배터리 관리 시스템에서 일사량 모니터링 장치 (IMD, insolation monitoring device)가 자주 사용된다. 이 장치는 저전압 라인과 고전압을 분리하기 때문에 배터리 팩의 고전압 적용 시 특히 유용하다. 특히 고전압 응용분야에서 전압 누출이 발생하면 IMD가 누출을 감지하고 배터리 관리 시스템에 신호를 보내 전류 흐름을 차단한다. 또한 배터리 관리 시스템에서 전류 센서를 사용하여 배터리를 통해 흐르는 전류에 대한 실시간 데이터를 측정하고 제공할 수 있다. 이 데이터를 통해 배터리 충전 상태(SOC)를 확인할 수 있다.

배터리 관리 시스템의 몇 가지 일반적인 주요 작업은 다음과 같다.

- 충전 중에 셀 간에 전류가 불균일하게 흐르면 배터리 관리 시스템이 각 모듈의 전압과 온도를 모니터링하고 균형을 맞춰 전류를 균등화한다.
- 충전 중에 모듈이 전류를 충분히 공급받지 못하면 배터리 관리 시스템이 다른 모듈을 우회하여 해당 모듈에 더 많은 전류를 공급한다.
- 모듈의 온도가 상승하면 배터리 관리 시스템에서 해당 모듈의 충전 또는 방전 속도를 늦춰준다.
- 모듈이 과충전되면 배터리 관리 시스템은 저항기를 통해 더 높은 전압의 모듈을 부분적으로 방전하여 일부 전류가 다른 모듈로 흐르도록 하거나 (passive balancing), 더 높은 전압의 모듈 충전을 중지하고 대신 더 낮은 전압의 다른 모듈을 충전할 수 있다(active balancing).
- 배터리 관리 시스템은 배터리 저장 시스템에서 냉각 또는 가열 프로세스를 사용하는 경우 모듈의 온도를 제한할 수 있다.

앞서 설명한 바와 같이 배터리 관리 시스템에는 심각하고 위험한 상황에서는 부하나 충전기로부터 분리하는 전자 스위치가 있다. 즉, 배터리 관리 시스템은 팩 내 셀과 관련된 손상 가능성으로부터 배터리를 보호한다. 배터리 관리 시스템 작동에 실패하면 다음과 같은 심각한 문제가 발생할 수 있다.

- 열 폭주: 배터리에서 열 폭주는 셀의 온도가 배터리 자체 발열이 시작되는 온도를 초과할 때 발생한다. 셀 온도가 더 상승하면 열화 반응이 더 빠른 속도로 일어나 결국 다양한 가스를 방출하고 배터리 셀의 발화 및 연소로 이어진다. 열 폭주를 유발하는 조건은 전극 간, 집전체 간, 음극과 집전체 간 내부 단락일 수 있다.
- 셀 용량 감소: 셀의 전류 및 전압 분포가 불균일하면 셀의 열화 진행 속도

가 증가하여 배터리 셀 내부의 용량 저하로 이어진다.

- 셀 죽음(death): 배터리 관리 시스템이 배터리 충전 상태(SOC) 및 배터리 수명 상태(SOH)를 잘못 판단하면 배터리가 지정된 임계값이 초과되거나 낮아 과충전 또는 방전되어 결과적으로 셀이 죽을 수 있다.

- 로드 유닛의 손상: 셀을 통한 전류 분배가 불균형 할 경우 로드 유닛이 손상될 수 있다.

- Power MOSFET 과열: Power MOSFET은 열을 방출하는 장치이다. Power MOSFET에서 열이 충분히 제거되지 않으면 온도가 상승하고 과열된다. 이 상태에서는 Power MOSFET을 교체해야 하거나 배터리 팩 고장이 발생할 수 있다.

- 온도 센서 오류: 이는 배터리 셀의 온도뿐만 아니라 Power MOSFET이 올바르게 표시되지 않는 위험한 상태이다. 이 상태는 배터리 과열, 셀 용융 및 열 폭주를 초래할 수 있다. 따라서 배터리 관리 시스템에서는 고품질의 적절한 온도 센서를 선택해야 한다.

그림 6.5는 전기 자동차의 일반적인 배터리 팩 레이아웃을 보여준다. 여기에는 전기 모터 또는 전기 모터 컨트롤러일 수 있는 팩 콘센트에 연결된 컨트랙터(contractor)가 포함된다. 컨트랙터는 전기 회로를 켜거나 끄는 데 사용되는 특수한 유형의 계전기(relay)이다. 전기 접점을 기계적으로 작동시키는 자력을 생성한다. 사전 충전 회로(precharge circuits)는 주 접촉기가 닫히기 전에 전압 레벨이 소스 전압에 매우 가깝게 상승할 때까지 제어된 방식으로 전류

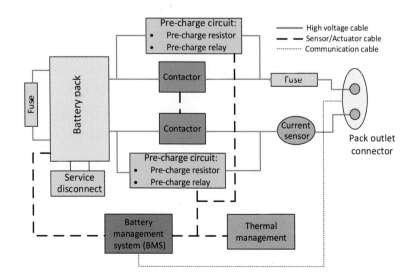

그림 6.5 전기차 내 배터리 팩 구성 요소의 일반적 구성.

가 흐르도록 접촉기에 내장되어 있다. 배터리 팩 내부에는 목표 전력을 공급하기 위해 배터리 셀이 배열되어 있다. 또한 배터리 팩과 컨트랙터에는 여러 개의 퓨즈 연결되어 배터리 셀 손상 및 위험한 과전류 및 과충전 현상으로부터 보호한다. 배터리 관리 시스템에 연결된 열 관리 시스템도 있다.

6.3 배터리 팩 전기 설계

배터리 에너지저장시스템의 전기 설계에서 첫 번째 단계 중 하나는 배터리가 적용될 듀티 사이클(duty cycle) 시간에 대한 출력을 결정하거나 예측하는 것이다. 예를 들어, 에너지 사용량이 높은 응용분야의 경우 출력은 낮으나 충전 및 방전 시간은 길다. 또한 출력이 높은 응용분야의 경우 출력은 높은 반면 충전 및 방전 지속 시간은 상대적으로 짧다.

배터리 시스템은 일반적으로 성능 열화 과정으로 인한 용량 감소를 보상하기 위해 필요한 용량보다 더 높은 에너지 용량에 맞게 크기가 결정된다. 6.1절에서 설명한 바와 같이, 전기화학 셀에 대해 원하는 출력 대비 에너지 비율을 결정하는 것이 특정 응용 분야 배터리 에너지 시스템을 설계하는 첫 번째 핵심 단계 중 하나이다. 출력 대비 에너지 비율 외에도 셀 설계 시 고려해야 할 몇 가지 다른 전기적 특성이 있다. 여기에는 공칭 셀 전압, 최대 셀 전압, 최소 셀 전압, 용량 및 열 거동/요구 사항이 포함된다. 다음 절에서는 배터리 팩 내의 셀 구성에 대해 설명한다.

6.3.1 배터리 팩 내 셀 구성

배터리 팩의 공칭 셀 전압, 최대 셀 전압, 최소 셀 전압과 배터리 용량은 배터리 팩이 연결된 드라이브 트레인 유닛(drive-train unit)과 일치해야 한다.

배터리 팩 내 셀 배열은 병렬 또는 직렬로 배열할 수 있다. 배터리 셀을 병렬로 연결하면 배터리 내 흐르는 총 전자 수가 증가하기 때문에 팩의 출력 전류와 용량이 증가한다. 주어진 회로에 대해 각 배터리 셀에서 초당 정해진 수의 전자를 끌어올 수 있으므로 두 개 이상의 배터리 셀을 병렬로 연결하면 초당 운반할 수 있는 전자의 수가 곱해져 회로의 총 전류가 증가한다. 배터리 셀을 직렬로 연결하면 배터리 셀을 통해 전자를 이동시키는 힘이 증가함에 따라 팩의 출력 전압이 증가한다.

또한 배터리 셀을 직-병렬로 연결하여 배터리 시스템의 전압과 전류를 동시에 증가시킬 수 있다. 직-병렬 배열의 총 전류 I_T 및 총 공칭 전압 $V_{T,nom}$은 다음과 같이 계산할 수 있다.

$$I_T = \sum_n I_n \tag{6.1}$$

$$V_{T,\text{nom}} = \sum_m V_{m,\text{nom}} \tag{6.2}$$

여기서 n은 행의 개수, m은 열의 개수를 나타낸다. 행은 직렬로, 열은 병렬로 연결된다. 또한 $V_{m,\text{nom}}$는 공칭 셀 전압을 나타낸다. 마찬가지로 최대 및 최소 팩 전압은 단일 셀의 최대 및 최소 전압을 기반으로 결정할 수 있다. 배터리 팩이 공급하는 총 에너지는 다음과 같이 표현할 수 있다.

$$E_{\text{pack},T} = V_{T,\text{nom}} Q_T \tag{6.3}$$

여기서 Q_T는 배터리 용량(Ah 단위)이다.

배터리 모듈과 팩에는 두 가지 주요 병렬/직렬 배열이 있다.

- 직렬-병렬(SP, Series-parallel) 구성: 이 구성에서는 셀을 먼저 직렬로 연결한 다음 그림 6.6(a)와 같이 직렬 열을 병렬로 연결한다. 이 구성의 장점은 특정 열에 장애가 발생할 경우 모든 직렬 열을 배터리 시스템에서 전기적으로 제거할 수 있다는 것이다. 이러한 장점에도 불구하고 전기 자동차와 같은 일부 애플리케이션에서 SP 구성을 사용하는 것과 관련하여 상

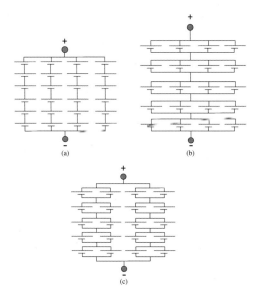

그림 6.6 팩 내 배터리 셀의 다양한 배열: (a) 직렬-병렬(SP), (b) 병렬-직렬(PS), (c) 병렬-직렬-병렬(PSP).

당한 우려를 가지고 있다. 이는 셀 간의 전압 분포가 균일하지 않아 셀 간 균형을 맞추기 위해 셀 내부에 전류가 흐르게 되는 것과 관련이 있다. 동일한 공칭 전압의 동일한 배터리 셀을 사용하더라도 배터리 시스템 작동 기간이 지나면 셀 간에 전압 편차가 발생할 수 있다. 셀 사이의 내부 전류 흐름으로 인해 셀이 즉각적인 충전 및 방전을 진행하여 셀이 손상되고 배터리 수명이 단축된다. 따라서 SP 구성은 특히 많은 수의 배터리 셀이 필요한 다양한 배터리 저장 시스템 응용분야의 경우 바람직하지 않다.

- 병렬-직렬(PS, Parallel-series) 구성: 이 구성에서는 셀은 병렬로 연결되어 모듈을 형성하고, 병렬 행은 직렬로 연결되어(그림 6.6(b) 참조) 더 높은 전압을 생성한다. SP 구성과 달리 PS 구성은 SP 설계에 비해 전기 저항이 상대적으로 낮기 때문에 배터리 시스템을 통해 회로 밸런스 연결을 생성하는 장점이 있다. 또한 PS 구성은 단일 셀 고장 시에도 부분적인 기능으로 배터리 시스템을 작동할 수 있는 기능을 제공한다. 따라서 배터리 시스템의 바람직한 전기 설계는 기본적으로 셀과 모듈을 연결한 다음 모듈과 팩을 연결하는 것이다. 이러한 설계에서는 셀을 금속 막대로 평행하게 연결하여 금속판에 모듈을 배치한 다음, 모듈을 직렬로 배치하여 배터리 팩을 만든다.

또한 병렬-직렬-병렬(PSP, parallel-series-parallel) 연결을 동시에 통합하여 그림 6.6(c)에 표시된 또 다른 구성을 형성할 수 있다. 이 구성은 종종 매우 큰 규모의 응용분야에 사용되며 PS 및 SP 구성에 비해 비용이 높고 복잡한 특징을 가진다. 전기 배선의 복잡성, 비용, 셀 고장 시 부분적인 기능으로 작동 가능, 안전 문제 사이의 절충점 측면에서 이러한 구성의 우선 순위를 결정하는 몇 가지 요소가 있다.

6.3.1.1 배터리 팩의 전기적 고장

일반적으로 배터리 팩 시스템에서 전압/전류 불균형이 발생하면 일반적으로 팩의 전기 설계가 잘못되었음을 나타낸다. 배터리 팩의 지속적인 불균형은 저장 용량을 저하시키고 배터리 셀의 수명을 단축시킨다. 따라서 배터리 저장 시스템의 전기 설계를 효과적으로 수행해야 한다.

특히 배터리 저장 시스템에 고전류가 흐르는 경우 팩 내의 셀을 연결하는 적합한 도체를 선택하는 것이 중요하다. 도체의 저항은 배터리 팩의 전압 강하로 이어진다. 두개의 전기 경로 사이의 작은 저항 차이로도 팩 전체의 전압 강하가 달라질 수 있다. 이로 인해 일부 셀이 다른 셀보다 더 많은 전류를 받기 때

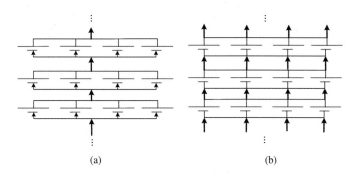

그림 6.7 배터리 팩의 모듈 간 연결 유형: (a) 단일, (b) 다중.

문에 셀 간 전류 분포에 불균형이 발생한다. 또한 배터리 팩의 순차적 모듈을 한 번만 연결하면 저항이 적은 짧은 거리를 통해 더 많은 전류가 전달되는 다양한 경로가 생성된다. 따라서 PS 구성의 단일 모듈에서 셀 간에 균일한 전류 분배를 생성하려면 단일 연결이 아닌 모듈 간 다중 연결이 권장된다(그림 6.7 참조).

PS 구성에서 모듈의 다른 셀과 병렬로 배열된 하나의 셀이 개방 회로(open circuit)가 되면 모듈의 나머지 셀은 계속 작동하지만 모듈 용량은 하나의 셀 용량만큼 감소하여 전체 배터리 팩의 용량이 감소한다. 모듈의 고장이 해결되지 않으면 모듈 내 다른 셀이 더 높은 속도로 충전/방전되어 배터리 팩에서 추가적인 용량 저하가 발생할 수 있으며, 이로 인해 배터리 셀 내 열화가 가속화된다.

PS 구성에서 발생할 수 있는 또 다른 오류는 모듈 내 셀 중 하나가 단락(short circuit)되는 것이다. 이 경우 모듈의 출력 전압이 0이 되어 전체 팩의 용량이 크게 감소한다. 이 상태에서 배터리 팩과 연결된 드라이브 트레인 유닛은 필요한 전압이 고부하 조건보다 작은 저부하 조건에서만 작동할 수 있다. 그러나 단락 문제가 발생하면 팩의 용량이 더욱 감소한다. 단, 모듈 교체가 포함된 수리(repairing process)는 개방 회로 문제의 경우 단일 셀 교체에 비해 더 쉽다.

마지막으로, 두 모듈 간의 직렬 연결에 장애가 발생하면 전체 배터리 팩의 작동이 중단된다. 전류를 전달하는 부스바(bus-bars)라고 하는 단단하고 평평한 도체를 교체해야 할 수도 있다. 부스바는 단단한 금속 막대이며 일반적으로 구리 또는 알루미늄으로 만들어진다.

배터리 시스템의 셀, 모듈 또는 팩에서 이 절에 설명된 유형의 오류를 방지하려면 셀의 전압, 전류 및 온도에 대한 데이터를 모니터링 및 제공하는 배터리 관리 시스템을 사용하는 것이 필수적이며, 사소한 고장 조건에서는 전류/전압 분포의 균형을 맞추거나 심각한 조건에서는 배터리 작동을 중지해야 한다.

6.4 배터리 팩의 기계적 설계

배터리 팩에 적합한 기계적 설계는 극한 환경에서도 안전한 구조, 저렴한 비용, 높은 생산성 및 신뢰성, 조립 및 서비스 용이성을 제공한다. 적절한 기계적 설계는 일반적으로 컴팩트하고 가벼운 배터리 팩으로 이어진다. 또한 팩은 셀에서 발생하는 가스를 안전한 배출구로 방출하고 셀 고장을 방지할 수 있도록 설계되어야 한다. 또한 팩 설계는 열 관리 시스템의 흐름 경로를 확보해야 한다(예: 핀 (fin) 또는 냉각판(cold-plate cooling) 사용).

그림 6.8은 배터리 팩의 주요 구성요소를 나타내며, 아래는 이러한 구성 요소에 대한 설명이다.

- 절연 패드(*insulation pads*)는 누설 전류(leakage current)를 방지하기 위해 직렬로 연결된 모듈 사이에 배치된다. 절연 패드는 열 및 전기 전도성을 모두 가지고 있기 때문에 모듈의 병렬 셀 사이에는 절연 패드를 사용하지 않는 것이 좋다. 절연 패드를 사용하면 배터리 셀에서 생성된 열

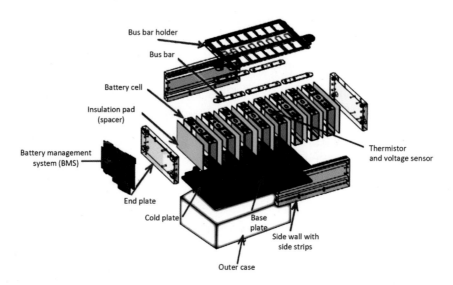

그림 8.8 배터리 팩의 구성 요소. (Adapted from Smith, J., Hinterberger, M., Hable, P. Koehler, J., 2014. Simulative method for determining the optimal operating conditions for a cooling plate for lithium-ion battery cell modules. J. Power Sources 267, 784–792.)

이 모듈과 결과적으로 배터리 팩에서 방출되지 않는다.

- 베이스 플레이트(*base plate*)는 배터리 팩 내에서 셀과 모듈을 함께 고정하고 진동으로부터 셀을 보호하는 역할을 한다.

- 사이드 스트립(*Side strips*)은 배터리 팩에서 양 끝단의 엔드 플레이트(end plate)를 함께 고정하는 데 사용된다. 사이드 스트립과 엔드 플레이트의 기본 기능은 셀의 움직임을 제한하고 셀 표면에 약간의 압력을 가하여 셀의 부풀어 오르는 현상을 방지하는 것이며, 셀 수명을 늘릴 수 있다.

- 냉각판(*cold plate*)은 배터리 팩에는 셀의 온도를 원하는 작동 범위 내로 유지하기 위해 필요하다.

- 부스바(*bus-bar*)를 통해 셀과 모듈이 서로 연결된다. 부스바는 전류 배전을 위한 금속(구리 또는 알루미늄) 스트립 또는 바를 나타낸다. 셀과 모듈을 직렬 및 병렬로 연결하여 전류를 효율적으로 전달하려면 부스바가 필요하다. 부스바가 팩 내에서 움직이면 배터리 단락으로 이어질 수 있으므로 움직이지 안아야 한다. 부스바 홀더를 사용하여 부스바를 고정할 수 있다.

- 온도 센서(*emperature sensor/thermistor*)와 전압 센서(voltage sensor)가 배터리 관리 시스템에 연결되어 온도 및 전압 데이터를 전송하고, 이를 기반으로 배터리 관리 시스템에서 필요한 조치를 취할 수 있다.

- 와이어 하네스(*wire harness*)는 신호와 에너지의 효율적인 흐름을 위해 사용된다. 하네스는 진동, 습기, 마모 등의 영향으로부터 전선을 보호하여 전기 합선의 위험을 줄여준다.

- 배터리 관리 시스템은(*BMS, battery management system*)은 배터리 팩의 핵심이다. 배터리 관리 시스템은 센서와 같은 팩의 다른 전기 장치와 통신하여 셀의 온도, 전압 및 전류 흐름 분포에 대한 정보를 수신한다. 또한 배터리 관리 시스템은 모터 및 컨트롤러와 같은 배터리 팩 외부의 장치와 연결되어 필요한 작업을 수행하도록 명령한다.

- 외부 케이스(*outer casing*)는 주로 외부 환경 조건으로부터 배터리 팩을 보호하고 물, 습기 또는 먼지가 배터리 팩 내부로 유입되는 것을 방지하는 데 사용된다. 이러한 환경 요소는 부스바 연결 및 셀 내부의 저항을 증가시켜 셀 내부의 단락 또는 더 높은 열 발생으로 이어질 수 있으며, 결과적으로 팩의 수명을 단축시킬 수 있다. 또한 외부 케이스는 모듈, 셀 및 연결부를 포함한 전체 배터리 팩을 전기차 충돌 시 발생할 수 있는 갑작스러운 충격으로부터 보호한다.

기계 설계 시 고려해야 할 주요 사항은 다음과 같다.

(i) 재료 선택,

(ii) 개별 셀 수용을 위한 베이스 플레이트 디자인,

(iii) 셀 이동 제약 및 제어,

(iv) 셀 표면의 균일한 압력,

(v) 전체적인 보호를 위한 외부 케이스 디자인,

(vi) 부스바 설계,

(vii) 패키징 제약(예: 배터리 팩의 사용 가능한 공간).

일반적으로 재료 선택의 기준은 비용 효율성, 광범위한 가용성, 우수한 강도 및 무독성이다. 다음 절에서는 배터리 팩에 작용하는 주요 힘과 베이스 플레이트의 설계 절차 및 기준에 대해 포괄적으로 설명한다.

6.4.1 응력-변형 이론(Stress-strain theory)

배터리 팩에 작용하는 주요 힘은 그림 6.9에서 볼 수 있듯, 사이드드 스트립에 작용하는 인장력, 엔드 플레이트와 베이스 플레이트에 작용하는 굽힘력, 용접 조인트에 작용하는 전단력이다. 인장력은 사이드스트립에 작용하여 엔드 플레이트를 당겨 셀 표면에 약간의 압력을 생성한다. 굽힘력은 베이스 플레이트의 배터리 팩 무게와 관련이 있다. 부스바가 셀 단자에 용접될 때 셀이 움직이면 용접된 조인트에 전단력이 작용한다.

일반적으로 기본 하중에는 압축(compression), 인장(tension), 전단(shear), 비틀림(torsion), 굽힘(bending)의 다섯 가지 유형이 있다. 그림 6.10

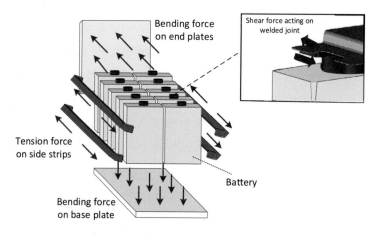

그림 6.9 배터리 팩에 작용하는 주요 힘.

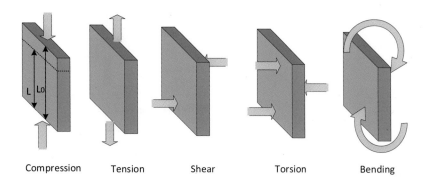

Compression   Tension   Shear   Torsion   Bending

그림 6.10 요소에 작용하는 다섯 가지 힘 유형.

은 이러한 다섯 가지 유형의 힘이 특정 재료에 작용하는 것을 보여준다. 또한 응력은 단위 단면적당 재료에 가해지는 외부 하중(그림 6.10에 표시됨)에 대응하여 재료 내부에 생기는 저항이다. 즉,

$$\sigma = \frac{F}{A} \tag{6.4}$$

여기서 σ는 응력, F 힘 A 단면적을 나타낸다. 단면적을 사용하는 이유는 물체에 하중을 가하면 재료에 약간의 연신율이 발생하여 단면적이 원래 형태에서 변형되기 때문이다.

재료에 가해지는 힘의 작용으로 인해 단면적에 수직인 재료의 길이에 약간의 변화가 있을 수 있으며, 이러한 재료의 변형은 적용된 응력(stress)으로 인해 발생하는 변형률(strain)이다.

다음과 같이 표현할 수 있다.

$$\varepsilon = \frac{L - L_0}{L_0} \tag{6.5}$$

6.4.2 베이스 플레이트 디자인

베이스 플레이트의 최소 요구사항은 균열이나 극심한 구부러짐 없이 배터리 셀 및 기타 구성품의 무게를 견뎌내는 것이다. 베이스 플레이트의 구부러짐 정도가 과도하면 베이스 플레이트가 배터리 셀을 감당할 수 없게 된다. 이로 인해 셀이 움직이고 결과적으로 셀이 손상되고 부스바 작동에 장애가 발생한다.

베이스 플레이트 치수를 결정할 때 배터리 팩의 무게가 균일하게 분포되어 있다고 가정하는 경우가 많이 있다. 또한 배터리의 무게는 진동의 영향을 무시

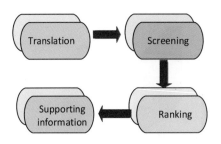

그림 6.11 배터리 팩의 베이스 플레이트 재료 선택을 위한 Ashby 방법론 절차.

하고 부스바에 작용하는 유일한 주요 힘이다(6.4.3절에서 설명). 팩 내 셀 배열을 통해 베이스 플레이트의 길이와 너비를 구할 수 있지만 플레이트의 두께는 더 광범위한 공학적 계산이 필요하다. 베이스 플레이트의 두께는 하중(베이스 플레이트 전체 면적에 대한 배터리 셀의 무게)과 베이스 플레이트의 재질 선택에 따라 결정될 수 있다.

베이스 플레이트의 소재를 선택하는 기법에는 Ashby 방법론(Ashby, 2017)이라는 것이 있다. 이 방법론은 비용, 강도, 무게 및 절연 특성이라는 객관적 함수를 기반으로 한다. 이 방법론에는 그림 6.11과 같이 절차가 정의되어 있다. 여기서 트랜슬레이션(translation)은 목표(즉, 강도, 비용 및 무게)의 정의를 의미한다. 스크리닝 단계에서는 목표(즉, 최대 강도, 최소 비용 및 무게)의 최대화 또는 최소화가 정의된다. 이 단계에서는 설계자의 경험 및 기타 바람직한 요소에 따라 일부 재료를 선별한 다음 목록에서 제거할 수 있다. 이렇게 하면 베이스 플레이트 구성에 사용할 수 있는 재료 목록을 줄이는 데 도움이 된다.

또는, 모든 목적 함수를 최대화 또는 최소화 정의로 변환할 수 있다(예: 비용 최소화는 '1/비용'의 최대화를 의미). 이 경우 목표는 응력 대 변형률 비율(Y)인 탄성 계수에 비례하는 플레이트의 처짐을 최소화하는 것이다. 또한 탄성 계수는 플레이트 두께 t에 반비례한다($Y \propto 1/t^3$). 따라서 플레이트의 처짐을 최소화하려면 1/3승에 대한 변형을 최대화해야 한다. 따라서 베이스 플레이트의 결합 지수는 $Y^{1/3}$의 최대화와 비용 및 밀도의 최소화를 기반으로 정의할 수 있으며, 이는 다음과 같이 작성할 수 있다(Ashby, 2017).

$$\text{Material index for flat base plate: maximize } \frac{Y^{1/3}}{C \cdot \rho} \qquad (6.6)$$

여기서 E는 탄성 계수(영률, Young's modulus로도 알려진), 재료 비용 C,

표 6.2 연강(mild steel)과 알루미늄 6061을 가격, 밀도 및 영의 계수(young's modulus) 측면에서 비교.

Parameter	Material	
	Mild steel	Aluminum 6061
Density (kg/m^3)	7850	2700
Young's modulus (GPa)	210	68.9
Cost of material ($/kg)	0.32	3.69
Material index	21.8×10^{-3}	5.34×10^{-3}

Data in this table are drawn by the present authors from many articles and websites, and represent typical or average values.

재료 밀도 ρ를 나타낸다. 순위 단계에서는 최대 재료 지수를 기준으로 재료의 순위가 매겨진다.

두 개 이상의 자료가 거의 동일한 색인을 가질 때 '지원 정보 단계(supporting information step)'가 사용된다; 단열 특성과 같은 다른 목표(즉, 2차 목표)를 재료 선택 절차에서 고려하여 바람직하지 않은 재료를 제외할 수 있다. 예를 들어 알루미늄과 acrylonitrile butadiene styrene(ABS) 플라스틱의 순위가 동일한 경우(재료 지수가 동일), 열 제거 능력과 같은 다른 목표를 고려할 수 있으므로 열 전도성이 ABS 플라스틱보다 높은 알루미늄이 선호되는 재료가 될 수 있다. 표 6.2는 연강(mild steel)과 알루미늄 6061의 두 가지 소재를 비용, 밀도, 영률 측면에서 비교한 것이다. 알루미늄 6061보다 연강의 재료 지수가 더 높다는 것을 알 수 있다. 따라서 선택한 재료(즉, 연강)의 특성이 플레이트의 두께 계산에 사용된다.

위의 방법론에 따라 베이스 플레이트에 사용할 재료를 선택할 수 있다. 다음 단계는 플레이트의 두께를 결정하는 것이다. 플레이트의 굽힘 이론에서 Kirchhoff's equation에 따르면 최대 변위(deflection)와 응력은 다음과 같이 표현할 수 있다(Young and Budynas, 2020; Shanmugam and Wang, 2007).

$$y_{\max} = \frac{-\alpha q b^4}{E t^3} \tag{6.7}$$

$$\sigma_{\max} = \frac{-\beta q b^2}{t^2} \tag{6.8}$$

여기서 q는 하중(이 경우 플레이트 면적에 대한 셀의 무게), 플레이트 폭 b, 플레이트 두께 t를 나타낸다. 매개변수 α 및 β는 길이 a와 너비 b의 비율로 정의되는 종횡비(ar)를 기반으로 결정된다(즉, $ar = a/b$). α와 β의 값은 플레이트

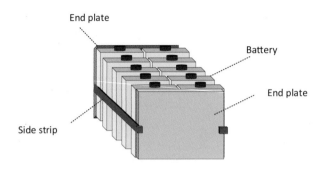

그림 6.12 팩 내 배터리에 압력을 가하기 위해 사이드 스트립과 엔드 플레이트 사용.

의 다양한 모양과 재질에 대해 다른 곳에서 사용할 수 있는 설계 데이터를 기반으로 찾을 수 있다(Young and Budynas, 2020; Shanmugam and Wang, 2007; Belkhodja et al., 2020).

또한, 변위는 원하는 설계 조건에 따라 제약 조건이 될 수 있다. 예를 들어, 하향 방향의 최대 변위를 특정 값 이하로 제한할 수 있다(일반적으로 많은 응용분야에서 3 nm 이하).

다음으로, 식 (6.7)로 계산된 베이스 플레이트의 두께는 식 (6.8)을 사용하여 최대 응력을 결정하는 데 사용할 수 있다. 최대 응력은 주어진 재료에 대한 허용 굽힘 응력을 초과해서는 안된다. 플레이트의 강도를 유지하면서 베이스 플레이트 두께를 줄이고자 하는 경우, 여러 개의 립(rib) 또는 빔(beam)을 사용하여 베이스 플레이트를 지지할 수 있다.

베이스 플레이트 설계 고려 사항 외에도 배터리 셀 간의 최적의 압력 분포를 위해서는 엔드 플레이트의 적절한 설계가 필요하다. 셀 표면에 압력을 가하면 셀이 부풀어 오르는 것을 방지하여 셀 수명이 향상된다. 일반적으로 배터리 셀 제조업체는 배터리의 장시간 작동을 위해 셀 표면에 적용해야 하는 최적의 압력 범위를 제공한다. 예를 들어, 리튬 이온 각형 셀의 경우 일반적으로 10~20 kPa의 소량의 외부 압력이 바람직하지만, 원통형 셀은 외부 압축 없이도 젤리 롤(긴 전극 코일이 중심 코어에 감겨 있는 셀 적층)에 압력을 유지한다(Santhanagopalan et al., 2014). 그림 6.12와 같이 사이드 스트립과 엔드 플레이트에 압력이 가해져야 한다. 따라서 최적의 압력을 균일하게 분배하려면 사이드 스트립의 치수뿐만 아니라 엔드 플레이트의 적절한 두께가 중요하다.

6.4.3 진동 차단(방진)

배터리 팩은 특히 배터리를 이동성이 있는 응용분야에서는 원하지 않는 진동이 셀로 전달되는 것을 차단하도록 설계되어야 한다(예: 전기 자동차). 배터리 셀에 전달되는 진동은 일반적으로 100 Hz 이하의 주파수를 갖는다(Watanabe et al., 2012). 그 결과 부스바 및 단자 커넥터(terminal connectors)에 동적 기계적 부하가 발생하면 전기적 인 연속 손실과 케이스의 피로 균열(fatigue failure)이 발생할 수 있다. 또한 배터리 구조 고유 주파수가 100 Hz의 주파수 범위에 가까워지면 위험한 문제가 발생할 수 있다. 이로 인해 배터리 층이 박리되어 배터리 수명이 단축되는 공명이 발생한다. 진동과 충격이 이동성이 있는 응용분야에서 배터리 셀에 어떤 영향을 미치는지 파악하기 위해 여러 가지 표준 테스트와 실제 조건의 하중이 사용된다(Brand et al., 2015). 따라서 전기자동차/하이브리드 자동차에서 배터리 팩의 내구성 저하를 방지하려면 전자 서브 시스템(electronic subsystems)의 적절한 진동 차단이 필요하다.

전기자동차/하이브리드 자동차가 도로에서 움직이기 시작하면 낮은 주파수의 연속적인 수직 진동이 배터리 팩에 전달된다. 또한 전기자동차/하이브리드 자동차가 홀, 고르지 않은 노면, 교량 받침대 위를 지나가면 주로 수직 진동과 일부 측면 진동이 발생하여 충격을 유발한다. 따라서 배터리 팩의 배터리 셀을 안정화하기 위해서는 수직 및 측면 지지대가 필요하다. 이를 위해 배터리 팩의 상단 표면에 압력을 가한다.

배터리 팩을 구성할 때 외부 케이스 외에도 내부 케이스도 종종 사용된다. 내부 케이스는 폴리머 재질로 만들어져 배터리 팩 주위에 절연 층을 제공할 수 있다. 내부 케이스는 배터리 셀 사이에 배치된 스페이서(spacer)에 의해 제약을 받는 상단 및 하단 셀(shells)의 조합이다. 일반적으로 이러한 스페이서에는 카운터씽크나사(countersunk head screws)가 사용되어 상단 및 하단 셀을 함께 당겨준다(그림 6.13 참조).

내부 케이스를 진동과 충격으로부터 보호하기 위해 내부 케이스의 가장자리에 L자형 마운트를 설치하여 진동을 흡수하고 억제시킬 수 있다(그림 6.14 참조). 그런 다음 전체 패키지(마운트 및 내부 케이스)를 외부 케이스 내부에 배치한다.

그림 6.15에 표시된 또 다른 설계는 커버패드-트레이 고정 배열(coverpad-tray retention arrangement)을 사용하여 전기 자동차의 배터리 팩 내의 배터리 셀을 지지하기 위해 제안되었다(Zhou et al., 2009). 이 프레임은 배터리 팩의 네 면을 결합하는 4개의 빔으로 구성된다. 텐션 볼트(Tensioning bolt)는 프레임을 배터리 팩과 연결하는 데 사용된다. 수직 방향을 따라 진동을 흡수하고 모듈이 위아래로 움직이는 것을 방지하기 위해 두 가지 유형의 평면형 및 L자형 댐핑 패드(damping pad)가 사용된다. 이 패드는 미끄럼 방지 재질로 만들

어져 충분한 마찰력을 제공하여 움직임을 방지한다. L자형 댐핑 패드는 각 모서리 연결부에 위치하며 프레임 구조를 지탱하여 각 모서리에 작은 압력을 가하고 배터리 모듈을 함께 밀어낸다. 평평한 모양의 댐핑 패드는 개별 모듈 사이와 인접한 배터리 모듈과 마주한 측면 상단 및 하단 모서리에 배치된다. 프

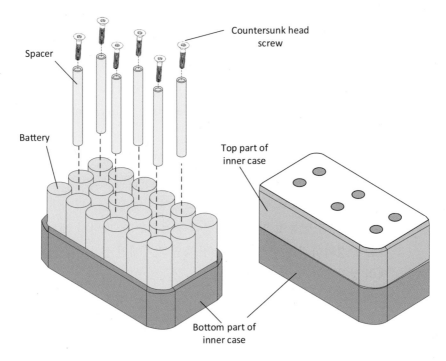

그림 6.13 원통형 배터리 셀이 포함된 배터리 팩의 내부 케이싱. 상하 쉘을 함께 당기기 위해 스페이서에 매몰된 헤드 나사 사용.

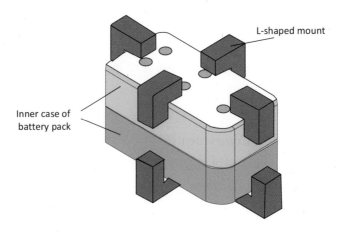

그림 6.14 진동을 흡수 및 감쇠를 위한 내부 케이스에 설치된 L-형 마운트.

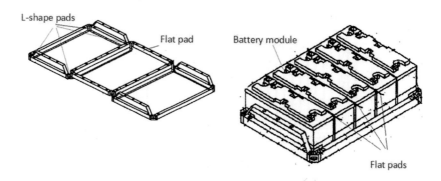

그림 6.15 배터리 팩과 함께 사용되는 지지 프레임 배치 모습: (왼쪽) 빈 프레임, (오른쪽) 프레임에 배치된 배터리 모듈. (Modified from Zhou, S., Husted, C.C., Benjamin, F.A., 2009. Battery Pack Arrangements. U.S. Patent 7,507,499.)

레임을 조립한 후 텐션 볼트를 조여 모듈을 서로 밀착시키고 모듈 사이에 위치한 패드를 조여 움직임을 방지한다.

　장착용 프레임(mounting frame)은 차량 중량을 균일하게 분산하고 낮은 무게 중심을 유지하기 위해 배터리 팩에 사용할 수 있다. 그림 6.16은 일반적인 장착용 프레임의 설계를 보여준다(Iwasa et al., 2011). 장착용 프레임의 앞쪽 직사각형 영역 두 곳에는 배터리 셀이 세로 방향으로 배열되어 긴 쪽은 전기 자동차의 가로 방향으로, 짧은 쪽은 세로 방향으로 배치된다. 장착용 프레임의 후방 영역에서는 배터리 셀의 가장 짧은 면이 전기 자동차의 가로 방향으로 배치되도록 배터리 셀을 배열한다. 장착용 프레임의 후면 영역에 배치된 배터리 셀의 무게는 프레임의 전면 영역에 배치된 셀의 무게와 동일하다. 이 상태에서는 배터리 팩의 무게 중심이 전기차 후방에 위치하게 되어 전기 모터, 인버터, 배터리 충전기를 적재함 전면에 배치할 때 무게 균형 측면에서 바람직하다. 이 장착용 프레임은 좌석 배치가 동일하지 않은 다양한 유형의 차량에 사용할 수 있다. 최적의 무게 분포를 파악하면 장착용 프레임의 치수를 크게 변경하지 않고도 배터리 모듈의 개수를 변경하여 진동 차단이 가능하다.

6.5 배터리 팩의 열 설계

팩 내 배터리 셀의 열 설계는 배터리 셀을 안전하고 효율적인 작동 온도 범위 내에서 유지하는 데 중요하다. 열 폭주는 특히 전기 자동차/하이브리드 자동차와 같이 이동성이 있는 응용분야에서 배터리 셀의 안전한 작동을 위한 주요 관심사 중 하나이다. 열 폭주는 배터리 셀 구성에 존재하는 화합물의 불순물, 부적절한 충전 및 방전(예: 급속 충전 또는 방전) 또는 비효율적인 배터리 열 관

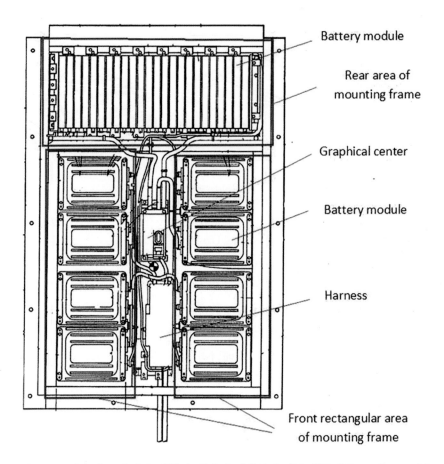

그림 6.16 마운팅 프레임에 배치된 배터리 어셈블리. (Modified from Iwasa, M., Kadota, H., Hashimura, T., Shigematsu, S., 2011. Vehicle Battery Mounting Structure. U.S. Patent, 300426.)

리로 인해 발생할 수 있다. 열 폭주의 지표 중 하나는 배터리 셀의 급격한 온도 상승이다. 또 다른 지표는 배터리 팩에서 가스가 누출되는 것이다; 팩에 적절한 배기 장치가 설치된 경우 이러한 가스 누출이 팩에서 배출될 수 있다. 배터리 온도가 최적값 이상으로 급격히 상승하면 셀 내 전기화학 반응에 직접적인 영향을 미쳐 배터리 효율, 배터리 셀의 충전량, 배터리의 전력 및 용량이 감소한다. 이러한 모든 요인은 궁극적으로 배터리 셀의 수명을 단축시킨다. 또한 열 폭주 상태에서는 배터리 셀과 팩 재료의 강도가 떨어지고 부스바와 같은 일부 내부 구성품이 녹을 수 있다. 따라서 효과적이고 효율적인 배터리 열 설계가 중요하다.

　배터리 팩의 열 설계는 컴팩트하고 가벼우며 포장 및 정비가 용이하고 에너지 소비가 적고 비용이 적게 드는 열 관리 시스템으로 이어져야 한다. 배터리 팩의 효과적인 열 설계는 배터리 셀의 온도를 최적으로 유지하여 배터리 팩의 수명을 늘릴 수 있다.

배터리 팩의 열 설계의 또 다른 주요 목표는 배터리 셀 간에 균일한 온도 분포(uniform temperature distribution)를 제공하여 팩의 국부적인 핫스팟(hot spot)을 제거하는 것이다. 배터리 팩 전체의 온도 분포가 균일할수록 배터리 셀의 수명이 길어진다. 배터리 팩의 열 설계는 모든 배터리 셀(가장자리, 중간 또는 모서리)이 냉각 매체에 노출될 수 있는 충분한 열 전달 표면을 확보하여 셀 내부에서 발생하는 열을 효과적으로 제거할 수 있도록 수행해야 한다.

그림 6.17은 전기 자동차의 리튬 이온 배터리 셀에 대한 온도의 영향을 보여준다. 상대적으로 온도가 높을수록 리튬 이온 배터리 셀의 성능이 더 빨리 저하되는 것을 알 수 있다. 따라서 배터리 셀의 지속적인 작동을 위해서는 배터리 셀의 냉각이 필수적이며, 특히 고속 충전, 더운 날씨 및 중대형 전류 수요 시에는 더욱 필수적이다. 또한 작동 온도가 낮으면 배터리 셀의 내부 저항이 상대적으로 높기 때문에 출력 및 에너지 용량이 감소한다.

따라서 낮은 작동 온도 조건에서 배터리를 충전 및 방전할 때는 배터리 셀 온도를 원하는 범위(예: 리튬 이온 배터리의 경우 15~35℃)로 유지하기 위해 배터리 셀을 가열해야 한다.

배터리 팩의 열 설계를 위해서는 배터리 팩 내부에서 발생하는 열의 양을 파악해야 한다. 주로 배터리 셀 내부에서 (i) 전기화학 반응에 대한 저항(전극

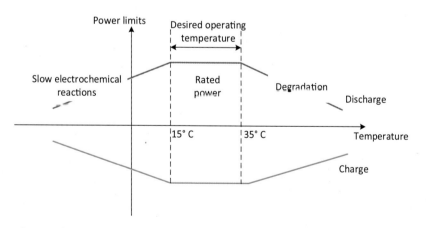

그림 6.17 전기차에서 리튬 이온 배터리의 온도에 따른 전력 프로파일. (Modified from Pesaran, A., 2016. Battery pack thermal design. In: Presentation at 16th Annual Advanced Automotive Battery Conference, Detroit, US. Available from: https://www.osti.gov/servlets/purl/1304580 (Accessed 26 May 2022).)

과 전해질 사이의 전하 이동 중 생성되는 열), (ii) 전자의 흐름에 대한 저항(즉, Joule 또는 ohmic 열), (iii) 전해질 내 이온의 움직임에 대한 저항으로 열이 발생한다. 배터리 셀의 열 발생은 2~4장에 광범위하게 설명되어 있다. 부스바 및 배터리 관리 시스템과 같이 배터리 팩에 배치된 다른 요소에서도 열이 발생하는데, 이는 주로 해당 요소의 내부 저항(즉, Joule 히팅)으로 인해 발생한다. 전류 I가 이 소자를 통해 순환될 때 내부 전자 저항 R이 있는 모든 소자의 Joule 히팅 속도는 다음과 같이 표현할 수 있다.

$$\dot{Q}_J = I^2 R \tag{6.9}$$

식 (6.9)에서 소자의 줄 히팅 속도는 소자의 내부 저항뿐만 아니라 충전/방전 속도에 따라 달라진다는 것을 유추할 수 있다. 개별 배터리 셀의 내부 저항은 작동 온도, 방전량, 개방 회로 전압에 따라 달라진다. 부스바 및 배터리 관리 시스템(power MOSFET, 컨택터 등)의 경우 내부 저항은 주로 작동 온도에 따라 달라진다. 배터리 팩 내에서 발생하는 전체 열이 결정되면 팩에서 얼마나 많은 열 부하를 제거하거나 추가해야 하는지 알 수 있다. 다음은 배터리 팩의 열 부하를 결정하는 예제이다.

6.5.1 예제: 배터리 팩의 열 부하 측정

각 행이 직렬로 연결된 16개의 각형 배터리 셀로 구성된 두 개의 병렬 행으로 구성된 배터리 팩(즉, 2P16S)을 예로 들어 본다. 이러한 각형 배터리 셀의 특징은 표 6.3와 같다.

팩이 1C(방전 속도)에서 100%에서 20%(SOC)로 방전된 경우 팩에서 배출되는 열과 에너지를 구하라. 또한 방전 중 열로 손실된 에너지를 총 팩 에너지와 비교하라.

답(solution)

배터리 셀 내의 열 발생률을 결정하기 위해 생성된 열의 대부분은 줄히팅과 관련이 있으며 다른 기여 요인은 무시할 수 있다고 가정한다. 따라서 팩의 배터

표 6.3 각형 배터리 셀 특성.

Parameter	Value
Nominal capacity	15 Ah
Nominal voltage	3.65 V
Internal resistance	10 mΩ

리 셀 내 총 발열률은 다음과 같이 구할 수 있다.

$$\dot{Q}_{J,T} = N_B I^2 R \tag{6.10}$$

여기서 N_B는 총 배터리 셀 수(즉, $N_B = 32$), 방전 중 셀에서 흐르는 전류 I, 배터리 셀의 내부 저항 R을 나타낸다. 1C의 방전 전류는 1시간 안에 완전히 충전된 배터리를 완전히 방전시킬 수 있다. 따라서 1C 방전 시 배터리 셀에서 끌어오는 전류는 15 A가 된다. 식 (6.6)을 이용하여 전류, 내부 저항 및 셀 수의 값으로 팩 내 배터리 셀의 총 열 발생률을 구한다. 즉,

$$\dot{Q}_{J,T} = 32 \times 15^2 A^2 \times \left(10 \times 10^{-3}\right)\Omega = 72 \text{ W} \tag{6.11}$$

배터리 팩에서 손실되는 열량은 다음과 같이 확인할 수 있다.

$$Q_{J,T} = \dot{Q}_{J,T} \times t \tag{6.12}$$

시간과 충전 속도 사이에는 선형 관계가 있다고 가정할 수 있다. 즉, 배터리 셀이 1℃에서 1시간(3,600초) 만에 완전히 방전(100~0%)되면, 0.8시간(2,880초) 만에 100%에서 20%로 방전된다. 따라서 2,880초 동안 발생하는 열의 양을 확인할 수 있다.

$$Q_{J,T} = 72 \text{ W} \times 2880 \text{ s} = 207.36 \times 10^3 \text{ J} = 207.4 \text{ kJ} \tag{6.13}$$

배터리 셀에서 발생하는 이 열량을 배터리 팩에서 생성되는 총 에너지(열 및 전기 에너지 모두)와 비교하면 다음과 같다(즉, $N_B \times V \times I \times t = 32 \times 3.65 \text{ V} \times 15 \text{ A} \times 2,880 \text{ s} = 5045.8 \text{ kJ}$), 에서 전체 에너지의 4.1%가 배터리 셀에서 열로 손실되는 것을 관찰할 수 있다(즉, (207.4 kJ/5045.8 kJ) × 100% = 4.1%). 따라서 배터리 팩의 총 에너지 중 4.1%가 1 C에서 100%에서 20% SOC로 방전되는 동안 배터리 셀 내부 저항으로 인해 열로 손실되는 것을 구할 수 있다. 이 정도의 일을 팩에서 제거하지 않으면 배터리 팩의 작동 온도가 급격히 상승할 가능성이 높다. 방전 속도를 낮추거나(예: 0.1 C) 내부 저항이 낮은 화학적 특성을 가진 다른 배터리 셀을 선택하면 배터리 셀의 발열 속도를 줄일 수 있다.

6.5.2 배터리 열 관리 시스템

배터리 팩의 열 설계에는 효과적이고 효율적인 배터리 열 관리 시스템의 설계가 포함된다. 배터리 열 관리 시스템은 배터리 셀과 팩의 다른 요소에 효과적인 냉각 또는 가열을 제공하여 작동 온도를 원하는 범위, 즉, 배터리 팩이 안

전하고 효율적으로 작동할 수 있는 온도 범위 내에서 유지하는 역할을 담당한다. 배터리 열 관리 시스템을 최적으로 설계하면 배터리 팩의 수명을 잠재적으로 연장할 수 있다. 배터리 열 관리 시스템은 일반적으로 능동형과 수동형의 두 가지로 나눌 수 있다. 능동형 열 관리 모드에는 (i) 공기 기반, (ii) 액체 기반, (iii) 냉매 기반 시스템 또는 이들의 조합이 포함된다. 수동형 열 관리 시스템에는 일반적으로 상 변화 물질 기반 시스템이 포함되며, 이는 액체-증기 또는 고체-액체 상 변화 프로세스를 기반으로 할 수 있다. 그림 6.18은 배터리 열 관리 시스템의 주요 유형을 나타낸다. 다양한 배터리 열 관리 시스템과 그 작동 원리, 응용 분야, 장점 및 단점은 5장에 포괄적으로 설명되어 있다.

대부분의 공기 기반(air-based) 배터리 열 관리 시스템은 강제 대류 공기 흐름을 기반으로 설계되었으며 이 절에서는 이 부분을 중점적으로 다룬다. 공기 기반 배터리 열 관리 시스템에서는 일반적으로 팬 또는 송풍기를 사용하여 배터리 셀 주변의 공기를 순환시킨 다음 외부로 배출한다. 이러한 시스템은 비용이 저렴하고 구성이 간단하며 유지 관리가 쉽다. 일반적으로 공기 기반 배터리 열 관리 시스템은 중간 정도의 냉각 부하 응용분야에 냉각 기능을 제공할 수 있다.

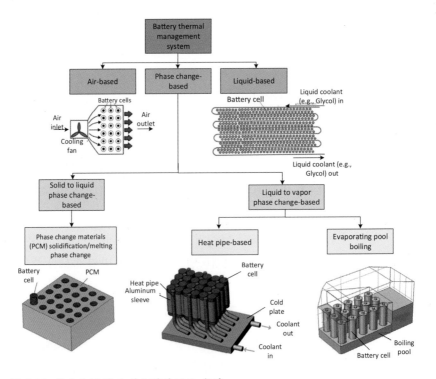

그림 6.18 배터리 열 관리 시스템의 주요 유형.

액체 기반(Liquid-based) 배터리 열 관리 시스템은 공기 기반 시스템과 비교하여 특히 높은 C-rate 작동 조건에서 상대적으로 높은 열 부하를 제거할 수 있다. 이는 작동 유체가 공기보다 대류 열전달 계수가 높은 액체(용수 또는 에틸렌 글리콜(thylene glycol)/물 혼합물)이기 때문이다(예: 20 W/m^2 K < h_{air} < 100 W/m^2 K 및 300 W/m^2 K < h_{water} < 3,000 W/m^2 K). 액체 기반 배터리 열 관리 시스템에서는 물을 냉각하기 위해 냉각기가 필요하므로 상당한 양의 에너지를 사용해야 한다. 액체 기반 냉각 시스템은 전기 자동차 및 하이브리드 자동차에 가장 일반적으로 사용되는 배터리 열 관리 시스템이다.

PCM 기반(PCM-based) 배터리 열 관리 시스템에는 고체-액체 상변화 및 액체-증기 상변화를 기반으로 하는 시스템이 포함된다. 일반적으로 고체-액체 상변화에 PCM이 더 자주 사용되므로 이 장에서는 PCM 기반 배터리 열 관리 시스템을 중점으로 다룬다. 이 장에서는 PCM을 상변화 온도에서 각각 녹고 응고되어 에너지를 흡수하고 방출하는 물질로 간주한다. 액체-증기상 변화 기반 시스템에서는 히트파이프를 사용하여 열 전달 유체를 통해 배터리에서 콘덴서로 열을 전달하거나 배터리를 고정된 액체 열전달 유체에 직접 담그는 방법을 사용할 수 있다. 전자는 히트파이프(heat pipe-based)기반 배터리 열 관리 시스템으로 알려져 있으며 후자는 증발 풀 비등(evaporating pool boiling-based) 기반 배터리 열 관리 시스템으로 알려져 있다.

또한 냉매 기반 배터리 열 관리 시스템은 공기 기반 및 액체 기반 배터리 열 관리 시스템에 비해 높은 C-rate 작동 조건에서 높은 열부하를 제거할 수 있는 PCM 기반 배터리 열 관리 시스템의 한 유형이다. 냉각 효과를 주기 위해 전기 에너지를 소비하는 냉매 기반 시스템에서 냉매는 배터리 셀에서 발생하는 높은 열부하를 흡수하는 상변화 과정을 거친다. 환경 친화적이고 저렴한 냉매를 사용하고 냉동 사이클에서 누출을 제어하면 전기차에 효율적인 열 관리 시스템을 제공할 수 있다.

PCM 기반 배터리 열 관리 시스템은 상대적으로 에너지 밀도가 높으며, 다른 열 관리 시스템에 비해 동일한 질량 기준으로 배터리 셀에서 많은 양의 열을 흡수할 수 있다. 또한 PCM 기반 배터리 열 관리 시스템은 배터리 팩 전체에 균일한 온도 분포를 제공할 수 있다. 이러한 열 관리 시스템은 추가 에너지 소비 없이 대량의 열에너지를 저장 또는 방출할 수 있다는 점에서 수동형 방식으로 간주될 수 있다. 그러나 이러한 시스템에 사용되는 고체-액체 상변화 물질(예: 파라핀)은 열전도율이 낮고 열을 흡수하면 팽창한다. 따라서 시스템의 열전도성을 향상시키기 위해 일부 금속 바를 PCM 기반 배터리 관리 시스템에 사용할 수 있다. 또한 팽창을 고려하기 위해 PCM에 추가 체적을 할당해야 한다. PCM 기반 배터리 열 관리 시스템에서 우려되는 점은 PCM의 용융 온도이다. 특정 PCM의 용융 온도가 주변 온도보다 낮으면 주변의 열을 흡수하여 녹을 수 있으며, 이는 배터리 셀 냉각 기능을 잃게 된다.

다른 유형의 배터리 열 관리 시스템은 위에 제시된 세 가지 주요 특징을 선택적으로 통합하여 개발되었으며, 이를 하이브리드 또는 통합(hybrid or integrated) 배터리 열 관리 시스템이라고 한다. 예를 들어, PCM 기반 시스템은 액체 기반 또는 공기 기반 시스템과 통합될 수 있다. 이 통합 시스템에서 PCM 기반 시스템은 배터리에서 열을 흡수한 다음 액체 기반 또는 공기 기반 열 관리 시스템에 의해 냉각된다. 배터리에 균일한 냉각을 제공하고 배터리 온도를 원하는 작동 조건으로 유지함으로써 이러한 통합 열 관리 시스템을 사용하여 균일한 온도 분포를 달성할 수 있는 경우가 많이 있다.

선박, 항공 및 도로 차량을 포함한 모든 모바일 배터리 시스템 응용분야에서 배터리 셀의 열 관리는 모바일 설계에서 중요한 요소이다. 배터리 열 관리 시스템은 배터리 온도를 원하는 작동 범위 내에서 유지한다. 배터리 열 관리 시스템에 대한 많은 연구가 진행되어 왔다. 예를 들어, 최근 공기 기반(Zhang et al., 2021; Lin et al., 2021), 액체 기반(Kalaf et al., 2021; Rao et al., 2017), 고체-액체 상변화 기반(Chen et al., 2021; Malik et al., 2016), 액체-증기 상변화 기반(Al-Zareer et al., 2019; Wang et al., 2016) 시스템에 대한 여러 연구가 보고되고 있다. 또한, 새로운 배터리 열 관리 시스템에 대한 유용한 review가 보고되었다(Al-Zareer et al., 2018).

6.5.3 배터리 열 관리 시스템 선택

이전 절에서는 다양한 유형의 배터리 열 관리 시스템을 소개하였다. 이제 특정 응용분야에 사용하기에 적합한 시스템 유형을 결정하는 것이 중요하다. 특정 응용분야에 적합한 배터리 열 관리 시스템을 선택하기 위한 기준은 여러 가지가 있다. 예를 들어 전기 자동차의 경우 팩 내 배터리 셀의 발열량, 소형화, 무게, 효과적인 냉각/가열 효과, 가격 등이 적절한 배터리 열 관리 시스템을 선택하는 데 중요한 기준이 된다. 이러한 요소 중 배터리 팩의 발열량은 전기 자동차에서 열 관리 시스템을 선택할 때 결정적인 요소가 된다. 배터리 열 관리 시스템은 배터리 셀을 안전하고 효율적인 온도 범위 내에서 유지할 수 있어야 한다. 이 절의 나머지 부분에서는 배터리 팩의 발열률을 기반으로 배터리 열 관리 시스템을 선택하는 방법에 대해 소개한다.

배터리 셀 내부의 열 발생률을 기반으로 적합한 배터리 열 관리 시스템을

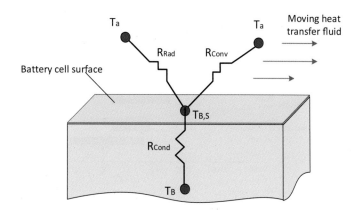

그림 6.19 열 전달 유체와 접촉하는 배터리 셀에 대한 전기 회로 분석(Electrical circuit analogy).

결정하는 주요 단계는 셀과 열전달 매체 간의 효과적인 대류 열전달 프로세스에 필요한 열전달 계수를 평가하는 것이다. 이는 열 저항과 등가 열 회로를 기반으로 결정할 수 있다. 열 저항 개념은 온도가 다른 두 지점 사이에 열이 흐를 때 이 두 지점 사이의 열 흐름에 저항이 있다는 것을 나타낸다.

열 흐름은 전류로, 온도는 전압으로, 열원은 정전류원으로, 열 저항은 저항으로, 열 커패시턴스는 커패시터로 표현하는 전기 회로에 비유하여 모델링할 수 있다. 그림 6.19는 열 흐름과 전기 흐름 접근법을 비교한 것이다. 소자의 일반적인 열 저항은 열 전달률로 표현할 수 있다. $\dot{Q}$와 두 점 사이의 온도 차이는 ΔT이다.

$$R = \frac{\Delta T}{\dot{Q}} \tag{6.14}$$

일반적으로 열 저항은 (i) 전도, (ii) 대류 및 (iii) 복사의 세 가지 열전달 모드 모두에서 관찰될 수 있다. 예를 들어 배터리 셀이 냉각 또는 발열 목적으로 열 전달 유체와 접촉하는 경우(그림 6.20 참조) 이러한 열전달모드에 대한 등가 열 저항은 각각 다음과 같이 표현할 수 있다.

$$R_{\text{cond}} = \frac{L}{kA} \tag{6.15}$$

$$R_{\text{conv}} = \frac{1}{h_{\text{conv}}A} \tag{6.16}$$

$$R_{\text{Rad}} = \frac{1}{h_{\text{Rad}}A} \tag{6.17}$$

여기서 L은 전도 열전달이 발생하는 소자의 두께, k는 열전도율, A는 배터

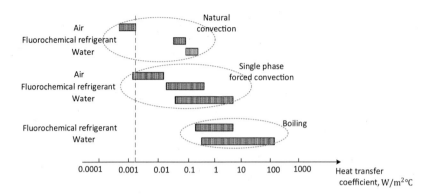

그림 6.20 다양한 유형의 대류 열 전달에 대한 열 전달 계수 범위. 여러 기사와 웹사이트에서 데이터를 수집하여 다양한 대류 열 전달 유형에 대한 일반적인 범위를 나타냄.

리 면적이다. 또한 h_{conv} 및 h_{Rad}는 각각 대류 및 복사 열전달 계수이며, 다음과 같이 나타낼 수 있다.

$$h_{\text{conv}} = \frac{q_{\text{conv}}}{(T - T_a)} \tag{6.18}$$

$$h_{\text{Rad}} = \frac{q_{\text{Rad}}}{(T - T_a)} = \varepsilon\sigma\left(T^2 + T_a^2\right)(T + T_a) \tag{6.19}$$

여기서 q_{conv} 및 q_{Rad}는 각각 대류 및 복사 열 유속이며, T_a는 주변 온도, T 표면 온도, σ 스테판-볼츠만 상수(Stefan-Boltzmann Constant) 및 ε 표면 방사율(surface emissivity)을 나타낸다.

이상적으로는 배터리 셀 내부의 온도 분포가 균일하여 배터리 셀 전체의 온도가 일정하다고 가정할 수 있다(T_B일 때). 따라서 셀에는 전도 열이 없을 것이며, 또한 복사 열은 대류 열 전달에 비해 미미하다. 배터리 셀의 에너지 균형에 따라 배터리 내부에서 생성된 모든 열은 대류를 통해 열 전달 유체로 전달된다.

$$\dot{Q}_{\text{gen}} = \dot{Q}_{\text{conv}} \tag{6.20}$$

식 (6.14) 및 (6.16)을 기반으로 대류와 관련된 열 저항은 다음과 같이 표현할 수 있다.

$$R_{\text{conv}} = \frac{1}{h_{\text{conv}}A} = \frac{T_B - T_a}{\dot{Q}_{\text{conv}}} = \frac{T_B - T_a}{\dot{Q}_{\text{gen}}} \tag{6.21}$$

배터리 셀의 열 발생률(6.4.2절에서 설명)을 결정하면 방정식 (6.17)을 사용하여 열전달 계수를 결정할 수 있다. 관계에 대한 다양한 그래픽 및 기타 특정 설계 조건에서의 실험 연구를 바탕으로 열전달 계수와 대류 열전달 방법(예: 강제/자연 공기, 물 순환 또는 비등 열전달) 간의 상관관계가 개발되었다.

그림 6.20은 다양한 범위의 열전달 효율에 대한 대류 열전달 사용에 대한 정보와 제안을 제공하는 일반적인 그래프를 보여준다. 예를 들어, 6.5.1절의 예를 떠올려 보면, 배터리 팩의 발열량이 72 W인 것으로 확인되었다. 주변 온도가 35℃인 것을 고려하여 배터리 셀을 45℃의 온도로 유지하는 경우 대류 표면적이 0.168 m인 배터리 셀 사이의 열 전달 계수는 42.85 W/m^2℃(= 72 W/ (45℃ − 35℃) × 0.168 m^2)가 된다. 열 전달 계수를 배터리 열 관리 시스템 선택의 유일한 주요 기준으로 고려하는 경우, 그림 6.20의 그래프에 따르면 적합한 열 관리 방법은 강제 공기 대류가 될 수 있다.

6.6 통합 설계 및 요약

그림 6.21에는 이 장에서 자세히 설명하는 배터리 팩 설계 단계가 요약되어 있다. 배터리 팩의 셀 배열은 PS(병렬-직렬) 및 SP(직렬-병렬) 구성을 따른다. 열, 기계 및 전기 설계에 필요한 장비는 그림 6.21의 구조 아래에 나와 있다. 또한 각 설계의 안전 고려 사항은 팩 설계의 안전 단계에 있다. 팩 특성을 확인하고 모니터링하는 제어 장치는 배터리 관리 시스템의 일부이다. 마지막 단계는 서로 다른 하위 시스템 간의 인터페이스와 모든 배터리 작동 매개변수를 실시간으로 모니터링할 수 있는 모니터링 및 원격 측정 서비스를 포함하는 응용분야와 연관되어 있다. 원격 측정은 배터리로 작동하는 많은 무선 시스템에서 배터리 전력이 최저점에 도달하고 배터리가 수명이 다할 때 모니터링 담당자에게 알려주는 데 사용된다. 원격 측정은 배터리 상태를 모니터링하고 전체 차량 서비스 수명기간 동안 배터리가 작동하는지 확인하여 배터리 팩과 관련된 데이터(예: SOC, 충전량, 방전된 에너지 양)를 실시간으로 제공한다.

6.7 마무리

이 장에서는 배터리 관리 시스템 설계, 전기, 기계 및 열 설계, 안전 및 비용 고려 사항 등 배터리 시스템 설계를 위한 주요 프로세스 단계에 대해 설명하였다. 배터리 셀에 사용되는 재료를 신중하게 선택하는 것 외에도 배터리 팩을 최적 설계는 배터리 셀의 수명을 연장하고 불균등한 전류 분포, 방전/충전 제어 불량 및 고장 위험이 줄어 배터리 팩을 안전하고 안정적으로 작동할 수 있게 한다.

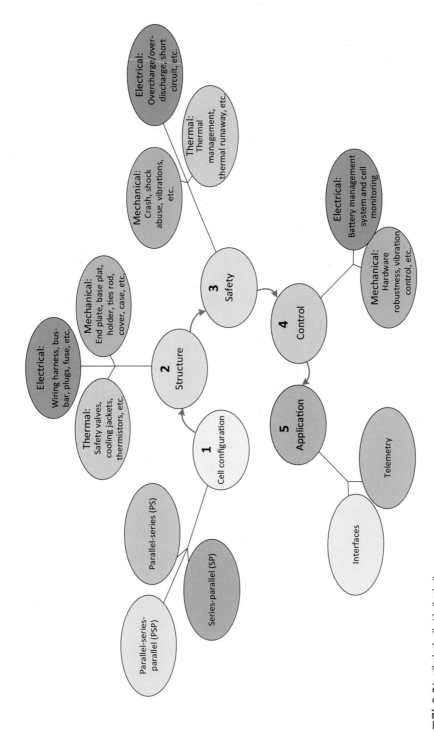

그림 6.21 배터리 팩 설계 단계.

배터리 관리 시스템은 시스템 작동 중 배터리의 전류, 전압 및 온도를 모니터링하고 이러한 작동 매개변수 중 하나라도 제한값을 초과하면 배터리 시스템의 작동을 중단하는 역할을 담당한다. 또한 이 시스템은 전류, 전압 및 온도 데이터를 사용하여 배터리 팩의 충전 상태와 건강 상태를 판단한다. 배터리 팩의 적절한 전기 설계는 배터리 셀 간의 균형 잡힌 전류/전압 분포뿐만 아니라 주어진 응용분야에 배터리가 제공해야 하는 전력을 정확하게 평가할 수 있게 해준다. 배터리 팩에 적합한 기계적 설계는 최소한의 비용과 무게로 극한 조건 (예: 진동, 충격)에서도 안전한 구조를 제공하고 신뢰성과 소형화를 극대화한다. 배터리 팩의 기계적 설계의 주요 목표 중 하나는 배터리 셀 표면에 최적의 압력을 제공하여 셀이 부풀어 오르는 것을 방지하는 동시에 진동으로부터 셀을 보호하고 기타 안전 고려 사항을 해결하는 것이다. 배터리 팩의 효과적인 열 설계는 배터리 셀 전체에 균일한 온도 분포를 유도하고 배터리 셀 내부에서 발생하는 열을 효과적으로 제거하여 온도를 최적의 범위 내로 유지하는 것이다.

학습질문

6.1. 배터리 팩 시스템의 주요 설계 프로세스는 무엇인가?

6.2. 배터리 관리 시스템의 핵심 기능은 무엇인가?

6.3. 배터리 팩 설계에서 power MOSFET의 주요 기능은 무엇인가?

6.4. 팩에 배터리 셀을 배열하는 두 가지 주요 방식은 무엇인가? 이러한 각 구성의 장단점을 설명하라.

6.5. 배터리 팩의 기계 설계 시 주요 고려 사항은 무엇인가?

6.6. 배터리 열 관리 시스템을 설계할 때 어떤 기준을 고려해야 하나?

6.7. 냉매 기반 및 액체 기반 배터리 열 관리 시스템을 비교하라.

6.8. 배터리 팩에 적합한 열 관리 시스템은 어떻게 선택하는가?

6.9. 6.5.1절이 예를 고려하여 팩에 28개의 배터리 셀이 포함되어 있고 각 배터리 셀의 내부 저항이 12 mΩ일 때 팩에서 발생하는 열과 방출되는 에너지를 계산하라.

참고문헌

Al-Zareer, M., Dincer, I., Rosen, M.A., 2019. Comparative assessment of new liquid-tovapor type battery cooling systems. Energy 188, 116010.

Al-Zareer, M., Dincer, I., Rosen, M.A., 2018. A review of novel thermal management systems for batteries. Int. J. Energy Res. 42 (10), 3182–3205.

Ashby, M.F., 2017. Materials Selection in Mechanical Design, fifth ed. Butterworth-Heinemann, Amsterdam.

Belkhodja, Y., Ouinas, D., Zaoui, F.Z., Fekirini, H., 2020. An exponential-trigonometric higher order shear deformation theory (HSDT) for bending, free vibration, and buckling analysis of functionally graded materials (FGMs) plates. Adv. Compos. Lett. 29, 1–19.

Brand, M.J., Schuster, S.F., Bach, T., Fleder, E., Stelz, M., Gläser, S., Müller, J., Sextl, G., Jossen, A., 2015. Effects of vibrations and shocks on lithium-ion cells. J. Power Sources 288, 62–69.

Chen, K., Hou, J., Song, M., Wang, S., Wu, W., Zhang, Y., 2021. Design of battery thermal management system based on phase change material and heat pipe. Appl. Therm. Eng. 188, 116665.

Iwasa, M., Kadota, H., Hashimura, T., Shigematsu, S., 2011. Vehicle Battery Mounting Structure. U.S. Patent, 300426.

Kalaf, O., Solyali, D., Asmael, M., Zeeshan, Q., Safaei, B., Askir, A., 2021. Experimental and simulation study of liquid coolant battery thermal management system for electric vehicles: a review. Int. J. Energy Res. 45 (5), 6495–6517.

Lin, J., Liu, X., Li, S., Zhang, C., Yang, S., 2021. A review on recent progress, challenges and perspective of battery thermal management system. Int. J. Heat Mass Transf. 167, 120834.

Malik, M., Dincer, I., Rosen, M.A., 2016. Review on use of phase change materials in battery thermal management for electric and hybrid electric vehicles. Int. J. Energy Res. 40 (8), 1011–1031.

Rao, Z., Qian, Z., Kuang, Y., Li, Y., 2017. Thermal performance of liquid cooling based thermal management system for cylindrical lithium-ion battery module with variable contact surface. Appl. Therm. Eng. 123, 1514–1522.

Santhanagopalan, S., Smith, K., Neubauer, J., Kim, G.H., Pesaran, A., Keyser, M., 2014. Design and Analysis of Large Lithium-Ion Battery Systems. Artech House, London.

Shanmugam, N.E., Wang, C.M. (Eds.), 2007. Analysis and Design of Plated Structures: Dynamics. Elsevier, England.

Wang, Q., Rao, Z., Huo, Y., Wang, S., 2016. Thermal performance of phase change material/oscillating heat pipe-based battery thermal management system. Int. J. Therm. Sci. 102, 9–16.

Watanabe, K., Abe, T., Saito, T., Shimamura, O., Hosaka, K., 2012. Battery Structure, Assembled Battery, and Vehicle Mounting These Thereon. U.S. Patent, 8124276.

Young, W.C., Budynas, B., 2020. Roark's Formulas for Stress and Strain, ninth ed. McGraw-Hill Education, New York.

Zhang, F., Lin, A., Wang, P., Liu, P., 2021. Optimization design of a parallel air-cooled battery thermal management system with spoilers. Appl. Therm. Eng. 182, 116062.

Zhou, S., Husted, C.C., Benjamin, F.A., 2009. Battery Pack Arrangements. U.S. Patent 7,507,499.

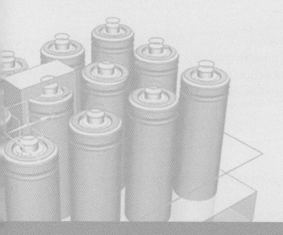

통합 배터리 기반 시스템

목표

- 다양한 배터리 기반 기술의 통합을 예시하고 설명한다.

- 통합 배터리 기반 시스템의 성능에 대해 논의하고 다양한 작동 조건에 따라 성능이 어떻게 영향을 받는지 입증한다.

- 통합 배터리 기반 시스템에 대한 두 가지 사례 연구에 대한 포괄적인 모델링, 분석 및 평가를 제시한다.

- 사례 연구에서 다루는 시스템의 전반적인 성능에 대해 설명하고 토론한다.

- 통합 배터리 기반 시스템의 추가 개선을 위한 권장 사항을 제공한다.

기호 명명법

A	cell area(m^2)
a_i	activity factor of species i in the electrochemical reaction
c_p	specific heat at constant pressure(J/kgK)
c	salt concentration(mol/dm^3)
D	diffusion coefficient(m^2/s)
c_p	specific heat at constant pressure(J/(kg K))
E	electrical potential(V)
E_{OCP}	open circuit potential(V)
F	Faraday constant(C/mol)
$\bar{g}$	molar Gibbs free energy(kJ/kmol)
ΔG_C	activation free energy(kJ/mol)
g	gravitational acceleration(m/s^2)
$\bar{h}$	molar enthalpy(J/mol)
i	current density(A/m^2)
i_0	exchange current density(A/m^2)
i_L	limiting current density(A/cm^2)
I	current(A)
J_n	pore wall flux of lithium ions(mol/(cm^2 s))
k	constants for the reactions occurring at electrode

K_s	equilibrium constant for the reaction
k_r	thermal conductivity in radial direction(W/mK)
k_z	thermal conductivity in axial direction(W/mK)
L_a	base temperature lapse rate per kilometer of geopotential altitude(K/km)
$\overline{LHV}$	low heating value(kJ/kmol)
m	mass(kg)
M	Mach number
n_e	number of electrons in the balanced electrochemical half reaction
N	number of cells
$\dot{N}$	molar flow rate(mol/s)
P	pressure(Pa)
P_i	partial pressure of component i(Pa)
Pd	power density(W/m^2)
$\dot{Q}$	heat transfer rate(W)
$\dot{Q}_{gen}$	heat generation rate per unit volume for the battery(W/m^3)
r	molar conversion rate
R	universal gas constant(J/(mol K))
R_a	characteristic gas constant for air(J/(mol K)))
R_i	resistance of component i(Ω)
R_s	particle radius(m)
$\bar{s}$	molar entropy(kJ/kmol K)
ΔS	entropy change due to electrochemical reactions(J/K)
t	time(s)
T	temperature(K)
U_{O2}	air utilization factor
U_{H2}	hydrogen utilization factor
V	voltage(V)
V_B	volume of battery(m^3)
$\dot{W}$	work rate(W)
x	stoichiometric coefficient
x_i	molar concentration of species i
x_{sc}	steam to carbon ratio
γ	stoichiometric coefficient
Z	altitude(m)

Greek letters

ϵ	volume fraction of polymer
ρ_B	density of battery(kg/m^3)
ρ_{int}	electrical resistivity of interconnect(Ωcm)
ρ_c	electrical resistivity of cathode(Ωcm)
ρ_e	electrical resistivity of electrolyte(Ωcm)
ρ_a	electrical resistivity of anode(Ωcm)
λ	effective water content of the membrane
α	transfer coefficient
δ	thickness(m)

σ	electronic conductivity(S/cm)
$\gamma_{\pm}$	activity coefficient
γ_M	electrode surface roughness factor
γ	Bruggeman coefficient
γ_a	specific heat ratio of air
κ_0	ionic conductivity of electrolyte(S/cm)
κ^{eff}	eff effective electrolyte ionic conductivity(S/cm)
∇t_+^0	transference number
Φ	electrochemical potential(V)
η	overpotential(V)
$\eta_{isen,\,T}$	isentropic efficiency of the gas turbine
η_{inv}	inverter efficiency

Subscripts

a	anode, activation, air
B	battery
c	cathode, concentration
cons	consumed
SOFC	solid oxide fuel cell
gen	generation
m	membrane
ohm	ohmic
ref.	reference
s	surface
+	positive electrode
−	negative electrode
1	solid phase of electrode
2	solution phase of electrode

7.1 서론

화석 연료 기반 에너지시스템의 온실가스(GHG, greenhouse gas) 배출량 증가 및 기타 요인으로 인해 전력 생산을 위한 재생 에너지 기반 시스템이 개발되고 청정 에너지원으로 안정적인 스마트그리드를 사용하는 스마트시티가 개발되고 있다. 태양, 바람, 파도와 같은 재생 에너지원의 가용성은 기상 조건과 시간대에 따라 달라지며, 이로 인해 생산된 에너지의 변동성, 가용성 및 예측 불가능성이 발생한다(Rosen and Farsi, 2022). 따라서 에너지시스템의 신뢰성과 전반적인 유용성을 개선하기 위해 에너지 발전 시스템(수력 터빈, 태양열 패널, 풍력 터빈 등)과 통합된 대규모 에너지 저장 장치를 사용하는 것이 고려되고 있다.

배터리는 전력망과 다양한 고정식 및 이동식 응용분야에서 전기에너지를 저장했다가 필요할 때 반환하는 데 사용할 수 있는 전기화학적 저장 시스템이다. 전기화학 기반의 배터리 저장 시스템은 양수 수력 발전과 같은 다른 많은 전기 저장 시스템과 비교하여 고효율, 다양한 지리적 위치에서의 작동 가능성, 확장성, 가벼운 무게 및 이동성 등을 포함한 여러 가지 장점이 있다(Cho et al., 2015).

전 세계적으로 재생 에너지 기반 시스템의 사용이 증가함에 따라 간헐적이고 변동이 심한 전력 생산의 균형을 맞추기 위해 배터리 저장 시스템의 사용도 증가하고 있다. 예를 들어, 풍력 터빈과 태양광 발전 시스템에서는 전력 생산량이 수요보다 많이 생산될 때 전기에너지를 저장하기 위해 배터리 시스템을 사용해야 한다. 배터리에 저장된 에너지는 풍속 및(또는) 일사량이 충분하지 않아 전력 수요를 충족시키지 못할 때 회수할 수 있다. 따라서 배터리 기술을 사용하면 그림 7.1과 같이 부하를 평준화하고 재생 에너지 기반 전력 생산 시스템의 실제 적용을 지원할 수 있다.

리튬 이온 배터리, 납축 배터리, 니켈 금속 수소 배터리 등 여러 가지 배터리 기술이 개발되어 상용화되어 있으며, 현재 전력 시스템 안정화에 사용되고 있다. 전기 저장 응용분야에 맞춘 저장 규모 사양을 고려하여 다양한 배터리를 선택할 수 있다. 예를 들어, 리튬 이온 배터리 기술은 휴대폰이나 자동차와 같은 중소규모 저장 응용분야에 적합한 반면, 바나듐 레독스 배터리 기술은 대규모 고정식 응용분야에 더 적합하다. 리튬 이온 배터리는 높은 효율과 무게 대비 높은 에너지 밀도로 인해 모바일 및 휴대용 응용분야에 가장 널리 사용되는 배터리이다. 그러나 리튬 이온 배터리는 높은 비용으로 인해 고정식 저장 응용분야에서 사용이 제한적이다. 배터리 기술의 추가적인 상용화는 단위 에너지

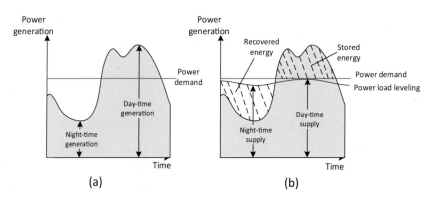

그림 7.1 재생 에너지 기반 발전소에서의 전기 에너지 생산 프로파일. (a) 배터리 저장 장치 없음, (b) 배터리 저장 장치 포함.

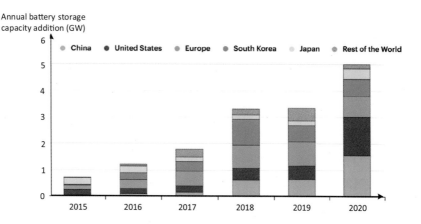

그림 7.2 2015년부터 2020년까지 국가별 연간 에너지 저장 추가분. (Modified from IEA, 2021. Energy Storage, IEA, Paris. Available from: https://www.iea.org/reports/energystorage (Accessed 25 May 2022).)

당 비용을 낮추고 수명을 늘리며 배터리 내 사용하는 전극 활물질의 도입을 통해 달성할 수 있다.

에너지 저장은 점점 더 중요해지고 있으며, 2015~2020년 국가별 에너지 저장 용량의 연간 증가율은 그림 7.2에 나와 있다. 2020년에는 전 세계 배터리 저장 용량에 5 GW가 추가되었으며, 2020년 말까지 전 세계에 설치된 총 배터리 전력 저장 용량은 약 17 GW에 도달했다(IEA, 2021). 총 배터리 저장 용량은 2017년에 비해 2020년에 약 64% 증가했다. 중국과 미국이 GW 규모의 배터리 저장 용량 추가를 주도하고 있다. 그림 7.2의 총 추가 용량 중 약 3분의 2는 유틸리티 규모(utility-scale)의 설치와 관계가 있다(IEA, 2021).

7.2 운송 분야의 통합 배터리 기반 시스템

저소음, 고효율, 이산화탄소 저배출로 인해 항공, 도로 및 해상 차량, 기차와 같은 운송 분야에서 배터리 기술 사용에 대한 관심이 높아지고 있다. 특히 전기 자동차 및 하이브리드 자동차에 리튬 이온 배터리 셀을 사용하는 것은 운송 부문에서 온실가스 배출을 크게 줄일 수 있는 방법으로 유망하다.

그림 7.3은 2000~30년 전 세계 운송 부문의 기존 및 예측 이산화탄소 배출량을 보여준다(IEA, 2022). 가장 큰 이산화탄소 배출량은 도로 차량과 관련된 것으로 나타났으며, 그 다음이 화물 차량, 해운 및 항공 순으로 나타났다. 특히 예상되는 운송 수요 증가에 따라 도로 승객 및 대형 도로 화물 차량은 물론 항공 및 해운의 탈탄소화를 위해 저탄소 연료 사용을 촉진하는 정책과 지속 가

능한 개발 계획이 필요하다. 2018년부터 2030년까지 이러한 정책을 수립하면 (그림 7.3의 세로 점선 오른쪽에 점선으로 표시) 운송 부문의 자동차 이산화 탄소 배출량을 연간 20%에서 5.7 Gt까지 줄일 수 있을 것으로 예측된다(IEA, 2022).

선박의 디젤 기반 추진 시스템을 통해 해상 운송에서 발생하는 이산화탄소 배출을 줄이려면 엄격한 규제가 필요하다(Hoang, 2018). 수많은 프로젝트가 디젤 기반 추진 시스템을 연료전지-배터리 복합 시스템으로 대체하는 것을 목 표로 하고 있다. 예를 들어, 2017~2021년 ReverCell 프로젝트에서는 총 출력 250 kW의 양성자 교환막(PEM, proton exchange membrane) 연료전지를 배터리 시스템과 결합하여 하이브리드 페리(hybrid ferries)를 구동했다(Zero emissions, 2020). 또한 2021년에는 총 출력 60 kW의 고체 산화물 연료전지 (SOFC)를 배터리 및 내연기관 시스템과 통합하여 크루즈선을 구동하는 새로 운 프로젝트가 시작되었다(Horizon, 2020). 연료전지 배터리 기반 전력 시스 템이 해양 프로젝트에서 성공적으로 구현되었지만 선박에서 연료전지 배터리 기술의 광범위한 사용을 활성화하려면 높은 제조 비용, 연료 저장 문제, 유지 관리 및 안전 문제와 같은 여러 가지 과제를 해결해야 한다.

최근 승객당 탑승 비용과 온실가스 배출량을 줄이기 위해 전기 항공기의 개

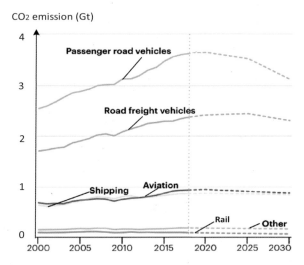

그림 7.3 2000년부터 2030년까지의 운송 부문 연간 이산화탄소 배출량(실제 및 예측). 기타는 파이프라인 및 특정되지 않은 운송 수단을 포함함. (Modified from IEA, 2022. Transport sector CO2 emissions by mode in the Sustainable Development Scenario, 2000–2030. IEA, Paris. Available from: https://www.iea.org/data-and-statistics/charts/transport-sector-co2-emissions-by-mode-in-the-sustainable-development-scenario-2000–2030 (Accessed 25 May 2022).)

발에 대한 전 세계적인 관심이 높아지고 있다(Collins and McLarty, 2020). Zunum Aero, Airbus 및 Eviation 등 여러 기업이 배터리 기반의 단거리 여객기를 연구하고 있다. 교대 추진 시스템과 관련 비행 성능의 하이브리드화에 대해서도 다루고 있다(Ji et al., 2020). 또한, 미국 항공우주국(NASA)은 전기 및 하이브리드 전기 항공기 연구에 많은 투자를 해왔으며 2025년까지 더 큰 규모의 프로토타입을 테스트할 수 있을 것으로 예상하고 있다(Jansen et al., 2019). Collins and McLarty(2020)는 액체 수소를 연료로 사용하는 항공기를 위한 연료전지-가스터빈 하이브리드 시스템을 제안했다. 이들은 연료전지-가스터빈-배터리 하이브리드 시스템의 기하학적 구조와 재료 요구 사항을 제시했다. 제안된 시스템의 성능을 네 가지 상용 항공기 비행 프로파일에 대해 분석하고 최대 탑재량(즉, 안전하게 운반할 수 있는 최대 중량)에 맞게 최적화했다. 저자는 액체 수소의 높은 에너지 밀도와 SOFC의 높은 효율이 연료 요구량을 70%까지 감소시켜 온보드(onboard) 전력 장치의 무게를 상쇄한다는 것을 보여주었다. 또한 터보팬과 SOFC가 통합된 항공기용 하이브리드 추진 시스템을 제안하였다(Seyam et al., 2021). 열역학 및 파라미터 연구가 수행되고 에너지 및 엑서지 방법(exergy methods)을 통해 시스템의 성능이 평가되었다. 또한 항공기에 사용되는 기존 화석 기반 연료인 등유를 대체하기 위한 수단으로 메탄, 수소, 메탄올 및 에탄올과 같은 다양한 종류의 연료를 다양한 조합으로 사용하는 것을 조사하였다. 저자는 SOFC와 기존 터보팬을 통합하면 시스템 성능을 향상시킬 수 있음을 보여주었다. 또한 수소 40%와 에탄올 60%의 연료 혼합물을 사용하면 성능이 5% 향상되고 탄소 배출량은 73% 감소하였다.

전기 및 하이브리드 항공기에 대한 많은 연구가 보고되었다. 예를 들어, 실제 유럽 비행 정보를 수집하여 이산화탄소 배출량 측면에서 바이오 등유와 기존 등유의 소비량을 비교한 연구가 있다. 그 결과, 2030년까지 1억 7천만 톤의 기존 등유를 소비하면 4억 톤의 온실가스를 배출하는 것으로 나타났다. 따라서 유럽 연합의 한 계획에서는 항공 운송에서 발생하는 이산화탄소 배출을 줄이기 위해 수소 처리 식물성 오일(HVO, hydrotreated vegetable oils)과 바이오매스-액체(BTL, biomass-to-liquid) 바이오제트 연료(biojet fuel)와 같은 바이오 연료를 사용하도록 요구하고 있다(Kousoulidou and Lonza, 2016).

전기 자동차 및 하이브리드 자동차는 배터리 전기 자동차, 연료전지 전기 자동차(또는 수소 전기 자동차), 플러그인 하이브리드 전기 자동차, 하이브리드 전기 자동차의 네 가지 주요 유형으로 분류할 수 있다(그림 7.4 참조). 배터리 전기 자동차의 경우 배터리 셀이 차량의 유일한 에너지 공급원이다. 배터

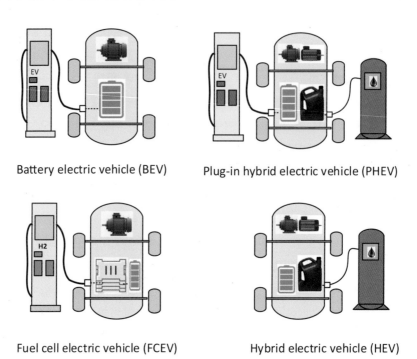

Battery electric vehicle (BEV)   Plug-in hybrid electric vehicle (PHEV)

Fuel cell electric vehicle (FCEV)   Hybrid electric vehicle (HEV)

그림 7.4 전기 및 하이브리드 전기 자동차의 주요 유형.

리 전기 자동차에는 60~100 kWh 배터리 팩을 통해 322 km(200 miles) 이상의 합리적인 주행 거리를 제공할 수 있는 대형 충전식 배터리가 장착되어 있다(Oreizi, 2020). 배터리는 고속 충전으로 약 30분 만에 10%에서 80%까지 충전할 수 있다(Oreizi, 2020). 배터리 전기 자동차는 일반적으로 하이브리드 전기 자동차보다 효율이 높다. 플러그인 하이브리드 전기 자동차는 하이브리드 자동차와 배터리 전기 자동차가 결합된 형태이다. 이러한 플러그인 하이브리드 전기 자동차는 충전식 배터리와 가솔린 연료 탱크를 모두 사용하여 차량을 구동한다. 배터리는 플러그를 꽂아(plugging in) 충전하거나 회생 제동(regenerative braking)을 통해 충전할 수 있다. 또한 플러그인 하이브리드 전기 자동차는 배터리 공급 전기 전원으로만 단독으로 작동할 수 있다. 하이브리드 전기 자동차는 일반적으로 배터리와 가솔린 연료 탱크로 구성된다. 일반적으로 하이브리드 전기 자동차의 배터리는 온보드 작동으로 충전되며 전력망에 연결하여 재충전할 수 없다. 하이브리드 전기 자동차는 플러그인 하이브리드 전기 자동차에 비해 배터리 용량이 훨씬 작다. 연료전지 전기 자동차(수소 전기자동차)는 수소를 연료로 사용하여 차량을 운행한다. 연료전지 자동차는 다른 형태의 전기 자동차보다 덜 일반적이다. PEM 연료전지는 수소를 사용하는 연료전지 전기 자동차에 주로 사용된다. 이러한 차량에는 높은 주행 부하 조건에서 연료전지를 보완하기 위해 배터리 팩을 사용할 수 있다.

7.3 사례 연구

연료전지 및 배터리 기술은 높은 효율성과 이산화탄소 배출량이 적거나 전혀 없다는 점에서 유망한 기술이다. 그러나 이러한 기술은 특히 항공기나 선박과 같은 대규모 모바일 응용분야의 경우 용량이 작고 응답속도(dynamic response)가 상대적으로 느리다는 한계가 있다. 이러한 한계는 연료전지와 배터리를 기존 전원 공급 시스템과 하이브리드화하여 완화할 수 있다. PEM 연료전지 시스템은 수소의 낮은 부피 에너지 밀도 때문에 대형 연료 저장 시스템이 필요하다. 이는 항공 및 선박 추진 애플리케이션의 주요 단점 중 하나로 인식되고 있다. 다양한 연료를 사용할 수 있는(fuel flexibility) SOFC는 보다 매력적인 발전 시스템이 될 수 있다. 또한 연료전지-배터리 시스템의 항공 및 해양 응용 분야에서는 순수 수소를 사용하는 대신 SOFC에 천연가스 또는 메탄올 연료를 사용할 수 있는 연료 개질기(fuel reformer)를 사용하는 것이 권장되는 경우가 많다. 연료 개질기는 메탄, 천연가스, 에탄올과 같은 숏체인 탄화수소(short-chain hydrocarbon) 연료와 같은 수소 함유 공급원으로부터 수소를 생산하는 장치이다.

연료전지-배터리 시스템은 전기 자동차 및 하이브리드 자동차를 구동할 수 있다. 연료전지 전기 자동차에서는 PEM 연료전지가 주 전원 공급 장치인 경우가 많고 리튬 이온 배터리 세트가 보조 전원 장치인 경우가 많다. 하지만 최근 자동차 제조업체인 Nissan은 SOFC 개질기와 배터리를 사용하여 자동차를 구동하는 전기 자동차를 선보였다. 에탄올은 자동차의 입력 연료로 사용되며 개질을 통해 수소로 변환된다. 그림 7.5는 Nissan에서 개발한 연료전지 자동차를 보여준다(E-Bio fuel-cell, 2017). 연료전지와 배터리의 전기는 모터에 의해 기계 에너지로 변환되어 구동 시스템으로 전달된다. 연료전지 자동차의 배터리는 회생 제동(생성된 에너지의 일부가 배터리 충전에 사용됨)을 통해 충전되거나 저부하 주행 중에 연료전지를 통해 충전된다.

선박, 항공 및 도로 차량을 포함한 모든 모바일 배터리 시스템 애플리케이션에서 배터리 셀의 열 관리는 차량 설계 시 고려해야 할 중요한 요소이다. 배터리 열 관리 시스템은 배터리 온도를 원하는 작동 범위(일반적으로 15~45℃) 내에서 유지한다. 배터리 열 관리 시스템에는 공기 기반(Zhang et al., 2021; Lin et al., 2021), 액체 기반(Kalaf et al., 2021; Rao et al., 2017) 및 상변화 물질 기반의 세 가지 주요 유형이 있다. 5장에서 다양한 유형의 배터리 열 관리

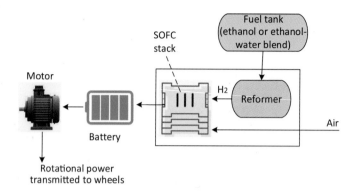

그림 7.5 Nissan 고체 산화물 연료전지 차량의 레이아웃 및 에너지 변환 원리.

시스템에 대해 포괄적으로 설명되었다.

이 장에서는 몇 가지 배터리 기반 기술의 통합을 미리 살펴보고 작동 조건을 변경할 때 성능이 어떻게 영향을 받는지 살펴본다. 첫 번째 사례 연구에서는 배터리 열 관리 시스템과 연료전지-배터리 전기 자동차의 통합 시스템을 살펴본다. 두 번째 사례 연구에서는 SOFC, 리튬 이온 배터리 및 가스터빈을 포함하는 전기 항공기 추진 시스템에 대해 설명한다. 각 시스템에 대한 포괄적인 모델링, 분석 및 평가를 통해 새로운 배터리 기반 시스템 개발에 대한 이해와 통찰력을 제공한다. 개발된 시스템의 전반적인 성능에 대해 논의하고 추가 개선점을 제공한다.

7.4 사례 연구 1: 공기 기반 열 관리 시스템 기반 PEM 연료전지-보조 리튬 이온 배터리 통합 전기 자동차

배기가스를 배출하지 않는 특성, 고효율, 저소음으로 인해 전기 자동차에 대한 전 세계적인 관심이 증가하고 있다. 전기 자동차는 배터리로만 구동될 수도 있고, 연료전지와 같은 다른 동력원과 통합하여 구동할 수 있다. 배터리 전용 전기 자동차는 배터리에서 회수한 전력을 전기 모터에 직접 사용하므로 높은 효율을 낼 수 있다. 그러나 이러한 배터리 전용 전기 자동차는 충전 시간이 길고 배터리 용량이 제한적이라는 단점이 있다(Wang and Fang, 2017). 따라서 연료전지-배터리 시스템과 같은 전기자동차용 통합 동력원에 대한 연구 및 개발 노력이 증가하고 있다.

전기 자동차의 또 다른 중요한 문제는 배터리 팩의 열 관리이다. 배터리 셀, 특히 리튬 이온 배터리의 성능과 수명은 작동 온도에 큰 영향을 받는다. 공

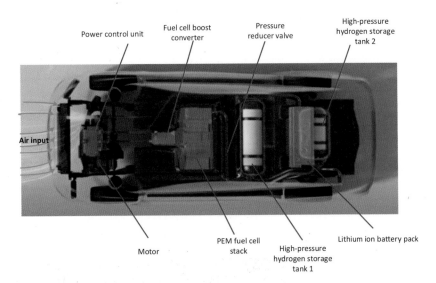

그림 7.6 연료전지 / 배터리 보조 (battery assisted) 전기차의 주요 구성 요소. (Figure modified from Toyota, 2020. Toyota Europe Newsroom. Available from: https:// newsroom.toyota.eu/introducing-the-all-new-toyota-mirai/(Accessed 25 May 2022).)

기 기반(Zhang et al., 2021), 액체 기반(Kalaf et al., 2021) 상변화 물질 기반 (Chen et al., 2021; Al-Zareer et al., 2019)을 포함한 다양한 열 관리 시스템이 개발 중이며 일부는 전기 자동차에서 상업적으로 적용되고 있다. 이러한 맥락에서 이 사례 연구에서는 양성자 교환막(PEM) 연료전지가 차량에 전력을 공급하기 위해 리튬 이온 배터리와 통합된 전기 자동차에 대해 설명한다. 배터리 셀은 공기 기반 열 관리 시스템으로 냉각된다.

그림 7.6은 연료전지 배터리 전기 자동차와 그 주요 구성 요소를 보여준다. 주요 구성 요소는 PEM 연료전지 스택, 리튬 이온 배터리 팩, 고압 수소 탱크, 모터, 전력 제어 장치, 감압 밸브 및 연료전지 부스트 컨버터(boost convertor)로 이루어져있다. PEM 연료전지 스택은 직렬로 배열된 360개의 셀로 구성된다. 이들은 전기 자동차의 주 동력원을 형성한다. 수소는 고압 탱크(최대 70MPa)에 저장되며, 수소 저장 용량은 전기차가 주유하기 전까지 500~600 km를 주행할 수 있을 만큼 충분하다. PEM 연료전지가 제대로 작동하려면 저압 수소가 필요하기 때문에 하나 이상의 감압 밸브를 사용하여 수소가 연료전지 스택에 들어가기 전에 수소의 압력을 낮춘다.

컴팩트한 고효율 부스트 컨버터는 연료전지 스택 전압을 높여 입력 전압보다 높은 출력을 얻기 위해 사용된다. 모터는 PEM 연료전지 스택에서 생성된 전력으로 구동되며 84개의 셀이 포함된 리튬 이온 배터리 팩에서 전력을 공급받는다. 리튬 이온 배터리 팩은 저부하 조건에서 연료전지의 에너지와 제동 시

회수된 에너지를 저장한다. 전력 제어 장치는 작동 조건에서 연료전지 스택 출력과 배터리의 방전 및 충전을 모두 최적으로 제어하며 주행 부하에 따라 작동 모드가 다르다(그림 7.7 참조).

- 매우 낮은 부하로 주행하는 동안에는 배터리만으로도 전기차에 충분한 전력을 공급할 수 있다.
- 저부하 주행 시에는 연료전지가 차량을 구동하고 연료전지에서 생산된 잉여 전력은 배터리를 충전하는 데 사용된다.
- 고부하 주행 시에는 연료전지가 차량을 구동하고 배터리가 연료전지 스

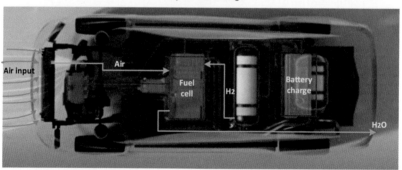

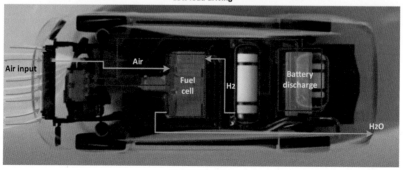

그림 7.7 주요 주행 부하 조건에서 연료전지 / 배터리 전기차의 작동.

택에 전력을 공급한다.

배터리 내 발열로 인한 배터리 온도 상승은 관리가 필요한 중요한 문제이다. 이는 일반적으로 배터리 열 관리 시스템을 통해 이루어진다. 리튬 이온 배터리에서 발생하는 열은 배터리 성능에 악영향을 미치고 배터리 고장으로 이어질 수 있으므로 이를 제거할 필요가 있다. 배터리의 온도를 원하는 작동 범위(이상적으로는 15~45℃) 내로 유지하고 안전하게 작동하려면 배터리 열 관리 시스템이 필요하다. 이 사례 연구에서는 연료전지/배터리 전기 자동차와 배터리 열 관리 시스템의 통합을 평가하기위해 PEM 연료전지에 사용하기 위해 대기에서 끌어온 공기가 먼저 팩 내부의 배터리 셀을 통해 순환되게 하였다. 그런 다음 예열된 공기의 일부가 연료전지에서 전기를 생산하기 위해 사용된다. 예열된 공기의 일부는 연료전지에서 전력 생산을 위해 사용된다(그림 7.8 참조). 연료전지에 공기를 직접 사용하는 것보다 연료전지에 들어가기 전에 예열하면 전력 생산 및 효율성 측면에서 연료전지 스택의 성능을 잠재적으로 향상시킬 수 있다. PEM 연료전지 스택을 빠져나가는 여분의 공기와 생성된 물은 환경으로 방출되고, 전기 자동차의 다른 구성 요소(예: PEM 연료전지)는 라디에이터를 통해 냉각된다. 그림 7.8은 연료전지/배터리 전기 자동차에서 배

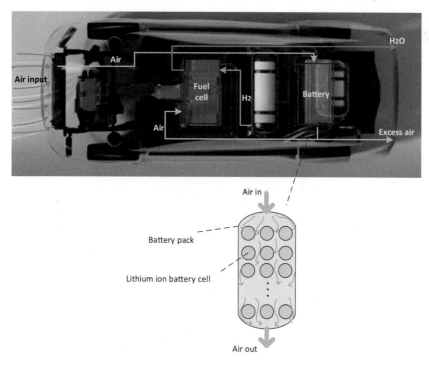

그림 7.8 연료전지/배터리 전기차에서 배터리 팩의 공기 기반 열 관리.

터리 팩의 공기 기반 열 관리를 보여준다.

7.4.1 리튬 이온 배터리의 전기화학적 모델

팩 내 배터리 셀에는 폴리머 분리막으로 분리된 음극 및 양극 다공성 전극이 포함되어 있다. 다공성 전극은 삽입 전극 재료(insertion electrode material)인 활물질(고체상), 고분자 전해질(용액상) 및 추가 전자 전도성을 제공하는 전도성 필러로 구성된다. 탄소 소재와 리튬 망간 산화물($LiMn_2O_4$)이 각각 음극과 양극의 활물질로 사용된다. 의사 균질 혼합물(pseudo-homogeneous Mixture)은 다공성 전극을 모델링하는 데 사용된다. 배터리 셀의 방전 및 충전 중 다공성 전극과 고분자 전해질의 열물리학적 거동 및 특성에 대한 자세한 내용은 참고문헌에서 확인할 수 있다(Doyle et al., 1993, 1996; Fuller et al., 1994).

이 사례 연구를 위해 배터리 등온 모델은 전극/전해질의 두께를 고려하여 1차원으로 개발되었다. 음극과 양극의 두께는 각각 100 μm와 180 μm이고 전해질 두께는 50 μm로 간주한다. 그림 7.9는 리튬 이온 배터리 셀의 1차원 모델 개략도를 보여준다. 이 모델에는 다음이 포함된다.

(i) 전극 및 전해질/분리막의 이온 전하 이동으로 인한 옴 과전위(ohmic overpotential)를 설명

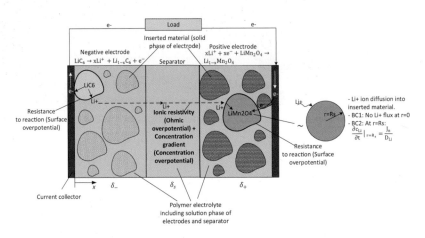

그림 7.9 복합 다공성 음극 및 양극과 폴리머 분리막으로 구성된 리튬 이온 배터리의 방전. (From Farsi, A., Rosen, M.A., 2022b. PEM fuel cell-assisted lithium ion battery electric vehicle integrated with an airbased thermal management system. Int. J. Hydrog. Energy 47(84), 35810-35824.)

(ii) 전위 손실 및 이온 전도도에 대한 농도의 영향을 설명하기 위해 전해질 내 물질 수송(materials transfer)을 고려

(iii) 전자 전류의 통과로 인한 옴 과전위를 설명하기 위해 전극의 전자 전류 전도

(iv) 전극을 형성하는 구형 입자 내의 물질 이동

(v) 전극에서 발생하는 음극 및 양극 전기화학 반응에서 활성화 과전위를 설명하는 Butler-Volmer 전극 방정식(Butler-Volmer equation)

7.4.1.1 다공성 전극

다공성 전극의 전극 용액상(즉, 고분자 전해질)에서 염 농도의 시간에 따른 변화는 다음과 같이 고분자/염 상(phase)에서 리튬의 물질 균형에 기반하여 표현할 수 있다(Doyle et al., 1996).

$$\epsilon \frac{\partial c_s}{\partial t} = \left(\nabla \cdot \left(D_s \nabla c_s \right) + \bar{a} J_n \left(1 + t_+^0 \right) \right) - \frac{i_2 \nabla t_+^0}{F} \right) \tag{7.1}$$

여기서 $c_s, \epsilon, t, D_s, F, t_+^0$ 는 각각 염 농도, 폴리머의 부피 분율, 시간, 염 확산 계수, 패러데이 상수 및 전이 수(transference number)를 나타낸다. 전이 수치는 이온의 흐름이 전해질에 이온 전류를 생성한다는 것을 나타낸다. 즉, 전해질의 각 이온은 용액에서 전류의 일부를 전달하여 이온 전류에 기여한다. 전이 수에 대한 자세한 설명은 3장(3.4절)에 나와 있다. 용어 $i_2, \bar{a}$ 및 J_n는 각각 용액 상에서의 이온 전류 밀도, 특정 계면 면적 및 리튬 이온의 기공 벽 플럭스(pore wall flux)를 나타낸다. 이러한 용어는 다음과 같이 연관되어 있다.

$$\bar{a} = \frac{1}{F} \nabla \frac{i_2}{J_n} \tag{7.2}$$

여기서 전극의 전해질 상에서 이온 전류 밀도는 다음과 같이 표현할 수 있다.

$$i_2 = -\kappa^{eff} \nabla \Phi_2 + \left(\frac{2\kappa RT}{F} \left(1 + \frac{\partial \ln \gamma_\pm}{\partial \ln c_s} \right) \right) \left(1 - t_+^0 \right) \nabla \ln c_s \tag{7.3}$$

여기서 κ^{eff}은 유효 전해질 이온 전도도, R은 상온 기체 상수, T는 셀의 절대 온도, $\gamma_\pm$는 활동 효율, Φ_2은 용액 상에서의 전위를 나타낸다. 일반적으로 아래 첨자 1은 복합 전극의 고체 상을 나타내고 아래 첨자 2는 전해질 상을 나타낸다. 파라미터 κ^{eff}는 전해질의 이온 전도도(κ_0)와 상 부피 분율(ϵ)을 기준으로 결정할 수 있다,

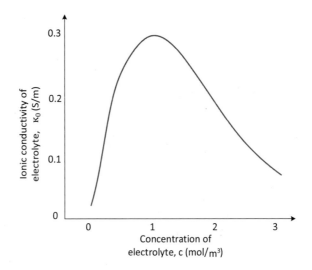

그림 7.10 전해질 농도에 따른 이온 전도도 변화. (Data from Doyle, M., Newman, J., Gozdz, A.S., Schmutz, C.N., Tarascon, J.M., 1996. Comparison of modeling predictions with experimental data from plastic lithium ion cells. J. Electrochem. Soc. 143(6), 1890–1903.)

$$\kappa^{eff} = \kappa_0 \epsilon^{\gamma} \tag{7.4}$$

여기서 γ는 브루그만 계수이며, 여기서는 3.3으로 간주한다(Doyle et al., 1996). 전해질의 이온 전도도는 셀 온도, 염 농도 및 ethylene carbonate(EC)와 dimethyl carbonate(DMC)의 용매 비율에 따라 달라진다. 이 사례 연구에는 2 M lithium hexafluorophosphate(LiPF$_6$) 염을 EC: DMC(1:2, 부피 기준) 용매와 혼합한 전해질을 사용하였고, polyvinylidene fluoride-hexafluoropropylene(PVDF-HFP)으로 구성된 다공성 막을 사용하였다. 그림 7.10은 이 전해질의 이온 전도도를 보여준다(Doyle et al., 1996). 전도도 값은 실험적으로 측정되었으며 전해질 구성이 변함에 따라 방전 및 충전 중에 변화한다.

7.4.1.2 삽입 전극 재료

삽입 전극은 반경이 R_s인 구형 입자로 구성된다. 전극 고체 매트릭스의 리튬 농도는 리튬 이온이 고체 입자로 확산되는 것을 기준으로 다음과 같이 정의할 수 있다.

$$\frac{\partial c_{Li}}{\partial t} = D_{Li}\left(\frac{\partial^2 c_{Li}}{\partial^2 r^2} + \frac{2}{r}\left(\frac{\partial c_{Li}}{\partial r}\right)\right) \tag{7.5}$$

여기서 D_{Li}는 복합 전극의 고체 상에서 리튬의 확산 계수이고 r은 입자의 반경을 통과하는 치수이다. 식 (7.5)의 경계 조건 중 하나는 고체 입자의 중심을 가로지르는 리튬 이온의 플럭스가 없어야 한다는 것이다(즉, $r=0$일 때, $\partial c_{Li}/\partial t = 0$). 다른 경계 조건은 외부 다공성 전극의 고체 및 고분자 전해질 상과 관련된 것이다. 전극 표면의 리튬 이온 플럭스는 입자로의 리튬 이온 플럭스와 입자 표면으로의 리튬 이온 확산 속도 사이의 관계에 기반한다.

$$\frac{\partial c_{Li}}{\partial t}\Big|_{r=R_s} = \frac{J_n}{D_{Li}} \tag{7.6}$$

7.4.1.3 폴리머 분리막

폴리머 분리막에서 식 (7.1)은 $J_n=0$(리튬 이온의 기공 벽 플럭스 없음) 및 $\epsilon=1$(분리기 전체가 폴리머이므로 폴리머 분율은 1)로 적용된다. 따라서 폴리머 분리막의 염 농도의 시간에 따른 변화는 다음과 같이 표현할 수 있다.

$$\frac{\partial c_s}{\partial t} = (\nabla \cdot (D_s \nabla c_s)) - \frac{i_2 \nabla t_+^0}{F} \tag{7.7}$$

이온 전류 밀도는 분리막의 두 영역과 다공성 전극의 전해질 상에서 보존된다(즉, i_2(분리막 내) $= i_2$(전극의 전해질 상)). 식 (7.3)을 기반으로 분리막의 전위 변화는 다음과 같이 쓸 수 있다.

$$\nabla \Phi_2 = \frac{i_2}{\kappa^{eff}} + \frac{1}{\kappa^{eff}} \left(\frac{2\kappa RT}{F} \left(1 + \frac{2\kappa RT}{F} \right) \frac{\partial \ln \gamma_\pm}{\partial \ln c_s} \right) \left(1 - t_+^0 \right) \nabla \ln c_s \tag{7.8}$$

오른쪽의 첫 번째 항은 전해질의 이온 저항으로 인한 옴 과전위를 나타내고, 두 번째 항은 다공성 전극의 고분자 분리막과 용액상 내의 농도 구배로 인한 농도 과전위를 나타낸다.

고분자 분리막의 전위에 대한 경계 조건은 다음과 같이 고상에서의 전위 변화가 없는 상태이다.

$$\frac{\partial \Phi_1}{\partial x}\Big|_{x=\delta_-+\delta_s} = 0 \tag{7.9}$$

리튬 이온 배터리 셀 모델에서 고려되는 다른 경계 조건으로는 (i) 음극 집전체의 전위가 0이고, (ii) 양극 집전체의 경우 전류 밀도가 방전 및 충전을 통해 유한 상수로 지정되고 개방 회로 지속 시간을 통해 0으로 지정된다.

7.4.1.4 표면 과전위

표면 과전위는 음극 및 양극 다공성 전극에서 전기화학 반응에 대한 저항이다. 실제로 전기화학 반응이 일어나도록 유도하려면 구동력(활성화 에너지)이 필요하다. 방전 중 음극과 양극에서의 반응은 다음과 같이 표현할 수 있다.

$$\text{Negative electrode: } LiC_6 \rightarrow xLi^+ + Li_{1-x}C_6 + e^- \tag{7.10}$$

$$\text{Positive electrode: } xLi^+ + xe^- + LiMn_2O_4 \rightarrow Li_{1-x}Mn_2O_4 \tag{7.11}$$

전극에서의 반응은 Butler-Volmer 방정식을 따른다고 가정할 수 있다. Butler-Volmer 방정식의 일반적인 표현은 다음과 같이 쓸 수 있다.

$$i = i_{0,1}\left(\exp\left(\frac{\alpha_- \eta_{s1} n_e F}{RT} \right) - \exp\left(\frac{-\alpha_+ \eta_{s1} n_e F}{RT} \right) \right) \tag{7.12}$$

여기서 i는 순 전류 밀도이다. 양극과 음극의 반응 속도가 다르기 때문에 셀에서 순 전류 밀도가 생성된다. α_+ 및 α_-은 각각 양극과 음극에서 일어나는 반응의 전달 계수이다. 이는 양극과 음극에서의 반응 모두에 대해 0.5이다. 또한 $i_{0,1}$는 전극의 고상에서의 교환 전류 밀도로 다음과 같이 표현할 수 있다.

$$i_{0,1} = Fk_{+,1}^{\alpha_{+,1}} k_{-,1}^{\alpha_{-,1}} \left(c_{max} - c \right)^{\alpha_{+,1}} c^{\alpha_{+,1}} \tag{7.13}$$

여기서 c_{max} 및 c는 각각 리튬 염 및 전해질 농도의 용해도 한계이며, k_+ 및 k_-는 각각 양극 및 음극에서 발생하는 반응의 속도 상수이다.

식 (7.12)에서 η_{s1}는 국부 표면 과전위이며, 이는 양극/음극 전위($\Phi_1 - \Phi_2$)와 개방 회로 전위($E_{OCP,1}$)의 차이와 동일하다. 즉,

$$\eta_{s1} = E_{OCP,1} - (\Phi_1 - \Phi_2) \tag{7.14}$$

Φ_1 및 Φ_1은 각각 복합 전극의 고체 및 용액상의 전기 전위이다. 음극에 리튬 호일을 사용하고 이를 기준 전극으로 간주하는 경우 리튬 호일 전극의 개방 회로 전위는 0이다. 음극과 양극 모두에 다공성 복합 전극을 사용하는 이 사례 연구에서는 Butler-Volmer 방정식이 된다.

$$j_n = k(c_{1,max} - c_{1,Li})^{0.5} c_{1,Li}^{0.5} \left[\exp\left(-\frac{F}{2RT}(\eta_s) \right) - \exp\left(\frac{F}{2RT}(\eta_s) \right) \right] \tag{7.15}$$

여기서 $c_{1,max}$ 및 $c_{1,Li}$는 복합 전극의 고체상에서 리튬의 최대 농도 및 복합

전극의 고체상에서 리튬의 농도이다. 용어 k는 전극 표면(즉, 전극-폴리머 분리막 계면)에서의 전하 전달 반응에 대한 반응 속도 상수이다. 반응 속도 상수는 양극 전극 표면의 경우 k_+, 음극 전극 표면의 경우 k_-이다. 전극 표면 과전위 η_s는 다음과 같이 쓸 수 있다.

$$\eta_s = E_{OCP} - (\Phi_1 - \Phi_2) \tag{7.16}$$

여기서 $\Phi_{+/-}$는 양극/음극 전위로, 양극/음극에 존재하는 모든 상의 해당 전기 전위 차이다(즉, $\Phi_{+/-} = (\Phi_1 - \Phi_2)$).

Doyle(1996) 등은 매우 낮은 방전율과 20°C의 배터리 온도에서 탄소 소재로 구성된 음극과 리튬망간산화물($LiMn_2O_4$)로 구성된 양극의 개방 회로 전위에 대한 경험적 상관관계를 제안했다. 즉,

$$E_{eq_-} = -0.16 + 1.32\exp(-3x) + 10\exp(-2000x) \tag{7.17}$$

$$E_{eq_+} = 4.2 + 0.06\tanh[-14.56\gamma + 8.61] - 0.03\left[\frac{1}{(1-\gamma)^{0.5}} - 1.9\right] \\ - 0.16\exp(-0.05\gamma^8) + 0.81\exp(-40(\gamma - 0.14)) \tag{7.18}$$

여기서 x와 y는 탄소 전극(LiC_6)과 리튬 망간 산화물($LiMn_2O_4$)의 화학양론적 계수(stoichiometric coefficients)이다.

전극 고상에서의 표면 전류 밀도는 옴의 법칙으로 다음과 같이 표현할 수 있다.

$$i_1 = -\sigma\nabla\Phi_1 \tag{7.19}$$

여기서 σ는 전자 전도도로, 음극/양극의 고체 상에서 전자 전달에 대한 저항을 나타내며, $\nabla\Phi_1$는 전자 전달로 인한 옴 과전위를 나타낸다.

두 상에서의 전류 보존(즉, $\nabla(i_1 + i_2) = 0$)으로부터 표면 전류 밀도는 고체 및 용액의 전류 밀도의 합과 같다. 즉,

$$i = i_1 + i_2 \tag{7.20}$$

마지막으로, 셀 전위와 전류는 각각 다음과 같이 쓸 수 있다.

$$I_B = Ai \tag{7.21}$$

$$\begin{aligned} V_B &= \Phi_+ - \Phi_- \\ &= E_{OCP} + (\eta_{s+} + \eta_{s-}) + (\nabla\Phi_{2,+} + \nabla\Phi_{2,-} + \nabla\Phi_{2,sep}) \\ &\quad + (\nabla\Phi_{1,+} + \nabla\Phi_{1,-}) \end{aligned} \tag{7.22}$$

여기서 A는 배터리 표면적이고, Φ_+ 및 Φ_-은 각각 양극과 음극의 전기 전위이다. $(\eta_{s+} + \eta_{s-})$은 양극과 음극의 표면 과전위를 나타내며, $(\nabla\Phi_{2,+} + \nabla\Phi_{2,-} + \nabla\Phi_{2,sep})$는 양극과 음극 및 분리막에서 전해질 내 이온 이동으로 인한 농도 과전위 및 옴 과전위이다, $(\nabla\Phi_{1,+} + \nabla\Phi_{1,-})$는 양극과 음극에서 전자 이동으로 인한 옴 과전위이다.

배터리 팩에는 84개의 리튬 이온 배터리 셀이 3열로 배열되어 있으며, 각 셀에는 28개의 셀이 들어 있다. 따라서 방전 시 배터리 팩의 전력 출력은 $(28\,V_B) \times (3\,I_B)$이다.

7.4.2 리튬 이온 배터리의 발열 플럭스(flux)

혼합 및 상 변화 효과를 무시한 배터리 팩의 각 셀에서 열 발생 플럭스는 다음과 같이 나타낼 수 있다.

$$\dot{q}_{gen} = i_B(E_{OCP} - V_B) - T\Delta S \frac{I}{n_e F A_B} \tag{7.23}$$

여기서 ΔS는 셀에서 발생하는 전기화학 반응으로 인한 엔트로피 변화이고 n_e은 평형 전기화학 반쪽 반응 (half reaction)의 전자 수이다. 용어 E_{OCP}, A_B, i 및 V_B는 각각 개방 회로 전위(open circuit Potential 혹은 equilibrium cell potential), 배터리 셀 면적, 셀 전류 밀도 및 셀 전압을 나타낸다. 배터리 내 발열률은 다음과 같다.

- 옴, 농도 및 표면 과전위로 인한 열 발생을 포함한 비가역적 열유속($i_B(E_{OCP} - V_B)$) (식 7.22 참조).
- 전극의 전기화학 반응 중 엔트로피 변화로 인한 가역적 열유속($T\Delta S(1/n_e F A_B)$)

리튬 이온 배터리 셀 구성요소의 열전도율이 상대적으로 높기 때문에 배터리의 온도 프로파일이 균일하다고 가정할 수 있다. 또한 리튬 이온 배터리의 등온(isothermal) 모델은 다양한 온도에서 배터리의 작동에 대한 유용한 정보를 제공한다. 따라서 이 연구에서는 배터리에 대해 균일하고 일정한 평균 온도를 고려한다(즉, 배터리는 등온으로 간주됨). 따라서 등온 작동 중에는 배터리 셀의 엔트로피에 변화가 없으므로 가역 열은 0이다.

7.4.3 공랭식 배터리 열 관리 장치

Toyota Mirai 전기 자동차를 기준으로 배터리 팩에는 84개($=N_B$)의 리튬 이온 배터리 셀이 있다(Toyota, 2020). 각 셀의 온도가 균일하고 일정하다고 가정하면 각 셀이 동일한 열을 발생한다고 가정한다. 리튬 이온 배터리 셀은 팬을 통해 외부 환경에서 흡입되어 배터리 팩으로 전달되는 강제 공기에의해 냉각된다. 따라서 리튬 이온 배터리의 발열량은 다음과 같이 표현할 수 있다.

$$A_B \dot{q}_{gen} = \dot{N}_{air}\left(\overline{h}_{air,out} - \overline{h}_{air,in}\right) + mc_p \frac{dT}{dt} \tag{7.24}$$

여기서 $\overline{h}_{air,in}$ 및 $\overline{h}_{air,out}$ 각각 배터리 팩의 입구와 출구에서 공기의 몰 엔탈피이며, $\dot{N}_{air}$는 공기의 몰 유량이다. 또한, m은 배터리 셀의 질량이고, c_p는 배터리의 정압에서의 비열로, 이는 배터리 작동 중에 거의 일정하다. 식 (7.24)에서,

- 용어 $\dot{N}_{air}\left(\overline{h}_{air,out} - \overline{h}_{air,in}\right)$은 공기 냉각 매체에 의해 흡수되는 배터리 내부의 생 열량의 일부이다.
- $mc_p dT/dt$라는 용어는 배터리 내부 에너지의 증가로 이어지는 생성된 열의 일부를 나타낸다. 여기서는 리튬 이온 배터리에 대해 균일하고 일정한 온도(등온 상태)를 고려하기 때문에 이는 0이다.

배터리 셀의 냉각을 위해 전기차에 충분한 공기가 유입되어 공기 출력 온도가 배터리 온도보다 약 5℃ 낮다고 가정한다. 그림 7.8은 리튬 이온 배터리 셀을 냉각하기 위해 강제 공기를 사용하는 배터리 열 관리 시스템을 보여준다. 공기 흡입구를 조절할 수 있어 배터리 온도가 높을 때 더 많은 공기를 유입할 수 있다. 예열된 공기의 일부는 PEM 연료전지 스택의 음극 쪽으로 보내져 수소와 반응하여 전기에너지를 생산한다. 배터리 팩을 떠나는 예열된 공기의 일부는 수소와 반응하기 위해 PEM 연료전지로 전달되고 나머지는 차량의 다른 구성요소를 냉각하는 데 사용되거나 환경으로 방출될 수 있다.

리튬 이온 배터리 모델의 입력 파라미터는 표 7.1에 해당 값과 함께 나열되어 있다. 매개변수 C는 충전 또는 방전 속도이다. 예를 들어 배터리 용량이 1 Ah인 경우 충전 전류가 1 C이면 1시간 내에 배터리를 완전히 충전할 수 있고 방전 전류가 1 C이면 1시간 내에 완전히 충전된 배터리를 완전히 방전할 수 있다. 표 7.1에 나열된 데이터는 비교적 오래된 연구(Doyle et al., 1993, 1996; Fuller t al., 1994; Farsi and Rosen, 2022b)에서 가져온 것이지만 여전히 유효하며 현재 연구에서도 사용되고 있다.

7.4.4 PEM 연료전지 스택

그림 7.11은 양성자 교환막, 연료전지 스택이라고도 하는 고분자 전해질 막 (PEM)과 그 작동 원리를 보여준다. 음극, 양극 및 양성자 전도성 막(전해질)으

표 7.1 리튬 이온 배터리 셀 등온 모델 (isothermal model) 을 위한 입력 매개변수 설계.

Parameter	Value
1C discharge current density, i	$12 \, A/m^2$
Solid phase lithium diffusivity for negative electrode, $D_{li(-)}$	$3.9 \times 10^{-14} \, m^2/s$
Solid phase lithium diffusivity for positive electrode, $D_{li(+)}$	$1 \times 10^{-13} \, m^2/s$
Particle radius negative electrode, $R_{s(-)}$	$1.25 \times 10^{-5} \, m$
Particle radius positive electrode, $R_{s(+)}$	$8 \times 10^{-6} \, m$
Battery temperature, T	$25°C$
Electrolyte phase volume fraction for positive electrode, ϵ_+	0.63
Electrode phase volume fraction for positive electrode, $1 - \epsilon_+$	0.297
Initial electrolyte salt concentration, $c_{2,0}$	$2050 \, mol/m^3$
Electrolyte phase volume fraction for negative electrode, ϵ_-	0.503
Solid phase volume fraction for negative electrode, $1 - \epsilon_-$	0.471
Transport number, t_+^0	0.363
Diffusion coefficient for free stream electrolyte, D	$7.5 \times 10^{-11} \, m^2/s$
Maximum solid phase concentration for negative electrode, $c_{1,max}$	$26,390 \, mol/m^3$
Initial concentration for negative active electrode material, $c_{1,0(-)}$	$14,880 \, mol/m^3$
Initial concentration for positive active electrode material, $c_{1,0(+)}$	$3920 \, mol/m^3$
Electrolyte salt concentration, c_s	$1000 \, mol/m^3$
Solid phase conductivity for negative electrode, σ	$100 \, S/m$
Reference exchange current density for negative electrode, $i^{ref}_{0(-)}$	$11.71 \, A/m^2$
Reference exchange current density for positive electrode, $i^{ref}_{0(+)}$	$11.14 \, A/m^2$
Reaction rate coefficient for positive electrode, α_+	0.5
Reaction rate coefficient for negative electrode, α_-	0.5
Bruggeman coefficient, γ	3.3
Discharge duration, t_{disch}	$1800 \, s$
Open circuit duration, t_{ocp}	$200 \, s$
Charge duration, t_{ch}	$1800 \, s$
Length of negative electrode, δ_-	$1 \times 10^{-4} \, m$
Length of separator, δ_s	$5 \times 10^{-5} \, m$
Length of positive electrode, δ_+	$1.80 \times 10^{-4} \, m$
C-rate for the parametric study, C	2

Data from Doyle, M., Fuller, T.F., Newman, J., 1993. Modeling of galvanostatic charge and discharge of the lithium/polymer/insertion cell. J. Electrochem. Soc. 140(6), 1526–1533. Doyle, M., Newman, J., Gozdz, A.S., Schmutz, C.N., Tarascon, J.M., 1996. Comparison of modeling predictions with experimental data from plastic lithium ion cells. J. Electrochem. Soc. 143(6), 1890–1903. Fuller, T.F., Doyle, M., Newman, J., 1994. Simulation and optimization of the dual lithium ion insertion cell. J. Electrochem. Soc. 141(1), 1–10.

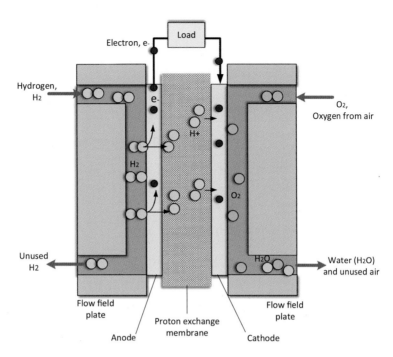

그림 7.11 양성자 교환막(PEM) 연료전지의 작동 원리. (From Farsi, A., Rosen, M.A., 2022b. PEM fuel cell-assisted lithium ion battery electric vehicle integrated with an air-based thermal management system. Int. J. Hydrog. Energy 47(84), 35810–35824.)

로 구성된다. 수소 저장 탱크의 수소는 식 (7.25)에 따라 음극으로 공급되어 이 전극에서 산화된다. 또한, 대기의 공기가 전기차로 유입되어 PEM 연료전지의 양극쪽으로 유입되어 식 (7.26)에 따라 환원된다. 음극에서 수소 원자는 촉매의 존재 하에서 전자와 양성자로 해리된다. 전자는 외부 서킷을 통해 양극으로 이동한다. 양성자는 양성자 교환막을 통해 양극으로 이동하여 음극에서 생성된 산소 및 전자와 반응하여 물과 열을 생성한다. 생성된 물과 미사용 공기는 양극 쪽에서 연료전지 밖으로 배출되고, 소비되지 않은 수소는 음극 쪽에서 PEM 연료전지 밖으로 배출된다. 음극과 양극에서의 반쪽 반응과 PEM 연료전지의 전체 셀 반응은 각각 다음과 같이 표현할 수 있다.

$$\text{Anode: } H_2 \rightarrow 2H^+ + 2e^- \tag{7.25}$$

$$\text{Cathode: } 2H^+ + 2e^- + 0.5O_2 \rightarrow H_2O \tag{7.26}$$

$$\text{Overall: } H_2 + 0.5O_2 \rightarrow H_2O \tag{7.27}$$

PEM 연료전지의 전력 생산량을 결정하기 위해 연료전지 전압은 연료전지 작동 중에 존재하는 활성화, 농도 및 옴 과전위를 기반으로 결정된다. 공기와 수소의 입력 유량은 전기 자동차의 속도에 따라 달라질 수 있다. PEM 연료전지의 출력 전압은 다음과 같다.

$$V_{FC} = E_{OCP,FC} - \left((\eta_{a,a} + \eta_{a,c}) + (\eta_{c,a} + \eta_{c,c}) + \eta_{ohm} \right) \tag{7.28}$$

여기서 $E_{OCP,FC}$는 PEM 연료전지의 개방 회로 전위, $\eta_{a,a}$ 및 $\eta_{a,c}$는 각각 음극과 양극에서의 활성화 과전위, $\eta_{c,a}$ 및 $\eta_{c,c}$은 음극과 양극의 농도 과전위이고 η_{ohm}은 옴 과전위이다.

7.4.4.1 PEM 연료전지의 개방 회로 전위

연료전지의 개방 회로 전위($E_{OCP,FC}$)는 연료전지가 열역학적 평형 상태에서 작동할 때의 전기 전위를 나타낸다. PEM 연료전지의 경우, $E_{OCP,FC}$는 수정된 네른스트 방정식(Nernst equation)에서 구할 수 있다.

$$E_{OCP,FC} = E_{rev} + \frac{RT}{2F} \ln \left(P_{H_2} P_{O_2}{}^{0.5} \right) \tag{7.29}$$

여기서 E_{rev}는 가역적 셀 전위로, 손실 없이 전기적 일로 직접 변환할 수 있는 깁스자유에너지(Gibbs free energy)를 나타낸다. 용어 R, F 및 T는 각각 일반적 기체 상수, 패러데이 상수 및 연료전지 절대온도이다. 또한 P_{H_2}와 P_{O_2}는 음극/가스 계면에서 수소의 분압(partial pressures)과 양극/가스 계면에서 산소의 분압이다.

수소 및 산소 분압을 결정하려면 일반적으로 가스 흐름 방향에 대한 평균값이 사용되는 질량 전달 계산이 필요하다. 연료전지의 화학 반응뿐만 아니라 산소/수소 가스 비율과 같은 일부 파라미터는 작동 중에 반응물의 분압을 변화시킨다. 이 사례 연구에서는 산소가 포함된 대기 공기(공기 중 산소의 몰 분율은 0.21)를 대기로부터 흡입하여 배터리 셀을 순환시킨 후 PEM 연료전지에 투입한다. 공급된 전체 공기의 작은 부분만이 양극에서 소비되기 때문에 공기 속도는 일정하고 결과적으로 산소 분압은 투입 및 배출된 산소 분압의 로그 평균을 사용하여 근사값을 구할 수 있으며(Amphlettet al., 1995), 다음과 같이 쓸 수 있다.

$$P_{O_2,ave} = \frac{P_{O_2,in} - P_{O_2,out}}{\ln \left(\frac{P_{O_2,in}}{P_{O_2,out}} \right)} \tag{7.30}$$

여기서, 입구 산소 압력 $P_{O_2,in}$은 공기 압력에 0.21을 곱한 값과 같다. 양극에서 배출한 생성물은 생산된 물과 소비되지 않은 공기의 혼합물이며, 이는 대기로 방출된다. 따라서 이 배출 혼합물에서 산소의 분압은 다음과 같이 쓸 수 있다.

$$P_{O_2,out} = \frac{\dot{N}_{O_2,out}}{\dot{N}_{O_2,out} + \dot{N}_{H_2O,out}}(P_{atm}) \tag{7.31}$$

즉,

$$\dot{N}_{O_2,out} = \dot{N}_{O_2,in} - \dot{N}_{O_2,cons} \tag{7.32}$$

또한 공기 사용률도 다음과 같이 정의할 수 있다.

$$U_{O_2} = \frac{\dot{N}_{O_2,cons}}{\dot{N}_{O_2,in}} \tag{7.33}$$

여기서 소비된 산소 몰 유량 $\dot{N}_{O_2,cons}$는 패러데이 법칙과 PEM 연료전지에서 전체 반응의 화학양론 계수를 사용하여 구할 수 있다. 패러데이 법칙에 따라 음극에서 수소의 몰 소비율은 다음과 같이 결정할 수 있다.

$$\dot{N}_{H_2,consumed} = \frac{i.N_{FC}.A_{FC}}{2F} \tag{7.34}$$

여기서 i는 연료전지의 순 교환 전류 밀도, N_{FC}은 스택의 연료전지 수, A_{FC}는 전지의 활성 면적, F는 패러데이 상수이다. 반응 화학양론 방정식(식 7.27)에서 비율은 양극에서의 산소 소비량과 물 생산량은 모두 수소 소비량의 절반이다(즉, $\dot{N}_{O_2,cons} = \dot{N}_{H_2O,out} = 0.5\,\dot{N}_{H_2,cons}$).

수소 기체 분압을 추정하기 위해 다음과 같이 가정할 수 있다. 수소의 소비는 전체 유량에서 상대적으로 큰 부분을 차지한다(소비되지 않은 초과 수소는 적음). 따라서 평균은 다음과 같이 수소 분압에 대한 좋은 근사치를 제공하며, 다음과 같이 쓸 수 있다(Amphlett et al., 1995).

$$P_{H_2,ave} = \frac{P_{H_2,in} + P_{H_2,out}}{2} \tag{7.35}$$

여기서 음극으로부터의 수소의 배출 압력, $P_{H_2,out}$은 다음과 같이 쓸 수 있다.

$$P_{H_2,out} = \frac{\dot{N}_{H_2,out}}{\dot{N}_{H_2,in}} P_{H_2,in} \tag{7.36}$$

수소의 배출 몰 유량은 수소의 유입 몰 유량에서 연료전지에서 소비되는 수소의 몰 유량을 뺀 값과 같다. 즉,

$$\dot{N}_{H_2,out} = \dot{N}_{H_2,in} - \dot{N}_{H_2,cons} \tag{7.37}$$

또한 연료(수소) 활용 계수는 다음과 같이 정의할 수 있다.

$$U_{H_2} = \frac{\dot{N}_{H_2,consumed}}{\dot{N}_{H_2,in}} \tag{7.38}$$

Amphlett et al. (1995)는 PEM 연료전지의 가역적 잠재력에 대해 다음과 같은 실험적 방정식을 제안했다.

$$E_{rev} = E_{rev}^{\circ} + \left(T - T_{ref}\right)\frac{\Delta S^{\circ}}{2F} \tag{7.39}$$

여기서 E_{rev}°는 표준 조건에서의 가역적 이론 셀 전압으로 1.23 V와 같다. $(T - T_{ref})\Delta S^{\circ}/2F$는 표준 조건($T = 25\,^{\circ}C$ 및 $P = 1$기압)에서 표준 온도(T_{ref})에서 벗어나는 온도에서 가역 전압의 변화를 설명하는 용어이다. Amphlett et al. (1995)에 따르면 $\Delta S^{\circ}/2F$는 근사값 -0.9×10^{-3} Jmol/(KC)로 계산된다.

7.4.4.2 PEM 연료전지의 과전위

연료전지의 음극과 양극에서 *활성화 과전위(activation overpotential)*는 전극과 전해질 사이의 전하 전달에 대한 활성화 에너지 장벽에 의해 제한되는 전기화학 반응 속도를 나타낸다. 음극과 양극에서 발생하는 반응의 동역학은 Butler-Volmer 방정식을 따르는 것으로 가정하며, 이 방정식은 이러한 반응의 결과로 발생하는 전류 밀도를 제공한다. 활성화 과전위가 양극에서 큰 음수이고 음극에서 큰 양수인 경우 Butler-Volmer 방정식은 Tafel 방정식으로 단순화된다. 따라서 PEM 연료전지의 양극 및 음극 활성화 과전위는 각각 다음과 같이 Tafel 근사값으로 표현될 수 있다.

$$\eta_{a,a} = \frac{RT}{\alpha_a F} \ln\left(\frac{i}{i_{0,a}}\right) \tag{7.40}$$

$$\eta_{a,c} = \frac{RT}{\alpha_c F} \ln\left(\frac{i}{i_{0,c}}\right) \tag{7.41}$$

여기서 $i_{0,a}$ 및 $i_{0,c}$은 각각 음극 및 양극에서의 교환 전류 밀도이고 α_a 및 α_c은 각각 음극 및 양극에서의 반응 전달 계수이다. 음극과 양극에서의 교환 전류 밀도는 각각 다음과 같이 결정할 수 있다(Thampan et al., 2001).

$$i_{0,a} = \gamma_M \exp\left[-\frac{\Delta G_{C,a}}{R}\left(\frac{1}{T} - \frac{1}{T_{ref}}\right)\right] i_{0,a}^{ref} \tag{7.42}$$

$$i_{0,c} = \gamma_M \exp\left[-\frac{\Delta G_{C,c}}{R}\left(\frac{1}{T} - \frac{1}{T_{ref}}\right)\right] i_{0,c}^{ref} \tag{7.43}$$

여기서 γ_M, ΔG_C 및 i_0^{ref}는 표준 상태에서(T_{ref}, P_{ref})의 전극 표면거칠기 계수, 활성화 자유에너지 및 교환 전류 밀도를 나타낸다. 이러한 파라미터의 값과 PEM 연료전지의 설계 파라미터는 표 7.2에 나열되어 있다.

농도 *과전위(concentration overpotential)*는 높은 전류 밀도에서 산소의 표면 커버리지가 수소 흐름을 고속으로 방해하여 결과적으로 반응을 억제할 때 PEM 연료전지에서 발생한다. 실험 결과에 따르면 농도 과전위는 일반적으로 다른 과전위보다 훨씬 작으며 종종 무시되는 것으로 나타난다. 농도 과전위는 농도 및 전달 손실을 설명하는 농도(확산) 과전위이다. 음극과 양극을 통한

표 7.2 PEM 연료전지 스택 모델의 입력 매개변수 설계.

Parameter	Value
Membrane thickness, δ_m	0.0254 cm
Cathode thickness, δ_c	0.008 cm
Anode thickness, δ_a	0.008 cm
Activation free energy for anode, $\Delta G_{C,a}$	29 kJ/mol
Activation free energy for cathode, $\Delta G_{C,c}$	66 kJ/mol
Current density, i	0.7 A/cm^2
Atmospheric pressure, P_{atm}	101 kPa
Air utilization factor, U_{O_2}	0.2
Hydrogen utilization factor, U_{H_2}	0.8
Hydrogen gas inlet pressure, $P_{H_2, in}$	135 kPa
Air inlet pressure, $P_{air, in}$	101 kPa
transfer coefficients of reaction at anode, α_a	0.7
Transfer coefficients of reaction at cathode, α_c	1.7
electrode surface roughness factor, γ_M	47
Exchange current density at the reference state for anode, $i_{0,a}^{ref}$	1×10^{-4} A/cm^2
Exchange current density at the reference state for cathode, $i_{0,c}^{ref}$	1×10^{-9} A/cm^2
Electrical resistivity of anode, ρ_a	16×10^{-3} Ωcm
Electrical resistivity of cathode, ρ_c	43.1×10^{-6} Ωcm
Effective water content of the membrane, λ	12.5
Active surface area of fuel cell, A	100 cm^2
Number of fuel cells in stack, N_{FC}	360
Inverter efficiency, η_{inv}	95%
Low heating value of hydrogen, $\overline{LHV}_{H_2}$	240,000 kJ/kmol
Reference pressure, P_{ref}	101 kPa
Reference temperature, T_{ref}	25°C

질량 흐름은 픽스법칙(Fick's law)를 사용하여 모델링되며, 그 결과 반응물에 대한 확산 계수가 생성된다. 상대적으로 높은 전류 밀도에서의 제한 확산 속도 (limiting diffusion rate)는 Nernst 식과 픽스법칙을 결합하여 결정할 수 있다. 이를 통해 반응물의 촉매 부위를 차단하는 과잉 생성물로 인한 전위 강하를 결정할 수 있다. 따라서 다음과 같이 음극과 양극에서 각각 전류 밀도(i)와 제한 전류 밀도(i_L)를 기준으로 농도 과전위를 측정할 수 있다.

$$\eta_{c,a} = \frac{RT}{F} \ln \left(1 - \frac{i_a}{i_L} \right) \tag{7.44}$$

$$\eta_{c,c} = \frac{RT}{F} \ln \left(1 - \frac{i_c}{i_L} \right) \tag{7.45}$$

PEM 연료전지의 경우, 제한(최대) 전류 밀도는 종종 500~1,500 mA/cm^2 범위이다(Corrêa et al., 2004; Gurau et al., 2000). 농도 과전위 항은 여기에 설명된 모델에 포함되어 있다. 이는 매우 높은 전류 밀도에서 중요할 수 있으므로 i_L의 최대 값은 1,500 A/cm^{2}로 가정한다. 그러나 이 사례 연구에서 고려한 중간 정도의 전류 밀도 작동 범위의 경우 농도 과전위 항의 기여도는 거의 0에 가깝다.

*옴 과전위(ohmic overpotential)*에는 연료전지의 양극, 음극 및 멤브레인에서 발생하는 전자 및 이온 기여도가 포함된다. 전자 저항은 전자의 흐름에 대한 전기 전도성 셀 구성요소의 저항이며, 이온 저항은 멤브레인을 통과하는 양성자의 흐름으로 인한 것이다. PEM 연료전지의 옴 과전위는 다음과 같이 쓸 수 있다.

$$\eta_{ohm} = (R_a + R_c + R_m)I \tag{7.46}$$

여기서 R_a, R_c, R_m은 각각 음극, 양극 및 멤브레인의 저항이다. 음극 및 양극 저항과 멤브레인 저항은 각각 다음과 같이 결정할 수 있다.

$$R_a = \frac{\rho_a \delta_a}{A} \tag{7.47}$$

$$R_c = \frac{\rho_c \delta_c}{A} \tag{7.48}$$

$$R_m = \frac{\delta_m}{\sigma_m A} \tag{7.49}$$

여기서 ρ, δ, A 및 σ_m는 각각 각 전극의 전기 저항, 각 전극의 길이, 전지의 활성 면적 및 멤브레인의 양성자 전도도를 나타낸다. 나피온(Nafion) 멤브레인의 전도도 σ_m는 다음과 같이 추정할 수 있다(Mann et al., 2000).

$$\sigma_m = \frac{\left[\lambda - 0.634 - 3\left(\frac{i}{A}\right)\right] \exp\left(4.18\left(\frac{T-303}{T}\right)\right)}{181.6 + \left[1 + 0.03\left(\frac{i}{A}\right) + 0.062\left(\frac{T}{303}\right)^2 \left(\frac{i}{A}\right)^{2.5}\right]} \tag{7.50}$$

여기서 λ는 멤브레인의 유효 수분 정도를 나타내는 준경험적 파라미터이고 T는 PEM 연료전지 절대온도이다. PEM 연료전지 모델 입력 파라미터는 표 7.2에 나와 있다.

PEM 연료전지 스택의 출력 밀도와 정격 출력은 각각 다음과 같이 쓸 수 있다.

$$Pd = V_{FC}i \tag{7.51}$$

$$\dot{W}_{FC} = N_{FC}A(Pd) \tag{7.52}$$

여기서 N_{FC}은 스택의 연료전지 개수이다. PEM 연료전지 에너지 효율은 PEM 연료전지 스택의 정격 출력($\dot{W}_{FC}$)에 인버터 효율(η_{inv})을 곱한 PEM 연료전지 스택의 몰 저발열량의 비율로 표현될 수 있으며, 입력 수소($\overline{LHV}_{H_2}$)는 연료전지 입력을 나타낸다. 이것은 아래와 같이 나타낸다.

$$\text{Energy efficiency of PEM fuel cell} = \frac{\eta_{inv}\dot{W}_{FC}}{\dot{N}_{H_2,in}\overline{LHV}_{H_2}} \tag{7.53}$$

7.4.5 결과 및 토론

이 절에서는 리튬 이온 배터리와 PEM 연료전지에 대한 사례 연구의 전기화학적 평가 결과를 제시하였다. 리튬 이온 배터리의 등온 모델은 Comsol multiphysics 소프트웨어를 통해 활용되었다. 리튬 이온 배터리의 열 발생률 평균 결과는 engineering equation solver(EES)로 전송되어 PEM 연료전지 스택이 모델링 되었다. 배터리의 등온 모델은 다양한 온도에서 배터리 셀 작동을 이해하는 데 도움이 된다. 또한 배터리 열 관리 시스템을 설계하고 배터리가 작동해야 하는 온도 범위를 지정하는 데 도움이 된다. 배터리 작동이 온도에 크게 영향을 받는 경우 배터리 열 관리 시스템에는 정밀한 온도 제어 장치가 필요하다. 배터리의 등온 모델에서는 배터리에서 생성된 모든 열이 대류를 통해 냉각 매체(이번 경우에는 강제 공기)로 손실된다. 이 절에 제시된 리튬 이온 배터리에 대한 시뮬레이션 결과는 방전율 12 A/m²에 대한 것이다. 이 절의 나머지 부분에서는 리튬 이온 배터리 및 PEM 연료전지에 대한 전기화학 모델을 적용하여 얻은 결과를 설명한다.

그림 7.12는 리튬 이온 배터리 셀의 단일 방전-충전 사이클을 보여준다. 충전 및 방전 지속 시간은 각각 1,800초이고 개방 회로 지속 시간은 200초이다. 배터리의 충전 및 방전 작동 중에 셀 전위는 옴 과전위, 표면 과전위 및 농도 과전위로 인해 손실이 나타난다. 개방 회로(전류 없음) 상태에서 배터리 셀이 정지 상태일 때 배터리 전위가 증가하는 것이 관찰된다. 개방 회로 시 이러한 전위 증가는 충전/방전 작동 중 옴 및 농도 과전위로 인해 손실되는 셀 전위의 일부와 관련이 있다. 방전 중 전위에 대한 양수 부호는 방전 중에 배터리 셀에서 전류가 생성됨을 나타내고 음수 부호는 충전 중에 배터리 셀에 전류가 인가됨을 나타낸다.

그림 7.13은 방전 중 리튬 이온 배터리 셀 전위의 변화를 여러 방전 속도(C-rate)에 대한 셀 용량을 보여준다. C-rate가 증가함에 따라 용량이 감소하는 것을 알 수 있다. 즉, 배터리가 더 높은 속도로 방전될 때(예: 고속 방전) 셀은 더 낮은 전류 밀도를 생성한다. 셀 작동 기간. 즉, 배터리 셀의 유효 용량은 상대적으로 높은 속도로 방전이 발생하면 감소한다. 예를 들어 방전 속도가 4 C인 경우 배터리는 3.2 V에 도달하기 전에 용량의 약 40%를 소모한다.

또한 그림 7.14는 방전 중 배터리 온도가 셀 전위에 미치는 영향을 보여준다. 배터리 온도가 증가함에 따라 셀 전위가 증가하는 것을 볼 수 있다. 이는 상대적으로 높은 배터리 작동 온도에서 이온 전도성과 전해질 내 이온염의 확산

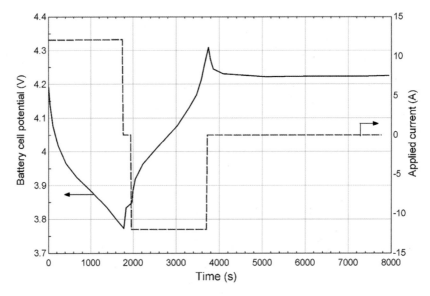

그림 7.12 리튬 이온 배터리 셀의 전압 및 전류(방전(0~1,800초), 개방 회로(1,800~2,000초) 및 충전(2,000~3,800초).

속도가 더 높기 때문이다.

그림 7.15는 여러 배터리 작동 온도에 대한 방전 시간에 따른 리튬 이온 배터

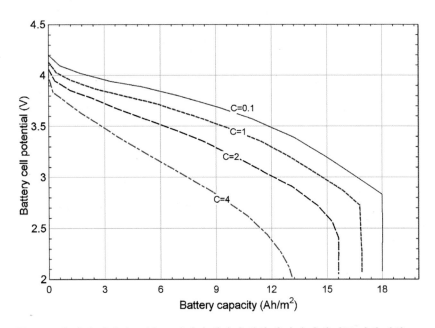

그림 7.13 네 가지 방전 속도(C-rate)에서 배터리 셀의 방전 용량에 따른 전위 변화.

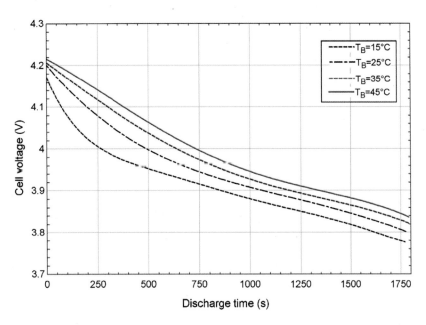

그림 7.14 방전 중 리튬 이온 배터리 온도가 셀 전위에 미치는 영향.

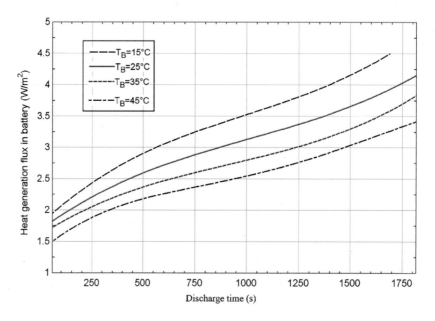

그림 7.15 2C의 방전 속도에서 다양한 배터리 셀 온도에 따른 인한 배터리의 발열 플럭스 변화.

리 셀의 열 발생 플럭스 변화를 보여준다. 앞서 설명한 바와 같이, 배터리의 등온 작동을 고려한 이 사례 연구에서는 배터리 내의 열 발생은 비가역 열로만 구성된다(가역 열률 성분은 0이다). 따라서 식 (7.23)에 따르면 그림 7.15는 셀 개방 회로 전위와 실제 전위에 전류 밀도를 곱한 값의 차이를 나타낸다. 이 그림에서 배터리가 상대적으로 낮은 온도에서 작동할 때 배터리의 발열률이 증가한다는 것을 알 수 있다. 이는 주로 상대적으로 낮은 온도에서 이온 전도도가 낮고 옴 손실(ohmic loss)이 커져 발열률이 높아지기 때문이다. 리튬이온 배터리 셀의 온도가 균일하고 일정하다는 가정을 통해 배터리 내부에서 발생하는 모든 열은 PEM 연료전지 스택에 들어가기 전에 냉각 공기로 전달된다는 결론을 내릴 수 있다. 예를 들어 방전 시간이 1,000초인 경우, 배터리 온도가 15℃에서 45℃로 증가함에 따라 배터리 셀의 열 발생 플럭스는 그림 7.14에서 3.5 W/m에서 2.5 W/m²로 감소하는 것을 볼 수 있다.

그림 7.16은 전류 밀도에 따른 PEM 연료전지 내 과전위의 변화를 보여준다. 인가된 전류 밀도가 증가함에 따라 옴 과전위 및 활성화 과전위의 증가로 인해 전체 셀 전위가 감소하는 것을 볼 수 있다. 또한 농도 과전위는 거의 0에 가깝고 다른 두 가지 과전위 보다 훨씬 작은 것으로 나타난다. 몇 가지 점을 주목할 수 있다.

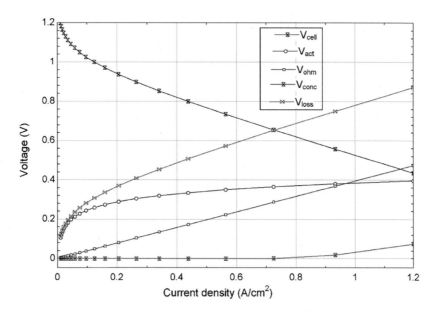

그림 7.16 전류 밀도에 따른 셀 전위 및 전위 손실(저항(ohmic), 농도 및 활성화 과전압) 변화.

- 낮은 전류 밀도에서는 작동 과전위로 인해 셀 전위가 상대적으로 낮다.
- 중간 정도의 전류 밀도에서는 옴 손실로 인해 셀 전위가 전류에 따라 선형적으로 감소한다.
- 높은 전류 밀도에서 농도 과전위는 PEM 연료전지 내의 총 전위 손실에 크게 기여한다.

그림 7.17은 투입 공기 온도에 대한 PEM 연료전지 스택의 전류 밀도에 따른 다양한 출력 밀도 및 에너지 효율의 변화를 보여준다. 투입 공기의 온도와 압력이 증가함에 따라 스택에서 생산되는 전력과 스택의 에너지 효율이 증가하는 것을 알 수 있다. 공기 온도에 따른 PEM 연료전지 성능 향상은 고온에서 전해질 전도도가 증가하기 때문일것으로 보여진다. 전도도기 높이지면 분사 활성이 높아지기 때문에 농도가 낮아지고 옴 과전위가 발생한다. 따라서 외부에서 공기를 직접 흡입하는 대신 배터리 팩을 냉각하는 데 사용되는 예열된 공기를 회수하면 PEM 연료전지 성능을 향상시킬 수 있다. 또한 그림 7.17에서 최대 전류 밀도 1.2 A/cm² 에서 공기 입력 온도가 10°C에서 40°C로 증가하면 연료전지 스택의 전력 밀도가 0.045 W/cm²로 증가한다는 것을 알 수 있다.

그림 7.18은 여러 공기 입력 온도에 따른 전류 밀도에 따른 PEM 연료전지의 에너지 효율 변화를 보여준다. 투입 공기의 온도가 높아질수록 PEM 연료전지 스택의 에너지 효율이 향상되는 것을 관찰할 수 있다. 또한 상대적으로

낮은 전류 밀도에서 PEM 연료전지 에너지 효율이 더 높다. 40°C의 공기 입력 온도에서 전류 밀도가 0에서 1.2 A/cm²로 증가함에 따라 PEM 연료전지의 에너지 효율은 0.7에서 0.25로 감소한다.

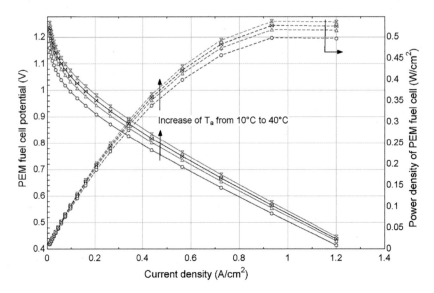

그림 7.17 연료전지 내 다양한 공기 투입 온도에서 전류 밀도에 따른 PEM 연료전지 전위 및 출력 밀도 변화.

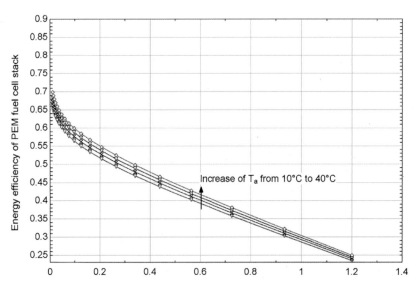

그림 7.18 다양한 공기 투입 온도에서 전류 밀도에 따른 PEM 연료전지 에너지 효율 변화.

7.4.6 추가 논의 및 맺음말

이 사례 연구에서는 배터리 열 관리 시스템과 PEM 연료전지/리튬 이온 배터리 시스템의 새로운 통합에 대해 설명하였다. 각 시스템의 기본 이론은 해당 전기화학 반응과 함께 제공되었다. 리튬 이온 배터리 셀과 PEM 연료전지 스택 시스템의 성능은 표면(또는 활성화), 농도 및 옴 과전위를 포함한 과전위 손실을 통해 평가된다. 리튬 이온 배터리 셀 전위 및 열 발생률은 등온 모델에 대해 표시된다. 이는 배터리 열 관리 시스템(이 경우 강제 공기 냉각 기반)을 설계하고 배터리가 효율적으로 작동할 수 있는 온도 범위를 지정하는 데 도움이 된다. 작동 온도 변화의 효과를 통해 이 주요 파라미터의 변경이 PEM 연료전지 스택의 전력 생산 및 에너지 효율에 어떤 영향을 미치는지 확인할 수 있다. 40°C의 온도에서 예열된 공기를 사용할 경우, 추운 날씨 조건(유입 공기 온도 10°C)에서 예열되지 않은 조건보다 450 W/m^2 더 높은 전력 밀도를 낼 수 있는 것으로 나타났다. 전기 자동차에 유입되는 공기 온도가 상대적으로 높은 주변 온도(40°C 이상)에서는 공기가 팩 내부의 배터리 셀을 효과적으로 냉각하지 못한다는 점에 유의해야 한다. 리튬 이온 배터리를 부적절하게 냉각하면 열화 메커니즘이 가속화되고 결과적으로 배터리 셀의 수명이 단축된다. 일반적으로 리튬 이온 배터리의 작동 온도는 15°C에서 45°C 사이를 유지하는 것이 좋다. 또한 배터리 성능 저하에 대한 셀 온도의 영향은 방전에 비해 충전 중에 더 심각하게 나타난다.

7.5 사례 연구 2: 하이브리드-전기 항공기 추진 시스템

탄소 배출 순 제로를 달성하거나 전환하기 위한 수단으로 전기 항공기 추진 시스템의 전기 생산 및 저장을 위한 연료전지와 배터리의 사용에 대한 관심이 높아지고 있다. SOFC는 연료-전기 변환 효율이 높기 때문에 주로 항공 분야에서 전력 생산에 사용된다(Fernandes et al., 2018; Kohout and Schmitz, 2003). 그러나 이러한 항공기 응용에는 여러 가지 문제가 있으며, 그 중 일부는 다음과 같다.

- 순수 수소를 기체 상태로 저장(SOFC의 연료)하려면 매우 큰 저장 탱크가 필요하며, 이는 모바일 응용에 큰 단점이 된다. 따라서 수소는 압축 기체 또는 액체로 저장해야 한다. 수소를 기체로 저장하려면 일반적으로 매우 높은 압력(350~700 bar)이 필요하지만, 수소를 액체로 저장하려면 극저온(대기압에서 −252.8°C)이 필요하다. 따라서, 수소를 액체 또는 기체 형

태로 보관하려면 기술적 어려움과 추가 비용이 발생할 수 있다.

- 지난 글에서 설명한 SOFC를 장착한 전기 항공기에서 순수 수소를 직접 사용하는 데 따른 어려움으로 인해 수소를 함유한 연료와 같은 대체 수소 저장 매체를 찾기 위한 노력이 계속되고 있다. 예를 들어 등유, 암모니아, 메탄, 에탄올, 휘발유 등이 SOFC에 사용할 수 있는 다른 연료이다. 이러한 연료를 사용하려면 고온에서 개질해야 한다. 개질기는 수소를 포함하는 소스에서 수소를 생산하는 장치이다. 메탄, 천연가스, 에탄올과 같은 숏체인 탄화수소 연료의 경우 연료 개질이 내부에서 이루어질 수 있으므로 외부 개질기가 필요하지 않다.

- 또한, 전력이 상대적으로 많이 필요한 이륙 및 상승 시 전력을 공급하기 위해 전기 자동차에 보조 배터리 시스템을 사용하는 경우가 많다. 항공 분야에 배터리를 적용하는 데 있어 주요 과제 중 하나는 온도가 배터리 성능에 미치는 영향이다. 따라서 배터리 셀의 효과적이고 장기적인 작동을 위해 원하는 범위 내에서 균일한 온도를 유지하기 위해서는 전기 항공기의 배터리 팩을 냉각하는 프로세스가 필요하다.

NASA는 내부 개질기를 포함하는 고급 SOFC에서 메탄과 같은 대체 연료의 사용과 연료/에너지 저장 기술을 개발하고 평가하는 항공기 응용 분야에 대한 연구를 점점 더 많이 수행하고 있다(Kohout and Schmitz, 2003). 전기 항공기의 추가 개발을 위해 높은 효율성과 투자 회수 잠재력을 가진 개념과 관련 기술을 식별하기 위한 연구가 수행되고 있다. 여기서 고려한 사례 연구는 이러한 활동을 지원할 수 있다.

이 사례 연구에서는 전기 항공기에 전력을 공급하는 새로운 하이브리드 SOFC-배터리-가스터빈 추진 시스템을 고려한다. 이 하이브리드 시스템에는 리튬 이온 배터리 팩, 내부 개질기가 있는 SOFC, 압축기, 가습기, 열교환기, 가스터빈/발전기 및 기타 구성 요소가 통합되어 있다. 시스템 설계를 위한 성능을 평가하기 위해 시스템 구성 요소 모델을 개발하고 구성 요소와 시스템을 분석한다. 리튬이온 배터리 셀 내부의 발열량은 시간에 따라 배터리 온도가 변하는 배터리의 열 분석을 통해 계산된다. 리튬 이온 배터리 셀 내의 열 발생률에 대한 평균값은 나머지 시스템 구성 요소의 시뮬레이션에 사용된다. 내부 개질기가 있는 SOFC에서 생산된 전력은 전기화학 모델을 통해 결정되며, 마지막으로 에너지 효율 측면에서 전체 하이브리드 시스템의 성능을 평가한다.

7.5.1 시스템 설명

사례 연구에서 하이브리드 전기 항공기의 설계는 메탄으로 연료를 공급하는 SOFC와 가스터빈이 대부분의 전력을 공급하는 추진 시스템을 활용한다. 리튬 이온 배터리는 고전력 부하 작동 조건에서 전력을 공급하는 데 사용된다.

그림 7.19는 SOFC-배터리-가스터빈 시스템을 보여준다. 여기에는 공기 및 메탄 압축기, 워터 펌프, 배터리 팩, 열교환기, 믹서, 내부 개질기가 있는 SOFC, 애프터버너(afterburner), 가스터빈 및 모터와 같은 구성 요소가 포함된다. 물, 메탄 및 공기를 포함한 SOFC 반응물은 열교환기에서 가압되고 예열되어 온도가 1000 K까지 상승한다.

배터리 온도가 높으면 배터리 내 노화 진행 속도가 빨라져 수명이 단축된다. 따라서 고출력 응용분야에는 효과적이고 효율적인 냉각이 필요하다. 사례 연구에서 고려한 시스템에서는 리튬 이온 배터리 팩에 물을 펌핑하여 배터리에서 발생하는 열의 일부를 제거하고 개별 셀을 통과시켜 냉각한다. 배터리 팩에서 나오는 과도한 물은 시스템에서 버려지고, 물의 주요 부분은 열교환기로 펌핑되어 증기로 변환된 다음 믹서에서 고온의 메탄과 혼합된 후 SOFC로 들어간다. 내부 개질기가 장착된 SOFC에서는 증기와 메탄의 혼합물이 먼저 증기 개질 반응을 통해 일산화탄소와 수소로 전환된 후, 물-가스 전환 반응을 통해 이산화탄소와 수소로 전환된다. 이렇게 생성된 가스는 SOFC의 음극 측으로 전달되며, 여기서 수소 가스는 양극의 고온 공기 중의 산소와 반응하여 물을 생성한다.

소비되지 않은 연료, 과잉 투입 공기 및 SOFC 내부 개질기의 생성물은 고온 스트림 생성을 위한 애프터버너에서 활용된다. 이는 발전용 가스터빈과 SOFC 반응물 가열을 위한 열교환기에 사용된다. 가스터빈에서 배출되는 연소 가스는 항공기로 유입되는 공기를 예열하는 데 추가로 활용될 수 있다. SOFC와 가스터빈에서 생산된 전력은 항공기 모터에 의해 사용되며, 이 사용량은 비행 내내 일정하다고 가정한다. 비행 중 가스터빈과 SOFC에 의해 생산된 추가 출력은 리튬 이온 배터리에 저장했다가 나중에 더 많은 출력이 필요할 때 이륙 또는 상승 중에 사용할 수 있다.

7.5.2 모델링 및 분석

7.5.2.1 리튬 이온 배터리의 열 모델

이 사례 연구에서는 리튬 이온 배터리가 이륙 및 상승 시 SOFC와 가스터빈에 출력을 공급하는 데 사용된다. 배터리 팩은 원통형 리튬 이온 배터리로 구성되며, 팩 내부의 배터리 사이로 물이 통과하여 냉각된다. 그림 7.20(a)는 원통형

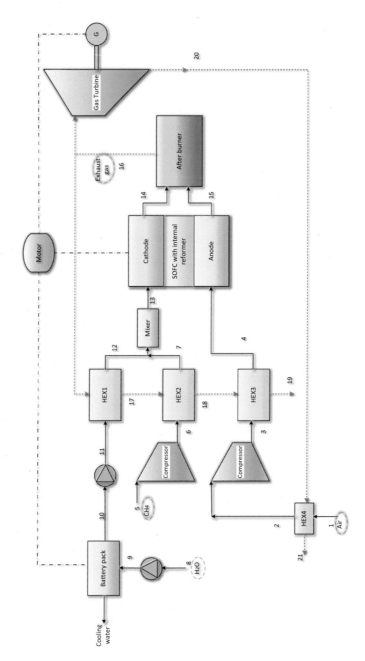

그림 7.19 메탄 연료 SOFC, 가스터빈 및 리튬 이온 배터리를 포함하는 하이브리드 전기 항공기 에너지 시스템의 흐름도.

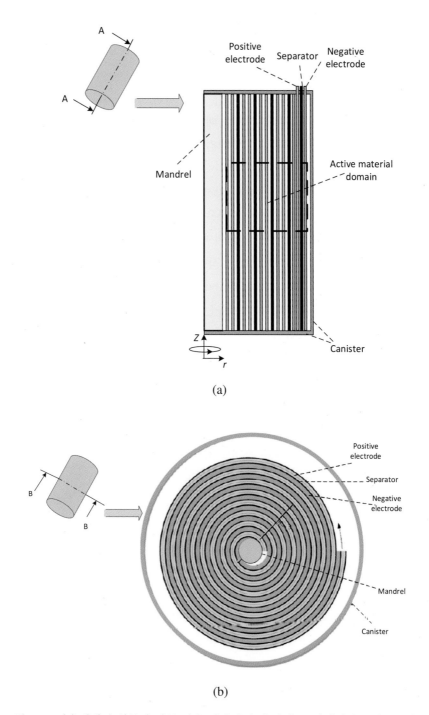

(a)

(b)

그림 7.20 (a) 세워진 원통형 리튬 이온 배터리 수직 단면도. 배터리의 중심은 왼쪽에 위치함 (b) 원통형 리튬 이온 배터리의 단면도. 나선형 롤은 음극, 양극 및 분리막으로 구성됨. (From Farsi, A., Rosen, M.A., 2023. Performance analysis of a hybrid aircraft propulsion system using solid oxide fuel cell, lithium ion battery and gas turbine. Appl. Energy, 329, 120280.)

리튬 이온 배터리의 수직 단면을 보여준다. 맨드릴(mandrel)(배터리 셀 시트가 감겨 있는 절연체), 캐니스터(canister), 음극 및 양극 전극과 분리막을 포함한 활물질 부분(감겨 있는 셀 소재 시트)이 포함되어 있다. 배터리 셀의 높이는 65 mm이고 반경은 9 mm이다. 스틸 캐니스터의 두께는 0.25 mm이고 맨드릴의 반경은 2 mm이다. 원통형 배터리의 경우 그림 7.20과 같이 분리막, 음극 및 양극 시트는 원통형 맨드릴에 감긴 두 개의 긴 스트립으로 절단되어 원통형 구조를 형성한다.

리튬 이온 배터리에 대한 자세한 전기화학 모델은 앞서 사례 연구 1에서 제시했다(7.4.1절 참조). 이 모델은 리튬 이온 배터리에서 발생하는 열을 결정하는 등 이 사례 연구에서 분석의 기초로 사용된다. 사례 연구 1에서는 배터리 셀의 1차원 모델에 전기화학 방정식을 적용한 반면, 본 사례 연구에서는 배터리 셀의 2차원 및 축 대칭 모델(axially symmetric model) 방정식을 적용한다. 축 대칭 조건을 고려하는 이유는 나선형 방향(음극, 양극 및 분리막 층이 맨드릴 주위를 감는 방향)으로의 열 전도가 나선형으로 감긴 배터리 셀에서 무시될 수 있기 때문이다(그림 7.20(b) 참조).

사례 연구 1에서는 배터리 셀이 충전 및 방전 중에 균일하고 일정한 온도를 갖는다고 가정했다. 그러나 이 사례 연구에서는 배터리 온도는 시간에 따라 달라질 수 있다(즉, 비등온 상태). 또한 리튬 이온 배터리 셀 구성 요소의 열전도율이 상대적으로 높고 셀에서 발생하는 열이 과도하지 않기 때문에 배터리의 온도 프로파일이 균일하다고 가정할 수 있다. 또한 배터리의 화학적 성능이 배터리 온도의 작은 변화에 크게 영향을 받지 않는 경우 평균 온도를 기반으로 하는 일괄 파라미터 접근 방식을 사용하면 배터리 열 거동을 적절하게 정확하게 예측할 수 있다. 이 절의 나머지 부분에서는 리튬 이온 배터리 셀의 열 모델을 제시하고 시간에 따른 배터리 온도 변화를 확인한다. 개발된 전기화학적 모델과 열 모델은 Comsol 소프트웨어의 다중 물리 결합 노드(multiphysics coupling node)를 통해 결합하여 배터리에서 발생하는 열과 배터리 온도를 연결한다.

미분 에너지 값에서 파생되는 다중 구성 요소 시스템(예: 배터리)에 대한 일반적인 에너지 방정식은 다음과 같이 쓸 수 있다.

$$\frac{\partial(\rho_B c_{p,B} T_B)}{\partial t} = \nabla.k\nabla T + \dot{Q}_{gen} \tag{7.54}$$

여기서 $c_{p,B}$, ρ_B, T_B 및 t는 각각 일정한 상태에서 비열, 배터리 밀도, 배터리 온도 및 시간을 나타낸다. 또한 $\dot{Q}_{gen}$은 배터리의 단위 부피당 발열량을 나타낸다.

여기서 고려하는 원통형 배터리 셀의 2차원 모델의 경우 위의 방정식은 다음과 같이 작성할 수 있다.

$$\frac{\partial\left(\rho_B c_{p,B} T_B\right)}{\partial t} = \frac{1}{r}\frac{\partial}{\partial r}\left(k_r r\frac{\partial T_B}{\partial r}\right) + \frac{\partial}{\partial z}\left(k_z\frac{\partial T_B}{\partial z}\right) + \dot{Q}_{gen} \qquad (7.55)$$

여기서 k_r 및 k_z은 각각 반경 방향 및 축 방향에서 셀의 열전도율이다. 두께가 작은 단일 셀의 경우 일괄 파라미터 접근법(*lumped-parameter approach*)을 적용할 수 있다. 이는 대류 열전달 계수(h_{conv})에 셀 두께(δ_B)를 곱한 값과 셀의 열전도율(k)의 비율이 매우 작은 조건을 나타낸다(즉, $h_{conv}\delta_B/k \ll 1$). 따라서 셀 전체에 걸쳐 온도가 균일하다는 가정은 매우 정확하다.

배터리의 발열률은 전기화학 반응 열(가역적 열)과 셀 내부의 저항(비가역적 열)으로 인해 발생한다. 셀의 부피당 배터리 발열률에 대한 일반적인 표현은 다음과 같이 쓸 수 있다.

$$\dot{Q}_{gen} = \frac{1}{V_B}\left(I_B(E_{OCP} - E_B) - I\left(T_B\frac{\partial E_{eq}}{\partial T}\right)\right) \qquad (7.56)$$

여기서 E_{eq}, I_B, E_B 및 V_B는 각각 평형 전지 전위, 전지 전류, 전지 전압 및 전지 부피를 나타낸다. 식의 가역적 열률 항. 식 (7.56) (즉, $I(T_B\partial E_{eq}/\partial T_B)$)는 $T_B\Delta S I_B/n_e F$와 동일하다. 여기서 ΔS는 전지에서 발생하는 전기화학 반응으로 인한 엔트로피 변화이고 n_e는 균형 잡힌 전기화학 반쪽 반응의 전자 수이다. 각 배터리는 원통형 배터리 셀의 서로 다른 방향에서 서로 다른 열전도율을 갖는 3개의 층(음극, 양극 및 분리막)으로 구성된다. 방사형(k_r) 및 축(k_z) 방향의 배터리 전체 열전도율은 각각 다음과 같이 표현될 수 있다.

$$k_r = \frac{\sum \delta_i}{\sum (\delta_i/k_i)} \qquad (7.57)$$

$$k_z = \frac{\sum \delta_i k_i}{\sum (\delta_i)} \qquad (7.58)$$

여기서 δ_i 및 k_i는 레이어 i의 두께와 레이어 i의 열전도율이다. 이 매개변수의 값은 각각 레이어를 구성하는 다른 재료에 따라 다르게 적용된다.

마찬가지로 다층 구조의 배터리의 일정한 압력에서 밀도와 비열은 각각 다음과 같이 쓸 수 있다.

$$\rho_B = \frac{\sum \delta_i \rho_i}{\sum (L_i)} \tag{7.59}$$

$$c_{p,B} = \frac{\sum \delta_i c_{p,i}}{\sum (\delta_i)} \tag{7.60}$$

여기서 ρ_i 및 $c_{p,i}$는 배터리 셀의 층 i의 밀도 및 비열 용량이다. SOFC에 사용되는 물은 먼저 냉각을 위해 리튬 이온 배터리 팩을 통과한 다음 열교환기를 통해 펌핑된다. 배터리 셀 사이의 물 냉각 효과를 고려하기 위해 배터리 캐니스터 표면에 열유속 경계 조건이 정해진다. 이렇게 하면 냉각수와 배터리 표면 사이의 대류 열전달을 평가할 수 있다. 리튬 이온 배터리의 트랜션트 모델(transient model)에 대한 입력 파라미터는 표 7.3에 해당 값과 함께 나열되어 있다.

7.5.2.2 고체산화물 연료전지 모델

SOFC는 고온(600~1,000°C)에서 산화물 이온 전도성 세라믹 소재를 전해질로 사용하는 전 세라믹(all-ceramic) 및 고체 상태(solid-state) 장치이다. SOFC는 항공기 분야에서 PEM 연료전지에 비해 잠재적인 이점이 있다. 예를 들어, SOFC의 작동 온도가 상대적으로 높기 때문에 SOFC 제품 스트림에서 폐열을 추출할 수 있는 기회가 더 많아지고, 연료 가열 및 개질과 같은 시스템의 다른 공정에 사용할 수 있다.

여기서는 평형상태 및 정상 상태 조건에서 SOFC의 모델 및 분석을 수행한다. 내부 개질기가 장착된 메탄 연료 SOFC에 대해 다음과 같은 가정을 한다 (Ranjbar et al., 2014; Farsi and Rosen, 2023).

- 공기는 부피 기준으로 산소가 21%, 질소가 79%로 구성되어 있다.
- SOFC 반응물과 생성물 사이의 온도 차이는 50 K로 고정되어 있다.
- 고체 구조와 가스 채널 사이의 복사열 전달은 무시할 수 있다.
- SOFC에서 소비되지 않은 미사용 연료는 애프터버너에서 완전히 산화되도록 처리된다.
- SOFC는 완전히 단열되어 있어 환경과의 열 상호 작용이 없다.
- 접촉 저항은 무시할 수 있다.
- 오직 H_2만이 산소와 전기화학 반응에 참여하고 일산화탄소는 물-기체 이동 반응을 통해 이산화탄소와 수소로 전환된다.
- 연료 채널 출구에서 가스 혼합물에 대해 화학적 평형이 존재하는 것으로

표 7.3 리튬이온 배터리 셀의 트랜션트 모델(transient model)의 입력 매개변수 설계.

Parameter	Value
Thickness of battery canister	2.5×10^{-4} m
Battery radius	9×10^{-3} m
Battery height	6.5×10^{-2} m
Mandrel radius	2×10^{-3} m
Length of negative electrode	5.5×10^{-5} m
Length of separator	3×10^{-5} m
Length of positive electrode	5.5×10^{-5} m
Thickness of negative current collector	7×10^{-6} m
Thickness of positive current collector	1×10^{-5} m
Cell thickness	1.57×10^{-4} m
Thermal conductivity of positive electrode	1.58 W/(m K)
Thermal conductivity of negative electrode	1.04 W/(m K)
Thermal conductivity of positive current collector	170 W/(m K)
Thermal conductivity of negative current collector	398 W/(m K)
Thermal conductivity of separator	0.344 W/(m K)
Density of positive electrode	2328.5 kg/m^3
Density of negative electrode	1347.3 kg/m^3
Density of positive current collector	2770 kg/m^3
Density of negative current collector	8933 kg/m^3
Density of separator	1009 kg/m^3
Heat capacity of positive electrode	1269.2 J/(kg K)
Heat capacity of negative electrode	1437.4 J/(kg K)
Heat capacity of positive current collector	875 J/(kg K)
Heat capacity of negative current collector	385 J/(kg K)
Heat capacity of separator	1978.2 J/(kg K)
Battery angular thermal conductivity	29.557 W/(m K)
Battery radial thermal conductivity	0.89724 W/(m K)
Battery density	2055.2 kg/m^3
Battery heat capacity	1399.1 J/(kg K)
Inlet temperature	298.15 K
Initial temperature	298.15 K
Cell capacity	14,400 C
Ohmic overpotential at 1C	0.0045 V
C-rate	2

Data from Chen, S.C., Wang, Y.Y., Wan, C.C., 2006. Thermal analysis of spirally wound lithium batteries, J. Electrochem. Soc. 153(4), A637. Gomadam, P.M., White, R.E., Weidner, J.W., 2003. Modeling heat conduction in spiral geometries. J. Electrochem. Soc. 150(10), A1339. Chen, S.C., Wan, C.C., Wang, Y.Y., 2005. Thermal analysis of lithium-ion batteries. J. Power Sources 140(1), 111–124.

간주된다.

메탄 연료 SOFC의 경우 외부 개질기보다 내부 개질기를 사용하는 것이 더 경제적이다. 그림 7.21은 SOFC와 결합된 내부 개질기를 보여준다. 메탄을 증기로 개질할 때 주요 화학 반응은 다음과 같다.

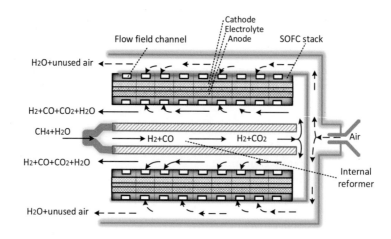

그림 7.21 내부 개질기(reformer)를 포함한 고체 산화물 연료전지.

$$CH_4 + H_2O \rightarrow CO + 3H_2 \tag{7.61}$$

$$CO + H_2O \rightarrow CO_2 + H_2 \tag{7.62}$$

식 (7.61)의 증기 개질 반응은 느리고 흡열성인 반면, 식 (7.62)의 물-기체 이동 반응은 빠르고 발열성이다. 증기 개질에 필요한 열 상호 작용은 물-기체 이동 반응보다 훨씬 높다(즉, 반응 온도 1300 K에서 증기 개질 반응 엔탈피는 227.5 kJ/mol이고 물-기체 이동 반응의 경우 −31.8 kJ/mol이다). 따라서 내부 개질기의 전체 반응은 흡열반응이다. 증기 개질 반응과 물-기체 이동 반응에서 생성된 수소는 SOFC의 전기화학 반응에 사용된다. SOFC에서의 전체 반응(즉, $H_2 + O_2 \rightarrow H_2O$)은 발열반응이다. 따라서 SOFC에서 생성된 열은 개질기에서 증기 개질을 위한 열을 공급하는 데 사용할 수 있다. 이를 통해 냉각 시스템에서 내부 개질기-SOFC 시스템의 의존도를 줄일 수 있다. 여기서는 SOFC 유입구의 반응물과 배출구의 생성물 사이의 온도 차이를 50 K로 가정한다. 또한 내부 개질기-SOFC 시스템에서 미사용 연료는 애프터버너에서 SOFC 반응물을 가열하는 열교환기 및 전력 생산을 위한 가스터빈에 열을 생산하기 위해 활용할 수 있다.

하위 절의 나머지 부분에서는 정상 상태 조건에서 작동하는 것으로 가정되는 SOFC에 대한 0차원 모델이 개발되었다. 사례연구 1에서 모델링된 PEM 연료전지와 마찬가지로 SOFC의 출력전압은 다음과 같이 표현될 수 있다.

$$E_{SOFC} = E_{OCP,SOFC} - \left((\eta_{a,a} + \eta_{a,c}) + (\eta_{c,a} + \eta_{c,c}) + \eta_{ohm} \right) \tag{7.63}$$

여기서 $E_{OCP,SOFC}$은 SOFC의 개방 회로 전위, $\eta_{a,a}$ 및 $\eta_{a,c}$은 각각 음극과 양

극의 활성화 과전위, $\eta_{c,a}$ 및 $\eta_{c,c}$은 각각 양극과 음극의 농도 과전위, η_{ohm}은 옴 과전위이다. SOFC의 평형 전위 및 전압 손실 계산은 표 7.4에 제시되고 설명되어 있다.

평형 조건에서 내부 개질기에서의 개질 및 시프트 화학 반응(shift chemical reactions)의 몰 변환율은 r_1 및 r_2로 표시되며, SOFC의 전체 전기화학 반응의 몰 변환율은 r_3로 표시된다. 이 비율은 평형 상수와 전류와의 관계를 사용하여 평가할 수 있다. 시프트 반응에 대한 평형 상수는 다음과 같이 쓸 수 있다.

$$\ln K_s = -\frac{\Delta\bar{g}_s^\circ}{RT_{SOFC}} = \ln\left[\frac{r_2(3r_1 + r_2 - r_3)}{(r_1 - r_2)(1.5r_1 - r_2 + r_3)}\right] \tag{7.64}$$

여기서 K_s는 반응의 평형 상수이며, 특정 깁스자유에너지는 다음과 같이 나타낼 수 있다.

$$\Delta\bar{g}_s^\circ = \bar{g}_{s,H_2}^\circ + \bar{g}_{s,CO_2}^\circ - \bar{g}_{s,H_2O}^\circ - \bar{g}_{s,CO}^\circ \tag{7.65}$$

여기서 특정 깁스자유에너지 조건은 $\bar{g}_s^\circ = \bar{h} - T_{SOFC}\bar{s}^\circ$로 결정할 수 있으며, 여기서 T_{SOFC}는 SOFC의 온도이다. 몰 엔탈피($\bar{h}$)는 T_{SOFC}로, 몰 엔트로피($\bar{s}^\circ$)는 T_{SOFC} 및 표준 압력(101 kPa)에서 평가된다. 패러데이 법칙에 따라 음극에서 메탄의 몰 소비율은 다음과 같이 쓸 수 있다.

$$\dot{N}_{CH_4,consumed} = \frac{i_{SOFC}.N_{SOFC}.A_{SOFC}}{2F} \tag{7.66}$$

여기서 i_{SOFC}는 SOFC의 순교환 전류 밀도, N_{SOFC}는 스택의 연료전지 수, A_{SOFC}는 전지의 활성 면적, F는 패러데이 상수이다.

연료 사용률은 다음과 같이 표현할 수 있다.

$$U_F = \frac{\dot{n}_{CH_4,consumed}}{\dot{n}_{CH_4,in}} \tag{7.67}$$

여기서 $\dot{n}_{CH_4}$는 메탄의 몰 유량이다. 내부 개질기가 있는 SOFC 시스템에서 작동 유체의 몰 유량은 질량수지를 통해 계산할 수 있다. 표 7.5에는 검토한 시스템의 스트림에 대한 질량수지(mass balance)가 나열되어 있다. 또한 사용된 입력 설계 파라미터는 다음과 같다. 또한 내부 개질기를 사용하여 SOFC를 시뮬레이션하는 데 사용된 입력 설계 매개변수가 표 7.6에 나와 있다.

표 7.4 SOFC 평형 전위 및 과전위 결정 수식.

Potential type	Equation	Description
Equilibrium potential, $E_{OCP,\,SOFC}$	$$E_{OCP,SOFC} = -\frac{\Delta \bar{g}^\circ}{2F} + \frac{RT_{SOFC}}{2F}\ln\left(\frac{a_{H_2,14}a_{O_2,15}^{0.5}}{a_{H_2O,14}}\right)$$ $$a_{H_2O,14} = \frac{p_{H_2O,14}}{p_{ref}} = \frac{x_{H_2O,14}P_{14}}{p_{ref}}$$ $$a_{H_2,14} = \frac{p_{H_2,14}}{p_{ref}} = \frac{x_{H_2,14}P_{14}}{p_{ref}}$$ $$a_{O_2,15} = \frac{p_{O_2,15}}{p_{ref}} = \frac{x_{O_2,15}P_{15}}{p_{ref}}$$ $$\Delta \bar{g}^\circ = \bar{g}_{H_2O}^\circ - \bar{g}_{H_2}^\circ - 0.5\bar{g}_{O_2}^\circ$$ $$\bar{g}^\circ = \bar{h} - T_{SOFC}\bar{s}$$	Parameters a_i and x_i respectively are the activity factor of species i in the electrochemical reaction and the molar concentration of species i. Also, $\bar{g}, \bar{h}$, and $\bar{s}$ denote molar Gibbs free energy, molar enthalpy and molar entropy, respectively. P_i denotes partial pressure of species i
Activation overpotential, η_a	$$\eta_a = \eta_{a,\,a} + \eta_{a,\,c}$$ $$\eta_{a,a} = \frac{RT_{SOFC}}{F}\left(\sinh^{-1}\left(\frac{i}{2i_{oa}}\right)\right)$$ $$\eta_{a,c} = \frac{RT_{SOFC}}{F}\left(\sinh^{-1}\left(\frac{i}{2i_{oc}}\right)\right)$$	Parameters i, i_{oa}, and i_{oa} denote current density, exchange current density of anode and exchange current density of cathode, respectively. T_{SOFC} and R respectively are SOFC temperature and universal gas constant
Ohmic overpotential, η_{ohm}	$$\eta_{ohm} = \left(R_c + \sum_j \rho_j \delta_j\right)i$$ $$\rho_{int} = 1/(9.3 \times 10^6 \exp(-1100/T_{SOFC}))$$ $$\rho_c = 1/(42 \times 10^4 \exp(-1200/T_{SOFC}))$$ $$\rho_e = 1/(3.34 \times 10^4 \exp(-10300/T_{SOFC}))$$ $$\rho_a = 1/(95 \times 10^6 \exp(-1150/T_{SOFC}))$$	Parameters $\rho_{int}, \rho_c, \rho_e$, and ρ_a denote electrical resistivity of interconnect, cathode, electrolyte and anode, respectively. Also, δ_i is the thickness of layer i of the SOFC
Concentration overpotential, η_c	$$\eta_c = \eta_{c,\,a} + \eta_{c,\,c}$$ $$\eta_{c,a} = \frac{RT_{SOFC}}{2F}\left(\ln\left(1 + \frac{p_{H_2}i}{2p_{H_2O}i_{as}}\right) - \ln\left(1 - \frac{i}{i_{as}}\right)\right)$$ $$\eta_{c,c} = -\frac{RT_{SOFC}}{4F}\ln\left(1 - \frac{i}{i_{cs}}\right)$$ $$j_{as} = 2FP_{H_2}D_{a,\,eff}/(RT_{SOFC}\delta_a)$$ $$j_{ac} = 4FP_{O_2}D_{c,\,eff}/\left(\frac{p_{15}-p_{O_2,15}}{p_{15}}(RT_{SOFC}\delta_c)\right)$$	Parameters $\eta_{c,\,a}$ and $\eta_{c,\,c}$ respectively are concentration overpotentials at anode and cathode. Parameters i_{as} and i_{cs} respectively are anode and cathode limiting current densities. Also, $D_{a,\,eff}$ and $D_{c,\,eff}$ are effective gaseous diffusivities through the anode and cathode respectively, while δ_a and δ_c are thicknesses of the anode and cathode respectively

Sources: Mozdzierz, M., Chalusiak, M., Kimijima, S., Szmyd, J.S., Brus, G., 2018. An afterburner-powered methane/steam reformer for a solid oxide fuel cells application. Heat Mass Transf. 54(8), 2331–2341. Yahya, A., Ferrero, D., Dhahri, H., Leone, P., Slimi, K., Santarelli, M., 2018. Electrochemical performance of solid oxide fuel cell: experimental study and calibrated model. Energy 142, 932–943.

표 7.5 내부 개질기가 있는 SOFC의 몰 유량(molar flow rate) 수식.

Description	Equations
Chemical reactions in the SOFC with internal reformer and the corresponding molar conversion ratio	$r_1[CH_4 + H_2O \rightarrow CO + 3H_2]$ $r_2[CO + H_2O \rightarrow CO_2 + H_2]$ $r_3[H_2 + 0.5O_2 \rightarrow H_2O]$
Mass balance in the SOFC with internal reformer	$\dot{n}_{CH_4,13} = r_1$ $\dot{n}_{H_2O,13} = x_{sc}\dot{n}_{CH_4,13} = 2.5r_1$ $x_{sc} = \dot{n}_{H_2O,13}/\dot{n}_{CH_4,13}$ $\dot{n}_{H_2,14} = 3r_1 + r_2 - r_3$ $\dot{n}_{CO,14} = r_1 - r_2$ $\dot{n}_{CO,14} = r_2$ $\dot{n}_{H_2O,14} = \dot{n}_{H_2O,13} - r_1 - r_2 + r_3 = 1.5r_1 - r_2 + r_3$ $\dot{n}_{O_2,4} = r_3/2U_a$ air utilization ratio $(U_a) = \frac{consumed\ O_2}{supplied\ O_2} = \frac{(r_3/2)}{\dot{n}_{O_2,4}}$ $\dot{n}_{N_2,15} = \dot{n}_{N_2,4}$ $\dot{n}_4 = \dot{n}_{O_2,4} + \dot{n}_{N_2,4}$ $\dot{n}_{15} = \dot{n}_{O_2,15} + \dot{n}_{N_2,15}$ $\dot{n}_{14} = \dot{n}_{H_2,14} + \dot{n}_{H_2O,14} + \dot{n}_{CO,14} + \dot{n}_{CO_2,14}$ $\dot{n}_{13} = \dot{n}_{H_2O,13} + \dot{n}_{CH_4,13}$

표 7.6 SOFC/내부 개질기 모델이 고려된 입력 매개변수 설계.

Parameter	Value
U_F	85%
A_{SOFC}	$100\,cm^2$
i_{SOFC}	$0.8\,A/cm^2$
i_{oa}	$0.56\,A/cm^2$
i_{oc}	$0.25\,A/cm^2$
$D_{a,\,eff}$	$0.2 \times 10^{-4}\,m^2/s$
$D_{c,\,eff}$	$0.5 \times 10^{-5}\,m^2/s$
δ_a	$0.5 \times 10^{-3}\,m$
δ_c	$0.5 \times 10^{-4}\,m$
δ_e	$0.1 \times 10^{-4}\,m$
δ_{int}	$0.3 \times 10^{-2}\,m$
x_{sc} (steam to carbon ratio)	2.5
SOFC pressure drop	2%
Number of cells in a stack	100
Number of stacks	34

Data from Colpan, C.O., Dincer, I., Hamdullahpur, F., 2007. Thermodynamic modeling of direct internal reforming solid oxide fuel cells operating with syngas. Int. J. Hydrogen Energy 32(7), 787–795. Yahya, A., Ferrero, D., Dhahri, H., Leone, P., Slimi, K., Santarelli, M., 2018. Electrochemical performance of solid oxide fuel cell: experimental study and calibrated model. Energy 142, 932–943.

7.5.2.3 시스템 에너지 분석

정상 상태 조건과 무시 및 잠재적 에너지 값에서 시스템 구성 요소에 대한 일반적인 에너지 비율 균형은 다음과 같이 작성할 수 있다(Farsi and Rosen, 2022a).

$$\dot{Q} - \dot{W} + \sum_{in} \dot{n}_i \bar{h}_i - \sum_{out} \dot{n}_o \bar{h}_o = 0 \tag{7.68}$$

여기서 $\dot{n}$과 $\bar{h}$는 각각 몰 유량과 몰 엔탈피를, $\dot{Q}$는 몰 유속과 몰 엔탈피를, $\dot{W}$는 각각 열전달률과 작업 속도를 나타낸다. 등방성 공기/메탄 압축기 및 워터 펌프의 효율은 모두 85%로 가정한다. 애프터버너와 열교환기의 압력 강하는 해당 입력 압력의 각각 3%와 2%로 가정한다(Ranjbar et al., 2014).

주변 온도와 주변 압력은 고도(Z)에 따라 달라지며, 고도가 높아질수록 두가지 모두 감소한다. 주변 온도와 주변 압력은 다음과 같이 확인할 수 있다.

$$T_a = 288.15 + L_a Z \tag{7.69}$$

$$P_a = 101.325 \left(\frac{288.15}{T_a} \right)^{\frac{g}{L_a R_a}} \tag{7.70}$$

여기서 R_a, g 및 L_a은 공기의 특성 기체 상수, 중력 가속도 및 지구 대기 고도 킬로미터당 기본 온도 경과율($L_a = 6.5$ K/km)이다(Seyam et al., 2021). 시스템에 대한 유입 공기 조건은 다음과 같이 계산된다

$$P_{air,in} = P_a \left[1 + \frac{(\gamma - 1)}{2} M^2 \right]^{(\gamma-1)^{-1}} \tag{7.71}$$

$$T_{air,in} = T_a \left[1 + \frac{(\gamma - 1)}{2} M^2 \right] \tag{7.72}$$

여기서 γ와 M은 각각 공기의 비열비(1.4)와 마하(Mach)수이다. 고도 10 km의 마하수는 0.83이다(Seyam et al., 2021).

애프터버너를 나가는 연소된 배기가스의 40%는 발전용 가스터빈으로 전달되고, 나머지 부분(60%)은 SOFC 반응물의 예열을 위해 열교환기로 전달된다고 가정한다. 가스터빈 출구 온도는 다음과 같이 결정된다.

$$T_{20} = T_{16} \left[1 - \eta_{isen,T} \left[1 - \left(\frac{P_{16}}{P_{20}} \right) \right] \right] \tag{7.73}$$

여기서 $\eta_{isen,T}$는 가스터빈의 등방성 효율이며, 여기서는 88%로 간주한다.

SOFC와 가스터빈의 순 전력 출력은 가스터빈과 SOFC에서 생산된 총 전력과 펌프 및 압축기(및 전기가 필요한 기타 장치)에 필요한 총 전력의 차이로 얻을 수 있다.

즉,

$$\dot{W}_{net} = \dot{W}_{SOFC} + \dot{W}_{GT} - \sum_{compressors} \dot{W}_i + \sum_{pumps} \dot{W}_j \tag{7.74}$$

순 연료 대 전기 변환 효율은 SOFC-배터리-가스터빈 추진 시스템에서 생산된 순 전력과 입력 연료 소비량을 다음과 같이 비교한다.

$$\eta_{SOFC-GT} = \frac{\dot{W}_{net}}{\dot{n}_{CH_4, in}\overline{LHV}_{CH_4}} \tag{7.75}$$

여기서 $\overline{LHV}_{CH_4}$는 메탄의 낮은 발열량이고 $\dot{n}_{CH_4, in}$은 하이브리드 추진 시스템으로 유입되는 메탄의 몰 유량이다.

7.5.3 결과 및 토론

이 절에서는 전기 항공기를 위한 SOFC-배터리 하이브리드 가스터빈 추진 시스템의 모델링 및 분석 결과를 제시하고 논의한다. 항공기는 고도 10 km에서 순항 중이며 주변 조건은 254 K, 36.45 kPa라고 가정한다.

보다 구체적으로, SOFC 온도 및 압력, 전류 밀도와 같은 주요 시스템 파라미터가 생산된 순 전력과 하이브리드 SOFC-배터리-가스터빈의 에너지 효율에 미치는 영향을 평가하고 보고한다.

또한 리튬 이온 배터리에 대한 열 연구 결과도 제시한다. 리튬 이온 배터리의 열 모델은 Comsol multiphysics 소프트웨어에서 시뮬레이션된다. 리튬 이온 배터리의 온도 및 열 발생률의 평균값은 SOFC 스택, 애프터버너, 가스터빈 및 컴프레서가 모듈화되는 EES로 전송된다. 이 절에서 제시된 리튬 이온 배터리에 대한 시뮬레이션 결과는 방전율 16 A, 초기 온도 298 K, 초기 충전 상태 20%에 대한 것이다. 충전 및 방전 시간은 각각 600초로 간주한다.

이 절의 나머지 부분에서는 리튬 이온 배터리와 SOFC에 모델을 적용하여 얻은 결과에 대해 설명한다.

그림 7.22는 리튬 이온 배터리의 단일 충전-방전 사이클을 보여준다. 충전 및 방전 시간은 각각 600초이다. 배터리의 양 전류는 충전과 관련이 있고 음 전류는 방전과 관련이 있다.

그림 7.23은 시간에 따라 달라지는 배터리 개방 회로 전위와 셀 전위를 비교

한 것이다. 배터리의 충전 및 방전 작동 중에 셀 전위가 옴, 표면 및 농도 과전위를 경험하기 때문에 방전 중에는 배터리 개방 회로 전위가 셀 전위보다 높고 충전 중에는 더 낮은 것을 알 수 있다.

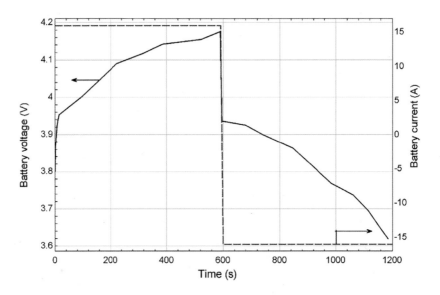

그림 7.22 리튬 이온 배터리 셀 전위와 부하 사이클 전류 (load cycle current)의 시간에 따른 변화.

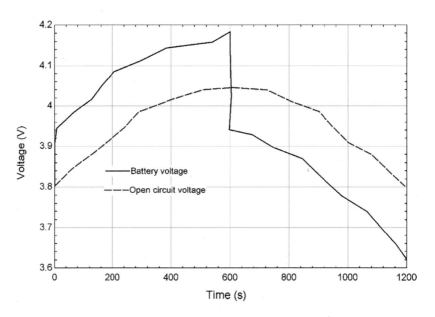

그림 7.23 리튬 이온 배터리 셀 작동 시간에 따른 셀 전위 및 개방 회로 전위 변화.

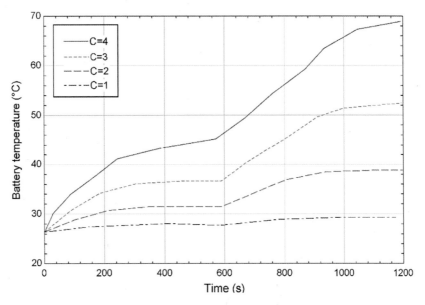

그림 7.24 다양한 C-rate의 충전 및 방전 시간에 따른 배터리 최대 온도 변화.

그림 7.24는 여러 C-율에 대한 방전 및 충전 기간 동안의 배터리 최대 온도 변화를 보여준다. 배터리 작동에 따라 배터리 온도가 지속적으로 증가하는 것을 알 수 있다. 또한 더 높은 C-rate에서 더 높은 온도가 관찰된다. 예를 들어, 500초 동안 리튬 이온 배터리의 온도는 C-rate가 1에서 4로 증가함에 따라 27°C에서 44°C로 증가한다. 이 그래프는 전극의 고체 부분이 녹거나 리튬 이온 배터리의 폴리머가 열분해되는 것을 방지하기 위해 허용할 수 있는 배터리의 최대 허용 온도를 제공하기 때문에 특히 유용하다.

그림 7.25는 배터리 C-rate에 대해 충전 및 방전 기간 동안 리튬 이온 배터리의 완충(체적 발열률) 시간을 보여준다. 그림 7.25에 따르면 충전 중에는 배터리 온도의 증가(그림 7.25)로 인해 1차 옴 손실을 구성하는 과전위가 감소하기 때문에 체적 열 발생률이 감소한다. 그런 다음 충전이 끝날 무렵에는 배터리 온도의 추가 상승(그림 7.25)으로 인해 과전위가 증가함에 따라 체적 발열률이 증가한다. 또한 방전 중에는 과전위(주로 옴 과전위)의 증가로 인해 배터리의 체적 발열률이 증가하다가 과전위(주로 농도 과전위)의 감소로 인해 이 발열률이 감소한다. 배터리 온도는 충전과 방전 모두에서 일관되게 증가한다(그림 7.24).

그림 7.26은 선택된 시간 동안 단일 리튬 이온 배터리 셀을 통한 온도 분포를 보여준다. 배터리의 다양한 부분의 온도가 크게 변하지 않음을 알 수 있다.

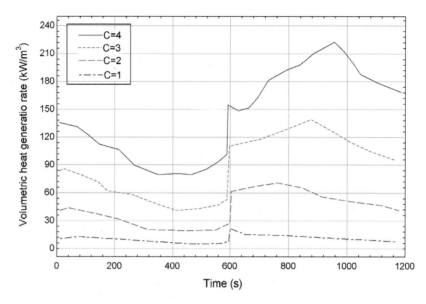

그림 7.25 다양한 C-rate의 충전 및 방전 시간에 따른 배터리 체적 발열 변화.

예를 들어, 방전 종료 시점(1,119초)에서 배터리 최대 온도와 최소 온도의 차이는 4°C이다. 이는 리튬 이온 배터리 셀 전체의 온도가 일정하다는 가정이 타당하다는 것을 보여준다.

그림 7.27은 SOFC와 가스터빈에서 생산된 전력과 공기 압축기, 연료 압축기, 워터펌프에서 소비되는 전력의 SOFC 전류 밀도 변화를 보여준다. 가스터빈과 공기 압축기보다 SOFC 전력 생산의 증가 기울기가 더 낮다는 것을 알 수 있다. 그 이유는 전류 밀도를 높이면 SOFC의 과전위, 1차 활성화 및 옴 손실이 증가하여 연료전지 전위가 감소하기 때문이다. 그러나 셀 전위의 감소는 전류 밀도의 증가보다 작기 때문에 SOFC의 출력이 증가한다. 또한 SOFC의 전류 밀도가 증가하면 모든 전력 생산자/소비자 구성요소의 증가로 이어지는 것을 볼 수 있다. 전류 밀도가 높을수록 반응물(공기, 메탄, 물)의 유속이 빨라지고, 결과적으로 반응물을 SOFC 압력으로 가압하는 데 더 많은 전력이 필요하다. 연료 압축기와 워터펌프에 소비되는 전력은 공기 압축기에 소비되는 전력보다 낮은데, 이는 메탄과 물보다 공기의 입력 속도가 훨씬 높기 때문이다.

그림 7.28은 하이브리드 SOFC-배터리-가스터빈 시스템에서 생산되는 총 순 출력과 전기 항공기의 에너지 효율의 SOFC 전류 밀도에 따른 변화를 보여준다. 하이브리드 시스템에서 생산되는 출력은 10,000 A/m의 전류 밀도에서 최대(6.7 MW)인 것으로 관찰된다. 그러나 하이브리드 시스템의 에너지

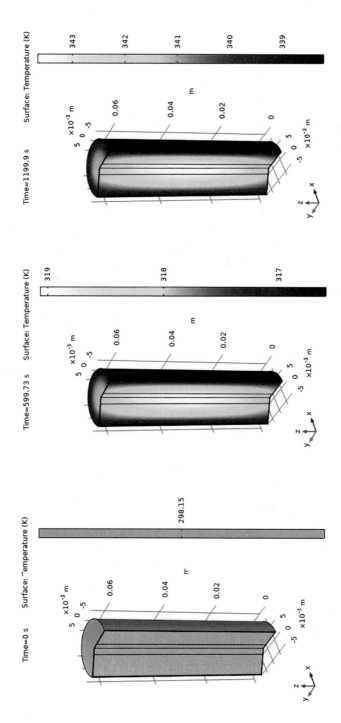

그림 7.26 리튬이온 배터리 셀 내 온도 분포. 충전 시작(왼쪽), 충전 종료(중앙), 방전 종료(오른쪽).

효율은 전류 밀도가 증가함에 따라 지속적으로 감소한다. 이는 주로 높은 전류 밀도에서 메탄의 입력 유량 증가가 하이브리드 시스템의 출력 증가보다 더 크기 때문이다. 따라서 SOFC의 전류 밀도는 10,000 A/m을 초과하지 않는

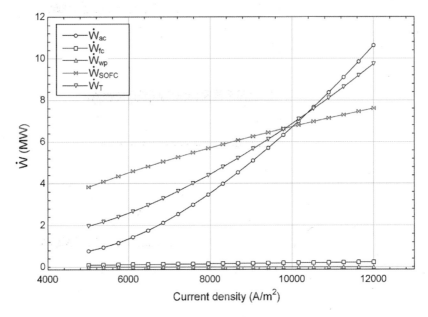

그림 7.27 하이브리드 SOFC-배터리-가스터빈 시스템에서 SOFC의 전류 밀도에 따른 전력 생산/소비 구성요소의 변화.

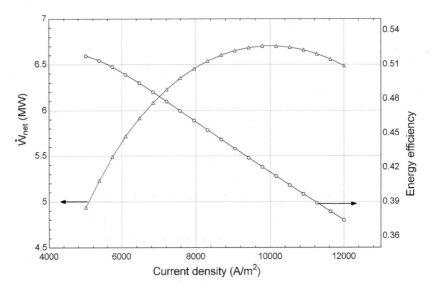

그림 7.28 SOFC 전류 밀도에 따른 하이브리드 SOFC-배터리-가스터빈 시스템의 순 (net) 전력 생산 및 에너지 효율 변화.

것이 좋다.

그림 7.29는 압력비가 하이브리드 시스템에서 생산되는 출력과 에너지 효율에 미치는 영향을 보여준다. 압력비는 SOFC 반응물의 입력 압력 대비 출력의 비율을 나타내며 압축기 및 펌프에 적용 가능하다. 앞서 설명한 바와 같이 물, 메탄, 공기의 SOFC 반응물은 내부 개질기에 들어가기 전에 SOFC 압력으로 가압된다. 가압 비율이 높을수록 SOFC와 가스터빈의 전력 생산량이 증가하고 공기/연료 압축기 및 워터펌프의 전력 소비량도 증가한다. 결과적으로 시스템에서 생산되는 순 전력은 특정 가압비에서 최대에 도달한다. 하이브리드 시스템의 에너지 효율도 해당 가압비에서 최대이다. 그림 7.29에서 최대 출력과 에너지 효율은 약 7.5의 사전 가압비에서 달성되는 것을 알 수 있다.

그림 7.30은 하이브리드 시스템 구성 요소에서 생산 또는 소비되는 전력의 변화를 SOFC의 온도에 따라 보여준다. SOFC 온도가 700℃에 도달하면 SOFC에서 생산되는 전력이 약간 증가하다가 이 온도 이상에서는 감소하기 시작하는 것을 볼 수 있다. 그 이유는 옴, 활성화 및 농도 과전위를 포함한 SOFC의 전압(또는 전위) 손실이 온도가 700℃까지 상승함에 따라 감소했다가 SOFC 온도가 더 높아짐에 따라 증가하기 때문이다. 또한, SOFC 온도가 700℃까지 상승함에 따라 전압 손실이 증가하면 SOFC의 열 손실이 증가하여 SOFC 제품의 에너지가 감소한다. 이는 SOFC 온도가 700℃까지 상승함에 따라 가스터빈의 전력 생산량 감소로 이어진다. 이 온도에서 가스터빈에서 생산

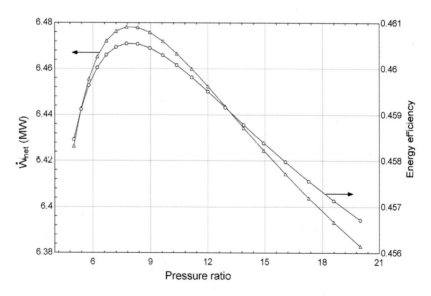

그림 7.29 SOFC 반응물의 압력비에 따른 하이브리드 SOFC-배터리-가스터빈 시스템의 순(net) 전력 생산 및 에너지 효율 변화.

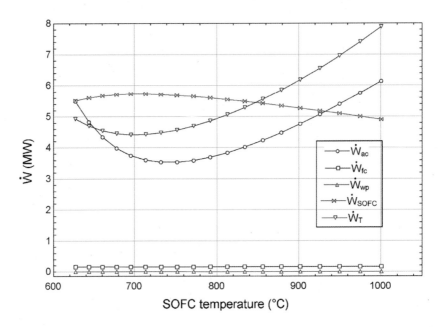

그림 7.30 SOFC 온도에 따른 하이브리드 SOFC-배터리-가스터빈 시스템의 전력 생산 및 소비 변화.

되는 전력은 최소값에 도달한다.

그림 7.31은 SOFC 온도에 따른 하이브리드 시스템의 순 전력 생산량과 에너지 효율의 변화를 보여준다. 시스템의 순 전력 생산량과 에너지 효율 곡선

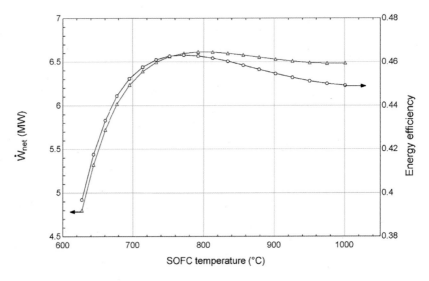

그림 7.31 SOFC 온도에 따른 하이브리드 SOFC-배터리-가스터빈 시스템의 순(net) 전력 생산 및 에너지 효율 변화.

은 SOFC 온도에 따라 매우 유사한 프로파일 변화를 보인다. 두 파라미터 모두 약 775℃의 SOFC 온도에서 최대값에 도달한다. 따라서 이 온도에서 SOFC 가 작동하는 것이 좋다. 하이브리드 시스템의 순 전력 생산량과 에너지 효율은 SOFC 온도가 627℃에서 775℃로 증가함에 따라 각각 4.75 MW에서 6.6 MW로, 39.5~46.2%로 증가한다.

7.5.4 맺음말 및 향후 연구

이 사례 연구에서는 SOFC 배터리를 가스터빈과 하이브리드화한 새로운 전기 항공기용 추진 시스템 설계에 대해 설명하였다. 리튬이온 배터리는 상승 및 이륙과 같이 전력 부하가 높은 운항 조건에서 전력을 공급하는 데 사용된다. 이 시스템은 리튬이온 배터리 팩에 필요한 냉각 과정을 고려하여 설계되었다. 전기 항공기에서 리튬 이온 배터리의 수명과 활성 작동을 늘리려면 배터리 셀에 냉각을 제공하는 배터리 열 관리 시스템이 필요하다. 이 사례 연구에서는 SOFC에 사용하기 위해 투입된 물이 먼저 배터리 팩을 통해 펌핑되어 배터리 셀에서 발생하는 열을 제거한 다음 열교환기로 전달되고 마지막으로 SOFC로 전달된다. 리튬 이온 배터리 셀의 열분석은 배터리 셀 내의 온도와 열 발생률을 결정한다. 또한 온도 및 발열률에 대한 C-rate의 영향도 설명하였다. 온도와 발열률의 평균값은 하이브리드 전기 추진 시스템 시뮬레이션에 사용된다. 시스템 및 구성 요소에 대한 매개변수 해석(parametric analysis)을 통해 SOFC 온도 및 압력, 전류 밀도 등 여러 작동 조건이 시스템에서 생산되는 순 전력과 에너지 효율에 미치는 영향을 설명하였다. 최대 순 전력 생산량과 에너지 효율을 달성할 수 있는 최적의 값을 파악하였다.

상용화를 위해서는 최적의 배터리 에너지 저장 용량, 기체 설계 및 동역학, 가압 SOFC 사용, 시스템 패키징 및 항공기 서브시스템에 대한 추가 연구가 필요하며, 항공기의 안전성과 신뢰성을 보장해야 한다. 또한 경량 배터리 열 관리 시스템을 설계하면 탑재 하중을 향상시킬 수 있다. 제안된 전기 항공기용 하이브리드 추진 시스템을 분석한 결과, SOFC-배터리-가스터빈 하이브리드가 미래 상용 항공기에 적용될 수 있음을 사사한다.

7.6 마무리

이 장에서는 배터리 기반 기술의 통합에 대해 설명하고, 새로운 유형의 배터리 기반 통합 시스템 기술에 대해 논의하는 두 가지 사례 연구를 제시하였다. 첫 번째 사례 연구에서는 배터리 열 관리 시스템과 연료전지/배터리 전기 자동차의 통합 시스템을 살펴보았다. 두 번째 사례 연구에서는 SOFC, 리튬 이온 배터리 및 가스터빈을 포함한 전기 항공기 추진 시스템을 살펴보았다. 첫 번째 사례 연구에서는 등온 조건에서 배터리의 열 발생률이 결정되는 반면, 두 번째 사례 연구에서는 배터리의 온도가 변할 수 있는 비등온 조건에서 배터리의 열 발생률이 결정되었다. 각 시스템에 대한 종합적인 모델링, 분석 및 평가가 제공되어 새로운 배터리 기반 시스템 개발에 대한 통찰력을 강조한다. 사례 연구에서는 배터리 및 연료전지 하위 시스템에 대해 구현한 상세한 전기화학 분석 방정식을 제공하여 해당 하위 시스템의 과전위 및 역전 비가역성을 평가하였다. 또한 매개변수해석 연구를 통해 다양한 작동 조건과 시스템 파라미터에서 시스템의 성능을 평가하였다. 출력과 시스템 성능은 추가 개선을 위한 권장 사항도 함께 논의되었다.

학습질문

7.1. 그림 7.32에는 태양광(PV) 어레이, 물 전기 분해 장치, PEM 연료전지, 배터리 팩, 수소 및 산소 저장 탱크, 컨버터 및 인버터가 포함된 통합 배터리 기반 에너지시스템이다. 이 통합 시스템은 주택에 전력을 공급하는 데 사용된다. PV 패널에서 생산된 잉여 전기의 일부는 전기분해의 형태로 물 분해 과정을 통해 수소 형태의 화학에너지로 저장된다. 전기분해 장치에서 물은 전기를 통해 수소와 산소로 분리된다. PV 전지에서 생산된 전기의 나머지 부분은 배터리 셀에 저장되어 일사량이 부족한 기간

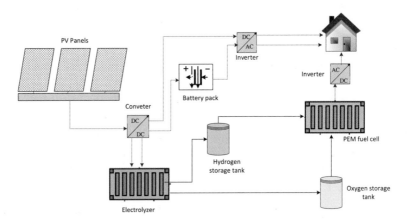

그림 7.32 주택 전력 공급을 위한 통합 PV-PEM 연료전지-배터리 시스템.

에 공급할 수 있다. 수소와 산소는 PEM 연료전지에서 결합되어 전력을 생산한다. 에너지시스템의 에너지 효율이 입력된 총 에너지 비율에 대한 유용한 에너지 비율 출력의 비율로 정의하고, 이 통합 배터리 기반 에너지시스템의 에너지 효율을 구하라(필요하다고 생각되는 합리적인 가정을 할 수 있다).

7.2. 재생 에너지 기반 전기 및 담수 생산 플랜트는 그림 7.33에 나와 있다. 풍력 터빈에서 생산된 전력은 담수 생산을 위해 역삼투압(RO) 담수화 장치에서 사용된다. 물 저장 탱크는 급수의 지속적인 공급을 보장한다. 풍력 터빈에서 생산된 전기가 RO 플랜트에 필요한 전기를 초과하면 초과 전기는 배터리에 저장되었다가 필요할 때 배터리에서 전기로 변환하여 회수된다. 충전 및 방전 중 배터리 팩의 열 발생률은 일정한 평균값을 고려할 수 있다. 처음에 전처리 장치로 유입되는 해수는 RO 담수화 장치로 들어가기 전에 배터리 팩을 냉각하는 데 사용된다. 에너지시스템의 전체 에너지 효율을 배출(담수 생산률 및 전력)과 투입(취수 해수 및 풍력)의 비율로 두고 이 재생에너지 기반 시스템의 전체 에너지 효율을 계산하여라(필요하다고 생각되는 합리적인 가정을 할 수 있다).

7.3. 학습질문 7.1을 에너지 기준이 아닌 엑서지(exergy) 기준으로 구하라.

7.4. 학습질문 7.2를 에너지 기준이 아닌 엑서지(exergy) 기준으로 구하라.

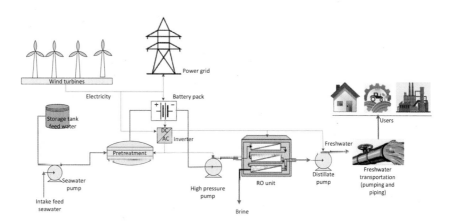

그림 7.33 풍력 에너지를 주요 에너지원으로 사용하는 역삼투(RO) 해수 담수화 플랜트에서의 담수(Freshwater) 공급. 처음 전처리 장치에 유입된 해수는 RO 담수화 장치에 들어가기 전 배터리 팩을 냉각시키는 데 사용됨.

참고문헌

Al-Zareer, M., Dincer, I., Rosen, M.A., 2019. Comparative assessment of new liquid-tovapor type battery cooling systems. Energy 188, 116010.

Amphlett, J.C., Baumert, R.M., Mann, R.F., Peppley, B.A., Roberge, P.R., Harris, T.J., 1995. Performance modeling of the Ballard mark IV solid polymer electrolyte fuel cell. I. Mechanistic model development. J. Electrochem. Soc. 142 (1), 1–8.

Chen, K., Hou, J., Song, M., Wang, S., Wu, W., Zhang, Y., 2021. Design of battery thermal management system based on phase change material and heat pipe. Appl. Therm. Eng. 188, 116665.

Cho, J., Jeong, S., Kim, Y., 2015. Commercial and research battery technologies for electrical energy storage applications. Prog. Energy Combust. Sci. 48, 84–101.

Collins, J.M., McLarty, D., 2020. All-electric commercial aviation with solid oxide fuel cellgas turbine-battery hybrids. Appl. Energy 265, 114787.

Corrêa, J.M., Farret, F.A., Canha, L.N., Simoes, M.G., 2004. An electrochemical-based fuel-cell model suitable for electrical engineering automation approach. IEEE Trans. Ind. Electron. 51 (5), 1103–1112.

Doyle, M., Newman, J., Gozdz, A.S., Schmutz, C.N., Tarascon, J.M., 1996. Comparison of modeling predictions with experimental data from plastic lithium ion cells. J. Electrochem. Soc. 143 (6), 1890–1903.

Doyle, M., Fuller, T.F., Newman, J., 1993. Modeling of galvanostatic charge and discharge of the lithium/polymer/insertion cell. J. Electrochem. Soc. 140 (6), 1526–1533.

E-Bio fuel-cell, 2017. Available from: https://www.nissan-global.com/EN/INNOVATION/TECHNOLOGY/ARCHIVE/E_BIO_FUEL_CELL/. (Accessed 25 May 2022).

Farsi, A., Rosen, M.A., 2022a. Comparison of thermodynamic performances in three geothermal power plants using flash steam. ASME Open J. Eng. 1, 011016.

Farsi, A., Rosen, M.A., 2022b. PEM fuel cell-assisted lithium ion battery electric vehicle integrated with an air-based thermal management system. Int. J. Hydrog. Energy 47 (84), 35810–35824.

Farsi, A., Rosen, M.A., 2023. Performance analysis of a hybrid aircraft propulsion system using solid oxide fuel cell, lithium ion battery and gas turbine. Appl. Energy 329, 120280.

Fernandes, M.D., Andrade, S.D.P., Bistritzki, V.N., Fonseca, R.M., Zacarias, L.G., Gonçalves, H.N.C., de Castro, A.F., Domingues, R.Z., Matencio, T., 2018. SOFC-APU systems for aircraft: a review. Int. J. Hydrog. Energy 43 (33), 16311–16333.

Fuller, T.F., Doyle, M., Newman, J., 1994. Simulation and optimization of the dual lithium ion insertion cell. J. Electrochem. Soc. 141 (1), 1–10.

Gurau, V., Barbir, F., Liu, H., 2000. An analytical solution of a half-cell model for PEM fuel cells. J. Electrochem. Soc. 147 (7), 2468.

IEA, 2021. Energy Storage. IEA, Paris. Available from: https://www.iea.org/reports/energy-storage. (Accessed 25 May 2022).

IEA, 2022. Transport sector CO_2 emissions by mode in the Sustainable Development Scenario, 2000–2030. IEA, Paris. Available from: https://www.iea.org/data-and-statistics/charts/transport-sector-co2-emissions-by-mode-in-the-sustainable-development-scenario-2000-2030. (Accessed 25 May 2022).

Hoang, A.T., 2018. A review on fuels used for marine diesel engines. J. Mech. Eng. Res. Dev. 41 (4), 22–23.

Horizon, 2020. Smart, green and integrated transport. Work Programme 2018–2020. Available from: https://ec.europa.eu/research/participants/data/ref/h2020/wp/2018-2020/main/h2020-wp1820-transport_en.pdf. (Accessed 25 May 2022).

Jansen, R.H., Bowman, C.L., Clarke, S., Avanesian, D., Dempsey, P.J., Dyson, R.W., 2019. NASA electrified aircraft propulsion efforts. Aircr. Eng. Aerosp. Technol. 3, 1–13.

Ji, Z., Rokni, M.M., Qin, J., Zhang, S., Dong, P., 2020. Energy and configuration management strategy for battery/fuel cell/jet engine hybrid propulsion and power systems on aircraft. Energy Convers. Manag. 225, 113393.

Kalaf, O., Solyali, D., Asmael, M., Zeeshan, Q., Safaei, B., Askir, A., 2021. Experimental and simulation study of liquid coolant battery thermal management system for electric vehicles: a review. Int. J. Energy Res. 45 (5), 6495–6517.

Kohout, L., Schmitz, P., 2003. Fuel cell propulsion systems for an all-electric personal air vehicle. In: AIAA International Air and Space Symposium and Exposition: The Next 100 Years, June, Ohio, p. 2867.

Kousoulidou, M., Lonza, L., 2016. Biofuels in aviation: fuel demand and CO_2 emissions evolution in Europe toward 2030. Transp. Res. Part D: Transp. Environ. 46, 166–181.

Lin, J., Liu, X., Li, S., Zhang, C., Yang, S., 2021. A review on recent progress, challenges and perspective of battery thermal management system. Int. J. Heat Mass Transf. 167, 120834.

Mann, R.F., Amphlett, J.C., Hooper, M.A., Jensen, H.M., Peppley, B.A., Roberge, P.R., 2000. Development and application of a generalised steady-state electrochemical model for a PEM fuel cell. J. Power Sources 86 (1–2), 173–180.

Malik, M., Dincer, I., Rosen, M.A., 2016. Review on use of phase change materials in battery thermal management for electric and hybrid electric vehicles. Int. J. Energy Res. 40 (8), 1011–1031.

Oreizi, D., 2020. Four Types of Electric Vehicles, Charged Future. Available from: https://www.chargedfuture.com/four-types-of-electric-vehicles/. (Accessed 25 May 2022).

Ranjbar, F., Chitsaz, A., Mahmoudi, S.M.S., Khalilarya, S., Rosen, M.A., 2014. Energy and exergy assessments of a novel trigeneration system based on a solid oxide fuel cell. Energy Convers. Manag. 87, 318–327.

Rao, Z., Qian, Z., Kuang, Y., Li, Y., 2017. Thermal performance of liquid cooling based thermal management system for cylindrical lithium-ion battery module with variable contact surface. Appl. Therm. Eng. 123, 1514–1522.

Rosen, M., Farsi, A., 2022. Sustainable Energy Technologies for Seawater Desalination. Elsevier/Academic Press, United Kingdom.

Seyam, S., Dincer, I., Agelin-Chaab, M., 2021. Novel hybrid aircraft propulsion systems using hydrogen, methane, methanol, ethanol and dimethyl ether as alternative fuels. Energy Convers. Manag. 238, 114172.

Thampan, T., Malhotra, S., Zhang, J., Datta, R., 2001. PEM fuel cell as a membrane reactor. Catal. Today 67 (1–3), 15–32.

Toyota, 2020. Toyota Europe Newsroom. Available from: https://newsroom.toyota.eu/introducing-the-all-new-toyota-mirai/. (Accessed 25 May 2022).

Wang, F.C., Fang, W.H., 2017. The development of a PEMFC hybrid power electric vehicle with automatic sodium borohydride hydrogen generation. Int. J. Hydrog. Energy 42 (15), 10376–10389.

Wang, Q., Rao, Z., Huo, Y., Wang, S., 2016. Thermal performance of phase change material/oscillating heat pipe-based battery thermal management system. Int. J. Therm. Sci. 102, 9–16.

Zero emissions, 2020. Available from: https://www.maritime-executive.com/article/number-of-zero-emission-shipping-projects-nearly-doubled-in-past-year. (Accessed 25 May 2022).

Zhang, F., Lin, A., Wang, P., Liu, P., 2021. Optimization design of a parallel air-cooled battery thermal management system with spoilers. Appl. Therm. Eng. 182, 116062.

CHAPTER 8

배터리 및 열 관리에 대한
맺음 및 향후 방향 제시

목표
- 책의 개요를 제시한다.
- 지속 가능한 배터리 기술의 과제와 향후 방향에 대해 설명하고 토론한다.
- 배터리 기술에 대한 일반적인 향후 고려 사항을 제공한다.

8.1 서론

이 장에서는 책의 개요를 제공한다. 다음으로 지속 가능한 배터리 기술을 위한 과제와 향후 방향에 대해 설명한다. 마지막으로 배터리 기술에 대한 몇 가지 일반적인 고려 사항을 제공한다.

8.2 책 개요

이 책에서는 배터리 열화 메커니즘 및 열 관리 시스템을 포함하여 작동, 분석, 성능 및 응용 측면을 고려하여 관련 기술을 심도 있게 제공한다. 먼저 배터리 시스템의 개발 및 작동에 대한 이해를 돕기 위해 기초적인 사항을 자세히 설명한다. 배터리 셀의 과전위 범위, 배터리 셀과 배터리 팩의 온도 및 온도 분포를 결정하기 위한 열-전기화학 결합 모델링 사용 등 배터리 기술의 모델링 및 분석에 대해 자세히 제공한다. 또한, 배터리 열 거동과 열화, 발열, 열 관리 및 열 고장과의 연관성 제공한다. 다양한 유형의 배터리 열 관리 시스템의 최근 개발 및 발전 사항을 확인하고 논의한다.

또한 배터리 관리 시스템 설계, 전기, 기계 및 열 설계를 포함하여 배터리 시스템 설계의 주요 프로세스 단계에 대한 통찰력을 제공한다. 이를 통해 배터리 관리 시스템의 레이아웃과 다른 하위 시스템과의 간섭, 팩 내 배터리 셀 배열,

배터리 팩 구조의 응력-변형 분석 및 진동, 적합한 배터리 열 관리 시스템 선택 등 이러한 설계 영역의 중요한 측면에 대한 통찰력을 얻을 수 있다. 이러한 설계 영역은 주어진 응용분야에 따라 달라진다. 마지막으로, 선택한 응용분야에 배터리 기반 기술을 통합하고 그 성능을 분석 및 논의한다. 또한 다양한 작동 조건에 따라 성능이 어떻게 영향을 받는지 확인하기 위한 평가가 진행된다.

배터리 기술(특히 리튬 이온 배터리)은 다양한 고정식 및 이동식 응용분야에서 점점 더 많이 사용되고 있으며, 이 책에서는 이러한 배터리 기술의 안전성, 성능 및 안정성이 크게 향상되는 과정을 다룬다. 배터리 시스템과 관련된 지속 가능성 과제는 점점 더 중요하다 인식되고 있으며 이를 검토한다. 이러한 과제에는 원자재의 가용성 및 처리 비용 보장, 배터리 제조와 관련된 경제성 및 폐기물 발생, 수명이 다한 배터리 및 부품 관리 등이 포함된다.

이 장의 다음 절에서는 지속 가능한 배터리 기술에 대한 과제와 향후 방향에 대해 설명하고 논의할 예정이다.

8.3 지속 가능한 배터리 기술을 위한 과제와 향후 방향

배터리에 대한 우려를 해결하기 위한 많은 노력이 진행 중이다. 이러한 노력에는 특정 에너지를 향상시키는 배터리용 재료의 변형 및 새로운 재료가 포함된다. 하지만 아직 해야 할 일이 많이 남아 있다. 여기에는 개선된 배터리 또는 새로운 배터리의 작동 중 용량 감소, 자체 방전 및 안전 문제를 평가하고 줄이기 위한 노력이 포함된다. 예를 들어, 표면 코팅과 전극의 다공성을 높이는 방법에 대한 연구 결과는 일부 유형의 배터리에 대해 유망한 것으로 밝혀졌으며, 추가 연구를 통해 이러한 개발 사항을 향후 배터리 설계에 통합할 수 있다(Chaudhary et al., 2021; Somo et al., 2021; Ali et al., 2020; Kuang et al., 2019).

배터리를 구성 요소의 풍부함과 가용성은 비용과 지속 가능성을 결정하는 두 가지 기준이다. 널리 사용 가능하고 비용이 저렴하며 환경 친화적인 재료를 선택하는 것이 유리한 경우가 많지만, 이것이 최종 전기 에너지 저장 시스템이 환경 친화적이고 저렴하다는 것을 보장하지는 않는다. 전체 평가에서는 원료를 추출, 가공 및 합성, 제조, 또한 해당되는 경우 재활용해야 하며, 이러한 공정이 환경에 해로운 영향을 미칠 수 있다는 사실을 고려해야 한다.

배터리 셀의 총 환경 영향(EI)은 다음과 같이 표현할 수 있다.

$$\text{Total environmental impact of a battery cell}$$

$$= \sum_{\text{Components}} \text{EI of extraction of raw materials}$$

$$+ \sum_{\text{Components}} \text{EI of synthesis processes} \tag{8.1}$$

$$+ \sum_{\text{Components}} \text{EI of implementation in the system}$$

$$+ \sum_{\text{Components}} \text{EI of recycling}$$

배터리 기술의 지속가능성을 높이기 위해서는 배터리 셀이 환경에 미치는 총 영향을 줄이거나 최소화하는 데 많은 노력이 필요하다. 전지 구성 요소는 비용이 저렴하고 환경 친화적이어야 하며, 환경에 미치는 영향을 줄이거나 최소화하는 새로운 화학 기술을 적용한 새로운 기술을 개발해야 한다. 이러한 목표를 달성하기 위해서는 새로운 배터리 셀 설계에 환경 친화적인 공정과 풍부한 소재 선택을 통합하고 수명 주기 분석과 같은 고급 환경 도구를 사용해야 한다. 배터리 시스템의 총 환경 영향을 줄이려면 다음이 필요하다. 배터리 시스템의 전체 환경 영향을 줄이려면 더 높은 에너지 밀도를 구현하도록 셀의 구성을 선택하는 것이 도움이 된다. 예를 들어, 전해질의 경우 납산 및 니켈 기반 배터리 셀에서와 같이 수계 전해질 대신 비수계 전해질(리튬 이온 배터리 셀에서와 같이)을 사용하는 경향이 있는데, 이는 더 높은 작동 전압을 얻을 수 있기 때문이다. 음극과 양극에 사용되는 소재의 다양성은 납산 및 니켈 카드뮴 배터리에 비해 리튬 이온 배터리의 가장 큰 장점 중 하나이다. 이러한 장점은 저비용으로 높은 에너지 밀도를 달성하는 새로운 리튬 이온 전지의 설계에 더 많은 가능성을 제공한다. 리튬 이온 배터리의 양극에 대한 최근 연구는 새로운 폴리이온 화합물(polyanionic compounds)을 설계하고 층상 산화물을 개선하는 데 초점을 맞추고 있다(Assat and Tarascon, 2018; Tian et al., 2020; Hua et al., 2020; Larcher and Tarascon, 2015). 그러나, 리튬 이온 배터리의 전해질은 무녹성이지만 리튬 기반 전해질을 사용하면 반응성이 있고 위험한 불소 기반 음이온이 포함될 수 있다. 따라서 불소 기반 염의 사용을 배제하기 위한 연구가 필요하다. 앞서 언급한 바와 같이, 배터리 기술의 지속가능성에 대한 주요 관심사 중 하나는 장기적인 수요를 충족할 수 있는 원자재의 가용성이다. 배터리 셀 제조에 사용되는 원자재(예: 리튬 및 코발트)의 채굴 과정과 관련된 몇 가지 사회경제적 및 환경적 지속가능성 문제가 있다. 또한 광석에서 순수한 금속을 추출하기 위해서는 많은 공정 단계가 필요하며, 이는 원자재 가격에 큰 영향을 미칠 수 있는 공급망에 대한 지정학적 우려를 불러일으킨다. 배터리 셀 제조에 사용되는 상대적으로 풍부한 새로운 소재를 개발하고 사용하면 공급 망 문제를 완화할 수 있다(하지만 완벽히 해결하지는 못할 가능성이 높다). 예를 들어, 리튬 이온 배터리의 양극 재료에 코발트 대신 니켈을 사용하면 코발트 자원에 대한 의존도를 줄일 수 있지만, 니켈 공급에 대한 압박이 높아질 수 있다.

또한 배터리 셀 구성품에 사용되는 재료의 교체는 배터리 셀의 재활용 및 재사용을 위한 순환 경제 기준에 부합해야 한다. 공급망의 핵심 요소인 이러한 요소는 특히 최근 배터리 기반 시스템(예: 전기 자동차/하이브리드 자동차)의 적용이 증가함에 따라 더욱 중요하다. 물론, 폐기물 관리 고려사항은 매우 중요하다.

재료의 조합을 통해 복합 *전극(composite electrode)*을 제작하면 음극과 양극에 활물질, 전도성 첨가제 등을 이용하여 배터리 성능을 향상시킬 수 있다. 전극에 적합한 재료와 그 조성을 선택하려면 연구와 실험이 필요하다. 무엇보다도 다양한 특성을 갖춘 복합재를 만들어야 한다.

(i) 화학적으로 호환되는 성분이 있다

(ii) 다양한 작동 조건에서 안정적이다

(iii) 최적의 다공성을 가진다

(iv) 전극의 특성(예: 이온 전도도)을 손상시키지 않는다

화합물의 저온 합성 공정은 열 에너지가 낮게 필요하고 배터리 셀에 미치는 영향이 적기 때문에 배터리 시스템 제조에 있어 고온 공정보다 선호된다. 저온 합성 방법에는 수열 합성(hydrothermal synthesis), 마이크로파 합성 (microwave-assisted Processes), 초음파(sonochemistry) 및 이온 열 합성 (ionothermal synthesis) 등이 포함된다. 이러한 방법은 제시된 문헌에 자세히 설명되어 있다(Manjunatha et al., 2021; Zhu et al., 2021; Sud and Kaur, 2021; Recham et al., 2010; Tarascon et al., 2010; Recham et al., 2008).

배터리 재활용은 배터리 기술이 지속 가능하고 환경에 영향을 최소화 할 수 있는 핵심 프로세스이다. 안타깝게도 이 주제는 에너지 관련 시스템 평가에서 거의 관심을 받지 못하는 경우가 많다. 배터리의 재활용은 온전한 전극 물질을 제거하여 새 전지를 제조하는 데 사용하거나, 습식 야금 및 고온 야금 접근법을 통해 구성 물질을 회수하는 방식으로 이루어질 수 있다. 이러한 접근법에는 고온 용광로와 수성 용매에서 금속을 처리하는 방법이 포함된다(Harper et al., 2019; Newton et al., 2021). 제시 문헌에 배터리 셀의 주요 재활용 공정에 대한 설명과 비교가 제시되어 있다(Beaudet et al., 2020).

효율적이고 효과적인 재활용 방법은 배터리 내 사용된 귀금속등을 회수하고 배터리 폐기와 관련된 환경 및 생태학적 영향을 줄이거나 최소화할 수 있다. 배터리 셀의 화학적 복잡성으로 인해 재활용 공정에는 다단계 처리가 포함될 것으로 예상된다. 재활용 프로세스가 환경 친화적이고 경제적일 뿐만 아니라 가능한 한 합리적인 방식으로 유익한지 확인하려면 수명 주기 평가(LCA, life cycle assessment)와 같은 고급 도구를 사용하여 평가해야 한다.

일반적으로 LCA는 수명 주기의 모든 단계에서 시스템, 제품 또는 프로세스의 환경 영향을 평가하는 데 사용되는 표준화된 방법이다. 예를 들어 배터리 시스템 제조의 경우 원자재 추출, 생산 공정, 운송, 설치, 운영, 유지보수, 폐기 및 기타 관련 활동 등의 단계에 대한 환경 영향을 평가한다. 그림 8.1은 전기 자동차에 대한 LCA 개념과 방법론을 보여준다. LCA는 배터리 기술을 평가하고 이해하는 데 중요하다. 배터리 시스템에 대한 LCA의 궁극적인 목표는 배터리의 준비, 제조, 사용 및 폐기와 관련된 환경 영향을 줄이거나 최소화하는 것이다. 최근 여러 연구에서 다양한 유형의 배터리에 대한 LCA에 초점을 맞춰져 있다(Porzio and Scown, 2021; Sun et al., 2020; Le Varlet et al., 2020; Mohr et al., 2020).

8.4 배터리 기술에 대한 일반적인 향후 고려 사항

배터리는 여러 분야에 광범위하게 적용 가능한 매우 유익한 기술이다. 오늘날 다양한 방식으로 필요한 에너지 저장 서비스를 제공하고, 미래의 수많은 유용한 응용분야 적용에 대한 잠재력을 가지고 있다. 이 책에서는 전자를 중점적으로 다루지만, 때때로 후자를 자세히 다루기도 한다.

배터리가 제공하는 이점과 미래의 잠재력은 과거 수많은 연구자들을 이 분야로 끌어들였고, 이들은 배터리 기술의 개발과 응용에 헤아릴 수 없이 많은 기여를 해왔다. 배터리의 속성은 앞으로도 계속해서 연구자와 실무자들을 매료시킬 것이며, 배터리는 계속해서 진화하고 새로운 응용 분야를 찾아낼 것이라고 확신한다.

요컨대, 이 책은 독자들이 배터리와 그 응용 분야에 대한 폭넓은 실무적 친숙함과 이해를 제공하고자 노력하였다.

- 에너지 관리 및 효율성을 개선하고 더 나은 프로세스와 시스템을 설계하는 데 사용되는 배터리 기술과 그 용도를 파악하고 제공한다.
- 경제성, 환경, 지속 가능성 등 배터리의 광범위한 측면에 대해 논의한다.

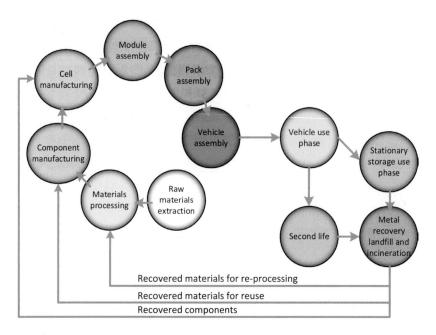

그림 8.1 전기 자동차에 적용되는 전 과정 평가(life cycle assessment) 개념 및 방법론.

- 배터리 기술을 유익하게 적용하는 방법을 설명하기 위해 다양한 시스템에서 배터리의 적용 사례를 보여준다. 제시된 응용분야 외에도 더 많은 응용분야들이 존재하므로 결코 포괄적이지 않지만 대표적인 단면을 제공하고 다양하면서도 중요한 분야를 선택하여 다루었다.
- 지속 가능한 자원 및 프로세스, 효율성 증대, 환경 영향 감소, 경제성 개선 등의 측면에서 배터리 기술이 지속 가능성 및 지속 가능한 개발을 달성하거나 적어도 지속 가능한 개발로 전환하려는 노력을 지원할 수 있는 여러 가지 방법을 보여준다.

우리는 산업 및 기타 시스템에 배터리가 제공하는 이점이 여러 가지 면에서 중요하다고 생각한다. 따라서 배터리 및 배터리와 관련된 응용 분야에 대한 이해와 지식을 개발할 가치가 있다.

지난 수십 년 동안 배터리 사용을 늘리기 위해 저널과 국제 학회, 배터리 기술 및 응용에 관한 강좌와 워크숍 등 많은 노력을 기울여 왔다. 이러한 활동은 전기 및 기계 공학에서 물리학, 화학 및 화학 공학에서 경제학에 이르기까지 거의 모든 과학 및 공학 분야에서 일어나고 있는 발전을 잘 보완하고 있으며, 배터리가 공학, 특히 에너지 분야의 발전을 향상시키는 데 활용될 수 있도록 보장되어야 한다.

우리는 배터리의 미래에 대해 고민하지 않을 수 없다. 배터리 기술이 앞으로 어떻게 활용될지, 또는 어떻게 활용되어 가장 큰 이점을 얻을 수 있을지에 대한 몇 가지 기대가 뒤따른다.

- 배터리는 다양한 분야와 개발도상국 및 선진국에서 재생 에너지 사용을 늘리고, 운송을 개선하고, 효율성을 높이고, 폐기물을 줄이고, 공정과 시스템을 개선하기 위해 점점 더 많이 활용될 것이다.
- 배터리 평가는 산업 생태학, LCA 등과 같은 도구를 통해 환경 및 생태 평가와 더욱 통합되고 더 광범위하게 적용될 것이다.
- 배터리 기술은 지속 가능성을 촉진하고 지속 가능한 개발에 기여하는데 사용될 것이다.
- 배터리 기술은 교육 프로그램에서 더욱 광범위하게 다루어져 활용성 높고 다양한 응용분야의 개발과 채택을 촉진하고, 일반 대중, 의사 결정자 및 정책 입안자, 업계 및 정부의 리더들이 배터리 기술과 그 이점에 대해 더 폭넓게 이해하고 인식할 수 있도록 할 것이다.

이러한 기대가 부분적으로라도 실현된다면, 특히 에너지의 사용과 관리가 훨씬 개선되고 프로세스, 기술, 시스템 전반이 개선되어 인류와 사회에 많은 혜택이 돌아갈 것이다.

8.5 마무리

이 장에서는 책의 개요를 제공한다. 이후 지속 가능한 배터리 기술을 위한 과제와 향후 방향에 대해 설명한다. 마지막으로 배터리 기술에 대한 몇 가지 일반적인 미래 고려 사항을 제공한다. 다양한 응용 분야에서 배터리 기술의 지속 가능한 개발을 위해서는 원재료의 가용성 및 처리 비용, 배터리 경제성, 배터리 제조와 관련된 폐기물 발생, 수명이 다한 배터리 및 부품 관리 등의 분야에 대한 추가 연구가 필요하다. 수명이 다한 배터리를 적절히 폐기하는 것은 공중 보건 및 안전 문제와 관련이 있다. 다 쓴 배터리 셀에서 재료를 회수하고 다양한 고정식 에너지 저장 응용분야에서 전기 자동차에 사용된 수명이 다한 배터리의 용도를 변경하는 것은 미래에 점점 더 중요한 과제가 되고 있다. 경제적으로 실행 가능하고 지속 가능한 배터리 산업을 달성하고 배터리가 사회에 제공할 수 있는 다양한 혜택을 제공하기 위해서는 원자재 채굴, 재료 가공, 배터리 제조 및 재활용을 종합적으로 고려해야 한다. 이러한 사항은 재생 에너지 자원의 사용 확대, 에너지 시스템 관리 강화, 전기 자동차 보급 확대 등이 포함된다.

학습질문

8.1. 배터리 구조에서 비용과 지속 가능성을 결정하는 두 가지 기준은 무엇인 가?

8.2. 배터리 시스템의 총 환경 영향을 어떻게 줄일 수 있는가? 답변을 뒷받침 할 수 있는 예를 제시하라.

8.3. 배터리 셀 용 복합 전극을 제작할 때 고려해야 할 주요 사항을 제시하고 설명하라.

8.4. 배터리 셀의 재활용이 지속 가능성과 배터리 시스템의 환경 영향 감소에 중요한 이유는 무엇인가?

8.5. 수명 주기 평가 접근 방식에 대해 설명하라. 이 접근 방식을 통해 배터리 시스템의 재활용 프로세스가 환경 친화적이고 유익한지 어떻게 확인할 수 있는지 설명하라.

8.6. 향후 배터리 기술을 활용하여 가장 큰 이점을 얻을 수 있는 몇 가지 방법 을 제시하라.

참고문헌

Ali, E., Kwon, H., Choi, J., Lee, J., Kim, J., Park, H., 2020. A numerical study of electrode thickness and porosity effects in all vanadium redox flow batteries. J. Energy Storage 28, 101208.

Assat, G., Tarascon, J.M., 2018. Fundamental understanding and practical challenges of anionic redox activity in Li-ion batteries. Nat. Energy 3 (5), 373–386.

Beaudet, A., Larouche, F., Amouzegar, K., Bouchard, P., Zaghib, K., 2020. Key challenges and opportunities for recycling electric vehicle battery materials. Sustainability 12, 5837.

Chaudhary, M., Tyagi, S., Gupta, R.K., Singh, B.P., Singhal, R., 2021. Surface modification of cathode materials for energy storage devices: a review. Surf. Coat. Technol. 412, 127009.

Harper, G., Sommerville, R., Kendrick, E., Driscoll, L., Slater, P., Stolkin, R., Walton, A., Christensen, P., Heidrich, O., Lambert, S., Abbott, A., Ryder, K., Gaines, L., Anderson, P., 2019. Recycling lithium-ion batteries from electric vehicles. Nature 575 (7781), 75–86.

Hua, W., Schwarz, B., Azmi, R., Müller, M., Darma, M.S.D., Knapp, M., Senyshyn, A., Heere, M., Missyul, A., Simonelli, L., Binder, J.R., 2020. Lithium-ion (de) intercalation mechanism in core-shell layered Li (Ni, Co, Mn)O_2 cathode materials. Nano Energy 78, 105231.

Kuang, Y., Chen, C., Kirsch, D., Hu, L., 2019. Thick electrode batteries: principles, opportunities, and challenges. Adv. Energy Mater. 9 (33), 1901457.

Larcher, D., Tarascon, J.M., 2015. Towards greener and more sustainable batteries for electrical energy storage. Nat. Chem. 7 (1), 19–29.

Le Varlet, T., Schmidt, O., Gambhir, A., Few, S., Staffell, I., 2020. Comparative life cycle assessment of lithium-ion battery chemistries for residential storage. J. Energy Storage 28,

101230.

Manjunatha, C., Ashoka, S., Hari Krishna, R.H., 2021. Microwave-assisted green synthesis of inorganic nanomaterials. In: Inamuddin, Buddola, R., Ahmed, M.I., Asiri, A.M. (Eds.), Green Sustainable Process for Chemical and Environmental Engineering and Science: Green Inorganic Synthesis, Chapter 1. Elsevier, Amsterdam, pp. 1–39.

Mohr, M., Peters, J.F., Baumann, M., Weil, M., 2020. Toward a cell-chemistry specific life cycle assessment of lithium-ion battery recycling processes. J. Ind. Ecol. 24 (6), 1310–1322.

Newton, G.N., Johnson, L.R., Walsh, D.A., Hwang, B.J., Han, H., 2021. Sustainability of battery technologies: today and tomorrow. ACS Sustain. Chem. Eng. 9 (19), 6507–6509.

Porzio, J., Scown, C.D., 2021. Life-cycle assessment considerations for batteries and battery materials. Adv. Energy Mater. 11 (33), 2100771.

Recham, N., Armand, M., Laffont, L., Tarascon, J.M., 2008. Eco-efficient synthesis of $LiFePO_4$ with different morphologies for Li-ion batteries. Electrochem. Solid State Lett. 12 (2), 39.

Recham, N., Armand, M., Tarascon, J.M., 2010. Novel low temperature approaches for the eco-efficient synthesis of electrode materials for secondary Li-ion batteries. C. R. Chim. 13 (1–2), 106–116.

Somo, T.R., Mabokela, T.E., Teffu, D.M., Sekgobela, T.K., Ramogayana, B., Hato, M.J., Modibane, K.D., 2021. A comparative review of metal oxide surface coatings on three families of cathode materials for lithium ion batteries. Coatings 11 (7), 744.

Sud, D., Kaur, G., 2021. A comprehensive review on synthetic approaches for metal-organic frameworks: from traditional solvothermal to greener protocols. Polyhedron 193, 114897.

Sun, X., Luo, X., Zhang, Z., Meng, F., Yang, J., 2020. Life cycle assessment of lithium nickel cobalt manganese oxide (NCM) batteries for electric passenger vehicles. J. Clean. Prod. 273, 123006.

Tarascon, J.M., Recham, N., Armand, M., Chotard, J.N., Barpanda, P., Walker, W., Dupont, L., 2010. Hunting for better Li-based electrode materials via low temperature inorganic synthesis. Chem. Mater. 22 (3), 724–739.

Tian, Y., Zeng, G., Rutt, A., Shi, T., Kim, H., Wang, J., Koettgen, J., Sun, Y., Ouyang, B., Chen, T., Lun, Z., 2020. Promises and challenges of next-generation "beyond Li-ion" batteries for electric vehicles and grid decarbonization. Chem. Rev. 121 (3), 1623–1669.

Zhu, L., Chen, Y., Xiao, Z., Yang, H., Kong, L., 2021. Hydrothermal synthesis of starshaped Bi5O7Br catalysts with strong visible light catalytic performance. J. Mater. Res. 36 (3), 628–636.

찾아보기

가역 44, 45, 55, 58, 63, 69, 79, 97, 206, 212, 218

각형 배터리 80, 122, 137, 176

개방 회로 10, 44, 48, 63, 69, 79, 157, 163, 176, 203, 204, 205, 206, 210, 216, 230, 235, 236

과전위 63, 65, 70, 71, 75, 78, 98, 113, 200, 204, 205, 206, 212, 213, 214, 216, 218, 221, 231, 232, 237, 238, 244, 249

기전력 44

노화 메커니즘 viii, 87, 90, 106

리튬코발트산화물 26, 58, 90

방전 속도 107, 176, 216, 217

비가역 55, 56, 70, 81, 98, 218, 227

비가역성 viii, 44

에너지밀도 v, vii, 8, 17, 19, 22, 94, 193

엔탈피 39, 40, 41, 46, 47, 52, 53, 54, 55, 97, 207, 231

엔트로피 41, 42, 43, 45, 46, 47, 55, 56, 96, 97, 113, 206, 227, 231

열 거동 v, viii, 98, 103, 160

영률 169

원통형 배터리 77, 118, 119, 122, 131, 132, 134, 136, 172, 226, 227

이온 전도도 4, 7, 8, 73, 75, 78, 202, 218

전기화학 반응 41, 51, 63, 72, 81, 113, 212, 227

전류 밀도 69, 72

전이율 74

줄(Joule) 114

충전 상태 89, 155, 157, 158, 159, 185, 235

패러데이 상수 44, 68, 72, 201, 210, 211, 231

평형 전위 45, 48, 49, 53, 63, 65, 71, 82, 97, 231, 232

하프셀 78

확산 계수 74, 101, 201

활성화 과전위 210

흑연 25, 26, 39, 63, 104, 105

acrylonitrile butadiene styrene(ABS) 169

Butler-Volmer 71, 82, 201, 204, 212

Butler-Volmer equation 201

Joule 55, 62, 98, 101

NCA 2, 26, 90

NCA-흑연 25

Nernst 39, 49, 53, 57, 76, 210, 214

Nernst 방정식 viii, 76

Ohmic 55, 76, 98, 114, 176, 218, 219

SEI 90, 93, 94, 103, 104, 106

SHE 7

SHE 반쪽전지 7